Los Mundos de la Ciencia

Del Big Bang al 11 de Septiembre

José Manuel Sánchez Ron

Los Mundos de la Ciencia

Del Big Bang al 11 de Septiembre

ESPASA

ESPASA FÓRUM

Diseño de la colección y cubierta: Joaquín Gallego
Ilustración de cubierta: © *Planta insumisa, 1961.* VEGAP-Remedios Varo, 2002
Realización de cubierta: Ángel Sanz Martín

Depósito legal: M. 44.445-2002
ISBN: 84-670-0326-X

Espasa, en su deseo de mejorar sus publicaciones, agradecerá cualquier sugerencia que los lectores hagan al departamento editorial por correo electrónico: sugerencias@espasa.es

Impreso en España/Printed in Spain
Impresión: Huertas, S. A.

Editorial Espasa Calpe, S. A.
Carretera de Irún, km 12,200. 28049 Madrid

«Nuestra generación, si no quiere quedar a espaldas de su propio destino, tiene que orientarse en los caracteres generales de la ciencia que hoy se hace, en vez de fijarse en la política del presente, que es toda ella anacrónica y mera resonancia de una sensibilidad fenecida. De lo que hoy se empieza a pensar depende lo que mañana se vivirá en las plazuelas.»

JOSÉ ORTEGA Y GASSET,
El tema de nuestro tiempo (1923) [1]

«Este terror... y estas tinieblas del espíritu, necesario es que las disipen, no los rayos del sol ni los lúcidos dardos del día, sino la contemplación de la Naturaleza y la ciencia.»

TITO LUCRECIO CARO (94-51 a. C.),
De rerum natura [2]

«La época actual es una encrucijada histórica para nuestra civilización y quizá para nuestra especie. Sea cual fuere el camino que sigamos, nuestro destino está ligado indisolublemente a la ciencia. Es esencial para nuestra simple supervivencia que comprendamos la ciencia. Además, la ciencia es una delicia; la evolución nos ha hecho de modo tal que el hecho de comprender nos da placer porque quien comprende tiene posibilidades mayores de sobrevivir.»

CARL SAGAN, *Cosmos* (1980) [3]

---

[1] J. Ortega y Gasset, *El tema de nuestro tiempo,* Tecnos, Madrid, 2002, pág. 65.

[2] T. Lucrecio Caro, *De la naturaleza,* Consejo Superior de Investigaciones Científicas, Madrid, 1983, pág. 15.

[3] C. Sagan, *Cosmos,* Planeta, Barcelona, 1997, pág. XIII.

ÍNDICE

PRÓLOGO 13

PARTE I

SOBRE HECHOS, TEORÍAS Y PROBLEMAS

1. EL UNIVERSO: LA IDEA DE DIOS Y LA NATURALEZA DE LA EXPLICACIÓN CIENTÍFICA 25

El Universo: algo más que la Vía Láctea, 27.—Un Universo en expansión, 30.—El Universo, ¿creado o eterno?, 30.—El mito del eterno retorno y la historia del Universo, 35.—Las grandes preguntas sobre el Universo, 39.—Ciencia *versus* filosofía, a propósito del orden o el caos en el Universo, 41.—La creación del Universo y la idea de Dios, 45.—Ciencia y religión, 47.—Weinberg *versus* Polkinghorne (I): Weinberg y la naturaleza de la explicación científica, 49.—Weinberg *versus* Polkinghorne (II): los argumentos de Polkinghorne, 61.—Charles Darwin: sobre los orígenes evolutivos de sentimientos e ideas humanas, 68.—La creación del Universo como ejemplo de la naturaleza de la explicación científica, 72.—Stephen Hawking y la creación del Universo, 75.—La amarga visión de Weinberg, 79.

2. DE QUÉ ESTÁN HECHAS LAS COSAS, LA VIDA Y EL PARADIGMA NO LINEAL 81

I. DE QUÉ ESTÁN HECHAS LAS COSAS 81

Ciencia, Universo y vida, 81.—De qué están hechas las cosas: la teoría de cuerdas o ¿el sueño cumplido de Pitágoras?, 85.—¿El sueño de la razón produce monstruos? Un mundo de once dimensiones, 96.—La matemática, ¿el gran descubrimiento de la evolución?, 97.

II. La vida 104
La vida: cómo y cuándo de su aparición en la Tierra, 104.—Explorando el Universo sabremos más acerca del origen de la vida, 108.—El papel del ADN y el ARN en el origen de la vida, 111.—Sobre el filo de una navaja (cósmica): grandes extinciones, 114.—La vida se abre camino en la Tierra, 116.—Hijos del azar y de la historia, 120.—La variedad de la vida, 122.—¿Estamos solos en el Universo?, 123.

III. El paradigma no lineal 127
La no linealidad del mundo, 127.—El caos y su relevancia para el estudio de la naturaleza y de la vida, 134.

3. Cerebro y conducta: entre el sueño de von Neumann y la realidad de Freud 137
El cerebro, uno de los objetos más complejos del Universo, 137.—El cerebro, testigo del pasado, 142.—El sueño (reduccionista) de John von Neumann: el cerebro como un ordenador, 144.—El neurocientífico (reduccionista) Sigmund Freud, 147.—La realidad de Freud: conducta *versus* actividad, 149.—Límites del reduccionismo, 153.—Un problema añadido para el sueño reduccionista: Gödel, Turing y los límites de los algoritmos, 154.

PARTE II

SOBRE CIENTÍFICOS Y PROCEDIMIENTOS

4. La naturaleza de la creación científica 163
¿Existe un método científico?, 163.—Ciencia, científicos, lógica, psicología e historia, 165.—Ciencia *versus* tecnología, 168.—Einstein y la idea-estereotipo de lo que es (o debe ser) un científico, 170.—Einstein y su idea de lo que es la ciencia, 173.—La naturaleza de la creación científica, según Einstein, 175.

5. LOS CIENTÍFICOS (ACTUALES) 179
Edward Witten: el teórico (físico y matemático) puro, 182.—Andrew Wiles: la pureza y determinación en la matemática, 188.—John Nash: el genio matemático al que la locura y la economía han hecho célebre, 197.—Murray Gell-Mann: quarks, jaguares y complejidad, 203.—Edward Lorenz: de la meteorología al caos, 212.—Ciencia y fama (I): Carl Sagan, 220.—Edward Teller: ¿vestigios de un pasado (nuclear)?, 231.—Ciencia y fama (II): Stephen Hawking, 241.—Stephen Jay Gould: un paleontólogo comprometido con el mundo, 245.—James Watson: el hombre que (co)descubrió la estructura del ADN, 254.—Interludio: ciencia, poder y economía, 261.—Craig Venter: genoma e industria, 267.—El escocés que rompió una frontera: Ian Wilmut (y la oveja *Dolly*) y la clonación, 274.—Severino Antinori: el médico que solo acepta sus propios escrúpulos y valores, 280.

6. LAS CIENTÍFICAS: ¿TIENE GÉNERO LA CIENCIA? 285
Algunos datos sobre las mujeres en la ciencia, 288.—¿Diferencias biológicas?, 293.—Científicas, 297.—Un ejemplo: la complicada entrada de las mujeres en la astronomía y la astrofísica, 299.

7. LA CIENCIA Y EL 11 DE SEPTIEMBRE (2001) 311
La pérdida (definitiva) de la inocencia de los científicos, 313.—Reclamando financiación pública, 315.—La investigación científica, una empresa socialmente condicionada, 317.—La ciencia y el 11 de septiembre (2001), 318.—Todo cambia para seguir igual, 325.

Prólogo

Vivimos en tiempos si no de crisis —una palabra esta demasiado fuerte y subjetiva— sí de cambios. De cambios profundos y continuos, que afectan con gran rapidez a nuestras existencias. Cambian los objetos con los que nos relacionamos; la estabilidad y tipos de trabajos que podemos esperar; los momentos, frecuencias e incluso maneras de procrear; las formas en que nos relacionamos y comunicamos; las perspectivas que nos aguardan al envejecer (¿seré yo —quién no se formula esta pregunta— uno de los afortunados que escapan del alzheimer, que viven más, sí, pero de forma consciente, no como vegetales que representan una carga física y moral para sus familias... si es que las tienen?, ¿nos libraremos, nosotros o aquellos que nos son más próximos, de contraer algún tipo de cáncer?). Difícilmente no sentimos —o no nos hacen sentir— la tensión constante de pronunciarnos, de tomar partido, con relación a cuestiones que implican, con una claridad estremecedora, modificaciones en eso que denominamos (¿o será mejor utilizar el tiempo pasado: *denominábamos?)* «escala de valores». ¿Existen derechos, deberes, ideas o procedimientos de validez universal e intemporal, o fue simplemente un sueño, un vano y efímero sueño, del que de repente nos vemos obligados a despertar?

Tantos y tan rápidos son los cambios que se producen en torno a nosotros, que, inevitablemente, nos termina invadiendo un amargo, dramático e inquietante sentimiento de provisionalidad. Sabemos que moriremos, que pocos de nuestra especie sobrepasarán el siglo de existencia; es un conocimiento y certeza doloroso, pero que se ve atenuado —o que encuentra excusa— en algunas de las seguridades, de los «valores permanentes» que heredamos de nuestros antepasados, o que fuimos, difícil pero firmemente, encontrando o construyendo a lo largo de nuestras vidas. Valores, seguridades, que nos permiten construir una cierta «visión del mundo»; personal y más que probablemente limitada, seguramente primitiva, pero cálida y acogedora, que nos defiende del gélido sentimiento que produce encaminarse de forma irremediable hacia un final biológico, siguiendo un camino en el que nada, nada, parece permanente.

Cuando hablo de «valores permanentes» no estoy pensando, me apresuro a indicar, en esos productos del desamparo, el temor o la ignorancia que son dioses o religiones, aunque, desde luego, también estos y estas están sufriendo en sus aparentemente tan resistentes carnes las consecuencias del cambio y las provisionalidades a las que acabo de referirme. Estoy pensando en términos básicamente aconfesionales, cognitivos, sociales o sociológicos, como quiera llamarse. En el hecho de que, debido a tanto cambio en todo, parece que no podemos encontrar seguridades en ningún lugar.

Ante todos estos cambios surge, inevitable e irresistible, la pregunta de por qué tantos y por qué ahora, precisamente ahora.

Lo diré enseguida. Personalmente no albergo ninguna duda de cuál es la respuesta a estas cuestiones: la fuente de esos cambios y provisionalidad reside en el extraordinario desarrollo que está experimentando la ciencia.

Como es evidente, la ciencia no es una construcción humana nueva: sus orígenes se remontan milenios atrás en el pasado. Y tampoco es que haya sido en los últimos tiempos cuando comenzasen a aparecer formulaciones poderosas: baste recordar en este sentido la denominada geometría euclidiana, formulada con exquisita precisión en los *Elementos* que Euclides escribió hacia el año 325 antes de Cristo; o el maravilloso, y en múltiples sentidos todavía actual, *Philosophiae Naturalis Principia Mathematica* (1687), en el que Isaac Newton desarrolló sus teorías del movimiento y la fuerza gravitacional. Esto es cierto, por supuesto, pero no lo es menos el que fue a partir de, aproximadamente, las últimas décadas del siglo XIX cuando el ritmo de la investigación científica comenzó a adquirir una frecuencia cada vez más elevada y a incidir en las sociedades humanas en grados jamás alcanzados antes. Precisamente por esa incidencia y relevancia se hizo evidente la importancia social (¡y económica!) de la investigación científica, lo que dio origen a un proceso de realimentación: cuantos más beneficios, más apoyo a la ciencia y, en consecuencia, más científicos, que producían nuevos resultados científicos, resultados que, a su vez, renovaban e intensificaban el ciclo. Y así una y otra vez.

A un proceso de este tipo se le puede llamar de muchas maneras: por ejemplo, crecimiento exponencial o reacción en cadena. Pero sea cual sea la denominación que se emplee, lo que está claro es que no representa ninguna sorpresa el que llegue un momento —las últimas décadas, en mi opinión— en el que las novedades provenientes de la investigación científica —novedades que no son inertes en lo que a sus repercusiones prácticas y, en un sentido amplio, ideológicas se refiere— socaven drásticamente las bases materiales y, si se me permite emplear esta expresión, «espirituales» sobre las que se asientan las distintas sociedades; más las más desarrolladas, menos las menos, aunque, lo sabemos demasiado bien, vivimos en un mundo globalizado en el que las fronteras se traspasan con bastante facilidad (no, ciertamente, las que separan riqueza y pobreza). Los ejemplos en este sentido son tan numerosos como cotidianos. Así, vivimos inmersos en una revolución tecnocientífica (o científica, simplemente), la de la biomedicina, que no solo promete sino que ya ofrece todo tipo de posibilidades en aquello que nos es más próximo y querido: nuestros propios cuerpos y los medios de reproducción que nos pueden ser accesibles [1]. Precisamente por esa

[1] Ilustrativo de lo rápido de los cambios científicos que se están produciendo en el universo de la biomedicina, de la biología molecular en este caso, es lo que James Watson ha escrito recientemente, tras haberse completado el primer borrador del genoma humano: «Que el código humano llegase a estar disponible durante nuestras vidas es algo que nunca pasó por la mente de Francis Crick y mía cuando encontramos la doble hélice en 1953» [J. Watson, «The human genome revealed», en Carina Dennis y Richard Gallagher (eds.), *The Human Genome,* Nature/Palgrave, Nueva York, 2001, pág. 4].

cercanía, esta revolución científica conmueve nuestro mundo más profundamente que las últimas dos grandes revoluciones científicas (del siglo XX), la relativista y la cuántica, cuyas consecuencias carecían de la proximidad que da la vida. Por otro lado está el desarrollo en las técnicas electrónicas de comunicación, entre las que destaca ese poderoso y ubicuo monstruo de millones de cabezas que es Internet, sin que podamos olvidar otras novedades, como teléfonos celulares y ordenadores, desarrollos tecnocientíficos que están modificando de forma drástica nuestras vidas y costumbres, al mismo tiempo que el en absoluto irrelevante mercado laboral. Modificando y provocando fenómenos completamente nuevos. Hasta hace poco, por ejemplo, la relación de los individuos con el «mundo», con el resto del planeta, era, en general, relativamente equilibrada: existía un intercambio del individuo con el mundo y del mundo con el individuo, y aunque el «mundo» podía abarcar en principio todo aquello y aquellos que pueblan la Tierra, en la práctica era, para la mayoría de los mortales, un escenario no demasiado extenso, básicamente local o familiar. Ahora, gracias a los avances tecnocientíficos en el universo de las telecomunicaciones, conjuntos cada vez más amplios de la sociedad, de las sociedades más desarrolladas cuando menos (y el ideal al que aspiran todos los países es, no lo neguemos, pertenecer a semejante clase), están telemáticamente unidos al resto del planeta. Sin cesar llegan a cada uno de nosotros todo tipo de noticias, en caudal incontrolable; es como si fuéramos un sumidero que recibe a todo aquello que se encuentra fuera de nosotros. Y no solo lo recibimos, sino que sentimos la impresión de que si no estamos informados, si no nos formamos opinión, si no tomamos partido, si no sufrimos junto a los que, en cualquier lugar del mundo, sufren, si no nos alegramos cuando otros se alegran, somos menos humanos, menos ciudadanos de pleno derecho del mundo (sea cual sea lo que en última instancia quiera decir «ciudadanos de pleno derecho»), menos «personas». ¿Son razonables tales exigencias, aunque sean psicológicas, en un mundo en continuo cambio? ¿Lograremos soportar la presión? ¿Qué mecanismos de defensa o acomodación generaremos para sobrevivir, para mantener un cierto equilibrio emocional? ¿Aquellos (acaso la mayoría) que se vean incapaces de responder a todas esas demandas se convertirán, arrastrados por su fracaso (del que serán conscientes), en seres pasivos y sometidos, cultural y políticamente, no importa que vivan en sociedades en las que estén vigentes todos los derechos de las democracias modernas?

Las incertidumbres que genera este conocimiento que crece y crece aparentemente sin parar pueden llegar a límites que uno casi está tentado de denominar absurdos. Hace poco leía un escrito de James Watson, el célebre codescubridor de la estructura del ADN, que ya he mencionado en una nota anterior y que volverá a aparecernos en este libro, que me produjo una gran impresión. Analizando, en una conferencia que pronunció en Milán en 1994, los mundos éticos que abre la investigación actual sobre el código genético, Watson manifestaba: «Incluso en el caso de que existan leyes y normativas satisfactorias, todavía habrá muchos dilemas que no podrán tratarse fácilmente con estos medios. Por ejemplo, ¿qué responsabilidad tiene una persona de conocer su constitución genética antes de decidirse a procrear un hijo? En el futuro, ¿se nos considerará de manera general moralmente negligentes cuando, a sabiendas, permitamos el nacimiento de niños con defectos genéticos graves? Y las víctimas de tales enfermedades, ¿tendrían posteriormente base legal contra sus padres, que no habrían emprendido ninguna acción para evitar que llegaran al mundo con pocas oportunidades de vivir una vida sin dolor y sin sufrimiento emocional?»[2].

Sabemos demasiado bien que no es esta una posibilidad impensable. El suelo, en definitiva, tiembla bajo nuestros pies, y cual presagio de terremoto no sabemos qué consecuencias tendrá para nosotros la próxima sacudida, que prevemos inminente. ¿Cómo en semejante situación, rodeados de provisionalidad, podemos desarrollar algún sentido de pertenencia? ¿Qué podemos dejar a nuestros hijos? ¿Alguna escala de valores, más o menos segura, una «Visión del Mundo» que les ayude a orientarse en el

[2] J. Watson, «Implicaciones éticas del Proyecto del Genoma Humano», reproducido en J. Watson, *Pasión por el ADN,* Crítica, Barcelona, 2002, págs. 214-223; pág. 220.

camino de sus vidas? ¿Pero cómo les vamos a dejar eso, si todo cambia continua, rápida, frenéticamente, si lo que ayer era de una forma hoy puede ser de otras muy diferentes, ante las cuales debemos elegir? Pero *¿elegir* en un mundo que ha hecho bandera del posmodernismo, de una filosofía que, extrapolando esa maravillosa conquista social que son los derechos humanos y la democracia, defiende la tesis de que «todo (o casi todo) vale», de que las verdades son constructos sociales y por consiguiente dependen de cuál sea la sociedad o grupo humano? Y no se trata de ideas, valores o posibilidades; también incluso de lo material, de lo asquerosamente material. El valor del dinero (en general, de casi todo tipo de «propiedad»), se nos dice y comprobamos, también cambia: o se arriesga (invierte) o terminará valiendo poco.

Y si la ciencia es, como sostengo, la gran responsable de la mayoría de esos cambios, nos encontramos con un problema. Son muchas las dificultades que surgen en el horizonte cuando se trata de, como decía Ortega en una de las citas con las que he iniciado este libro, «orientarse en los caracteres generales de la ciencia que hoy se hace», de esa ciencia que tanto influye en el mundo actual, de esa ciencia de la que probablemente dependerá «lo que mañana se vivirá en las plazuelas», de esa ciencia sin la cual quedaremos «a espaldas de, o indefensos frente a, nuestro propio destino». Yo voy a intentar acometer aquí esa tarea de orientación. Por una parte, buscando lo más permanente que hay en la ciencia actual, y dentro de lo más permanente aquello que nos es más cercano, cosas como el Universo, de qué están hechas las cosas, la vida o el cerebro. Pero no se puede comprender realmente la ciencia como una práctica que pretende comprender la Naturaleza en base únicamente a ideas; es necesario también adentrarse asimismo en el contingente y proceloso cosmos de los científicos, seres humanos como otros cualesquiera. Por ello, dedicaré la segunda parte de este libro a ellos, a tratar de mostrar cómo son en la actualidad, cuáles son algunos de los procesos creativos que emplean en sus investigaciones, cuáles los fines que les animan. Al mismo tiempo que hago esto, enriqueceré las explicaciones de contenidos científicos que presento en la primera parte.

No pretendo, en modo alguno, que este libro sea una panorámica divulgativa, lo más amplia posible, de la ciencia actual. No, esta obra no es un libro de divulgación, aunque también contenga información acerca de lo que la ciencia nos dice hoy sobre la Naturaleza. No va de eso. De hecho, tengo mis dudas acerca del alcance real de los, sin duda nobles, esfuerzos que tienen como fin transmitir lo que es la ciencia desde la divulgación, de todos esos magníficos textos que pretenden explicar los resultados y teorías científicas más vigentes (aquellos que, pensamos, representan mejor «la realidad», al menos por el momento), que se esfuerzan en «educar» a los legos en unos conocimientos necesarios, fundamentales, y hacerlo violentando el «rigor científico» únicamente para simplificar y hacer más accesibles esos conocimientos. Si solo hacemos esto, entonces no será extraño que para muchos (acaso, ¡ay!, para la mayoría) todavía mantenga algún tipo de validez el famoso concepto de «dos culturas» que Charles Snow introdujo en 1959: «La vida intelectual de toda sociedad occidental —escribió entonces el novelista y durante un tiempo científico británico— se divide cada vez más en dos grupos... Los intelectuales literarios en un polo, y en el otro los científicos, con los físicos como los más representativos de estos. Entre los dos grupos existe un golfo de mutua incomprensión, en ocasiones (especialmente entre los jóvenes) de hostilidad y antipatía, pero sobre todo de falta de entendimiento»[3].

La divulgación científica, importante y necesaria como es, se ensimisma con demasiada frecuencia en el conocimiento científico por sí mismo, en todo aquello que se considera más valioso de los contenidos de las diferentes ciencias. No añadiré yo, por supuesto: «independientemente de lo que esos conocimientos y contenidos signifiquen para los humanos». No, no se puede decir eso sin más ni más: siempre existe el argumento —y la coartada— de que, como yo mismo acabo de señalar, la ciencia no es jamás independiente de los humanos, ya que es un producto, un excelso producto, elaborado por ellos; que la «finalidad única de

---

[3] C. P. Snow, *The Two Cultures,* Cambridge University Press, Cambridge, 1993, págs. 3-4.

la ciencia es —utilizando la célebre sentencia de Carl Gustav Jacobi (1804-1851)— la de rendir honor al espíritu humano»[4]. Ahora bien: siendo verdad esto, también lo es que la razón, y más aún la contemplación de los frutos de la razón humana, no son sino *una* de las características humanas; una característica que nos ha permitido llegar al grado de desarrollo y bienestar material de que disfrutamos (los que pueden hacerlo) en la actualidad, pero que no es la única, ni siquiera la más importante, cuando se intenta comprender cómo es posible que los humanos hayan podido sobrevivir en ese larguísimo camino que ha sido la evolución de las especies. Y es que para haber superado (por el momento) la prueba de la lucha biológica fue necesaria la inteligencia, sí, pero seguramente lo fueron más, durante mucho tiempo (acaso siempre, incluso hoy), sentimientos de solidaridad, de pertenencia a un grupo de la misma especie, así como valorar particularmente a la descendencia propia, tanto como para estar dispuestos a dar la vida por ella. No hace falta saber mucho de las enseñanzas de Charles Darwin, de la teoría de la evolución natural que propuso en su gran libro de 1859, *On the Origin of Species (Sobre el origen de las especies),* para comprender lo importante que fue el poseer, o desarrollar, semejantes sentimientos. *Sentimientos* he dicho, sí, y es esta una palabra clave: la evolución biológica ha favorecido el desarrollo de los sentimientos, de las emociones, de —si se quiere emplear esta expresión un tanto cursi y poco rigurosa— nuestra faceta «sentimental». No quiere esto decir que los haya favorecido *frente* a la capacidad de análisis, de análisis riguroso y racional (desarrollaré esta cuestión más adelante). En primer lugar, porque existía una *razón* (ayudar a sobrevivir) para favorecer el desarrollo de los sentimientos a que he aludido; se trataba, pues, también de una decisión racio-

[4] «M. Fourier —escribió Jacobi en una carta a otro gran matemático, Legendre, el 2 de julio de 1830— opinaba que la finalidad primordial de las matemáticas consistía en su utilidad pública y en la explicación de los fenómenos naturales; pero un filósofo como él debería haber sabido que la finalidad única de la ciencia es la de rendir honor al espíritu humano y que, por ello, una cuestión sobre números vale tanto como una cuestión sobre el sistema del mundo» (C. G. Jacobi, *Gesammelte Werke,* vol. I, Reimer, Berlín, 1881, pág. 454).

nal, solo que de otro tipo. Y en segundo lugar, porque la «razón sentimental» o «emotiva» no tiene por qué excluir o contraponerse a «la razón lógica».

Aldous Huxley expresó con maestría y belleza el hecho de que la realidad de los humanos es compleja y diversa, y en modo alguno limitada a la racionalidad, cuando escribió:

> El mundo al que se refiere la literatura es el mundo en el que los hombres son engendrados, en el que viven y en el que, al fin, mueren; el mundo en el que aman y odian, en el que triunfan o se les humilla, en el que se desesperan o dan vuelos a sus esperanzas; el mundo de las penas y las alegrías, de la locura y el sentido común, de la estupidez, la hipocresía y la sabiduría; el mundo de toda suerte de presión social y de pulsión individual, de la discordia entre la pasión y la razón, del instinto y de las convenciones, del lenguaje común y de los sentimientos y sensaciones para los que no tenemos palabras... [Por el contrario] el químico, el físico, el fisiólogo son habitantes de un mundo radicalmente diverso; no del mundo de los fenómenos dados, sino de un mundo experiencial y de los fenómenos únicos y de las propiedades múltiples, el mundo de las regularidades cuantificadas[5].

Ahora bien: a pesar de toda su maestría y capacidad de percepción, Huxley no fue justo con la ciencia y los científicos: es una verdad a medias, y por tanto una mentira, decir, pensar, que los científicos solo habitan en el tipo de cosmos al que él se refería. Ni la ciencia ni los científicos son ajenos al mundo de todos y de todos los días. Y esto es algo que espero mostrar a lo largo del presente libro, que pretende, al mismo tiempo, servir para que sus lectores (y yo mismo, claro) puedan construirse una «Visión del Mundo» coherente y respetuosa con la ciencia, una visión acorde con nuestro tiempo, y que les (me) ayude a vivir más consciente y plenamente, y, en este sentido, mejor. Todos necesitamos algo así. Como dijo el gran Albert Einstein (1918):

---

[5] A. Huxley, *Literatura y ciencia,* Edhasa, Barcelona, 1964, pág. 15; original inglés de 1963.

«El hombre intenta crear para sí mismo, del modo que más le convenga, una imagen del mundo simplificada e inteligible; después, y hasta cierto punto, intenta que su cosmos reemplace al mundo de la experiencia, porque cree que así se hará dueño de este. Así lo hacen, cada uno a su manera, el pintor, el poeta, el filósofo especulativo y el científico de la naturaleza. Cada uno hace que ese cosmos y su construcción sean el eje de su vida emotiva, para hallar a través de ese camino la paz y la seguridad que no es posible encontrar en el veneno de la experiencia personal»[6].

Me gustaría ser capaz también de perturbar, conmover, movilizar las capas más profundas del espíritu y de la mente de mis lectores. Estoy convencido de que únicamente de tal manera —esto es, yendo más allá de la mera divulgación— podrá la ciencia dejar de ser considerada para la mayoría de los humanos un conjunto de conocimientos, extraño y ajeno. Que lo haya conseguido es, por supuesto, otra cosa.

---

[6] A. Einstein, «Principios de investigación», en *Mis ideas y opiniones,* Bon Ton, Barcelona, 2000, pág. 200.

PARTE I

SOBRE HECHOS, TEORÍAS Y PROBLEMAS

1
El Universo: la idea de Dios y la naturaleza de la explicación científica

«El hombre sabe al fin que está solo en la inmensidad indiferente del Universo, de donde ha surgido por azar. Su deber, como su destino, no está escrito en ninguna parte. Le corresponde a él elegir entre el Reino [trascendente de las ideas, del conocimiento] y las Tinieblas».

JACQUES MONOD,
Le hasard et la nécessité (1970) [1]

Por dónde empezar cuando se intenta construir algo así como una «Visión del Mundo, de la Naturaleza», una visión, una imagen (conceptual, pero no por ello ajena a lo emocional) que sea lo más elemental y, al mismo tiempo, fundamental posible? ¿Por nosotros mismos, seres pensantes que nos planteamos semejante tarea y preguntas? Podría, efectivamente, ser así, partir de la fuente, personal, de la que emana el deseo de comprender lo que sentimos y vemos; pero en cuanto vamos un paso más allá de esa «inmediatez» surge, irresistible, la idea de que seamos lo que seamos, cualesquiera que sean nuestros antecesores y orígenes o el camino que hemos seguido, como especie, en el pasado, de lo

[1] J. Monod, *El azar y la necesidad,* Barral Editores, Barcelona, 1971, pág. 193.

que no parece haber ninguna duda es de que somos «algo» en un «Universo», que somos «algo» (un «algo pequeñito» en su autoimaginada grandeza) dentro de otro «algo» mayor —mejor dentro de un «Algo» con mayúscula—, en la medida en que sin él no parece que tengamos sentido, o por lo menos la oportunidad de existir. «Espacio», «cosmos», además de «Universo», son los principales nombres que se han terminado utilizando para ese «Algo»; pero la denominación no tiene ahora importancia, sino la idea que subyace detrás de ella, idea en la que es determinante la existencia de una relación (de dependencia) entre nosotros, ese subconjunto que vive y siente en él, y el gran «Algo».

He empleado, conscientemente, expresiones y términos vagos, poco precisos, porque quiero recalcar lo primitivo e intuitivo de la idea del Universo como marco que nos acoge. Primitivo, porque me puedo imaginar fácilmente a nuestros antecesores (no es ni siquiera necesario que hubiesen llegado al nivel de *Homo sapiens,* o de, como a veces se dice, y a mí me gusta especialmente, *Homo sapiens sapiens:* el *Hombre que sabe que sabe)* mirando al cielo nocturno, con sus legiones de puntos luminosos y regiones lechosas, en donde no tenían que esforzarse mucho para percibir cambios (de entrada, en esa gran bola luminosa que es la Luna), y preguntarse por el cómo, el qué y el porqué de todo eso; sin olvidar el porqué la noche deja lugar al día, la oscuridad a la claridad, o el porqué de los cambios estacionales. ¿Quién no ha experimentado algo de semejantes sensaciones cuando, fuera de las lumínicamente contaminadas grandes ciudades, ha alzado la mirada hacia el cielo nocturno y sentido estremecerse con preguntas que lo son antes incluso de ser planteadas?

Por todas estas razones pienso que si se busca construir una «Visión del Mundo» en la que la ciencia ocupe un lugar central, el Universo debe ser el primer protagonista, el primer elemento a considerar. Y esto es lo que voy a hacer ahora, comenzando de esta forma un libro que pretende ir de lo más «general» a lo más «particular»: del Universo a la vida, de la vida en general a la vida humana en particular (vista esta sobre todo desde uno de los rasgos que más la distinguen de otros seres, el tipo de cerebro que posee), para continuar después con otros aspectos, también relacionados con la ciencia, aún menos generales (pero no menos reales), relativos a cómo se construye —y quiénes lo hacen— la ciencia en la actualidad, y algunos aspectos particularmente relevantes de esa ciencia actual. Alguno habrá que piense que de tanto descender en la escala de generalidad habré, como señala el dicho anglosajón, «tirado al bebé con el agua de la bañera» (el «bebé» representando la ciencia dura, pura y general). No lo creo yo así. Las imágenes del mundo que nos formamos no son constructos «puros», independientes de cualquier elemento coyuntural, de factores fruto de la situación o del interés particular. No somos autómatas programados para conocer únicamente (acaso siquiera principalmente) la «esencia» de las cosas y del Universo. Vivimos en el mundo, nos preguntamos acerca de él, pero también sentimos, sufrimos y gozamos, nos ilusionamos o entusiasmamos, influyen en nosotros o influimos en los demás, y también, ¡ay!, somos víctimas o responsables de errores, mentiras y mitos que se propagan con la rapidez de la pólvora y que se mantienen, a través del espacio y el tiempo, con la resistencia del acero, no obstante ser, en última instancia, tan frágiles que como el polvo deberían dispersarse con un suave soplido.

El Universo: algo más que la Vía Láctea

He intentado dejar claro desde el principio que no es mi intención convertir este libro en una síntesis de «lo último de la ciencia», sino buscar lo esencial; lo esencial para nosotros como seres que sienten y piensan, y lo esencial para comprender lo que es y lo que podemos esperar de la ciencia. Pero esto no es óbice, claro, para que no explique también algo de lo que la ciencia nos dice acerca de los temas que me plantee. Como, en este capítulo, el Universo.

Y en este sentido tengo que señalar que la idea primitiva del Universo como «receptáculo» y «marco», como un «Algo» en el que tienen lugar las cosas, se enriqueció dramáticamente a lo largo del siglo XX, sobre todo durante su primera mitad. Sorprende, de hecho, que la humanidad haya tenido que esperar —o, mejor, que laborar— tanto para llegar a ese conocimiento. Me estoy refiriendo a la idea de que el Universo no se reduce a lo que hoy denominamos «nuestra galaxia», la Vía Láctea, sino que está formado por miles de millones (no sabemos realmente cuántos) de sistemas similares, de otras galaxias.

Estudiar el cosmos no es fácil: lo vemos, una porción de él solo, naturalmente, pero ¿cómo hacer mediciones? Es cierto que entre 1859 y 1860 los científicos alemanes Gustav Kirchhoff y Robert Bunsen, físico el primero y químico el segundo, realizaron un avance espectacular en lo que se refiere a averiguar de qué están hechos los objetos celestes, con las técnicas de análisis espectroscópico que desarrollaron (fueron, de hecho, los padres de la «astrofísica»; hasta entonces solo existía la «astronomía», la ciencia que estudia los movimientos de los cuerpos celestes); pero para empezar a entender qué es el Universo, de entrada, es más importante hacerse una idea de su estructura y dinámica. Ahora bien: ¿cómo saber de su estructura y dinámica sin medir distancias? Resulta, sin embargo, que a simple vista (o con un telescopio) podemos medir solo las distancias angulares entre los objetos que vemos, pero no la distancia lineal que nos separa de ellos.

Todo cambió en 1908, cuando una mujer, Henrietta Leavitt (de cuya vida algo diré en el capítulo 6), una humilde calculadora del Observatorio de Harvard, en Cambridge (Massachusetts), realizaba el rutinario y no demasiado agradable trabajo de medir datos en miles de placas fotográficas tomadas con los telescopios del observatorio, y descubrió unas estrellas cuya luminosidad variaba apreciablemente con el tiempo, a las que se llamó «cefeidas». Leavitt observó que cuanto mayor eran los periodos de la variación de la luminosidad de esas estrellas, mayores eran también sus luminosidades. Cuatro años más tarde estableció que la relación entre el logaritmo de los periodos y las intensidades de la luminosidad era casi lineal. Con semejante resultado, se podían buscar cefeidas en agrupaciones estelares (una tarea no fácil, en la que el tamaño y la calidad de la lente del telescopio era fundamental). Identificadas, se medían sus periodos, lo que permitía deducir, con la relación lineal mencionada, sus luminosidades intrínsecas. Observando luego la luminosidad aparente, se deducía, mediante sencillas relaciones trigonométricas, la distancia a la que se encontraba la cefeida, con lo que se caracterizaba también la distancia de la agrupación estelar a la que pertenecía.

Sin entrar en más detalles, que no son del caso ahora, diré que el camino abierto por Leavitt fue aprovechado años después por un astrónomo estadounidense, Edwin Hubble (1889-1953), que dudó entre dedicarse al derecho y las ciencias (se había licenciado en ambas disciplinas)[2]. Decepcionado con el derecho tras practicarlo un tiempo en Louisville (Kentucky), Hubble comenzó los estudios de doctorado en astronomía en 1914 en la Universidad de Chicago. En 1919 entró a formar parte del Observatorio de Monte Wilson, con lo que su carrera quedó definitivamente orientada.

A partir de 1921, Hubble comenzó a tomar fotografías de una nebulosa irregular (técnicamente denominada NG 6822) con el poderoso telescopio de 2,5 metros de Monte Wilson. En 1924 ya tenía más de cincuenta placas fotográficas y once cefeidas, con las que pudo establecer que la distancia de la nebulosa a la Tierra era de 700.000 años luz, una distancia mucho mayor que la estimación más extremada conocida entonces de los límites de la Vía Láctea. Al mismo tiempo que estudiaba NG 6822, Hubble (1925) se ocupaba de galaxias espirales, encontrando —de nuevo con la ayuda de cefeidas— que también ellas se hallaban a distancias superiores a las del tamaño de la Vía Láctea. El Universo pasaba, en consecuencia, a ser considerado como algo más que nuestra propia galaxia, una idea con la que habían jugado otros científicos y pensadores en el pasado, pero que nadie hasta Hubble pudo demostrar «concluyentemente»[3]. En la actualidad se cree (por supuesto que se trata de una estimación aproximada, sujeta a muchos «peros») que la Vía Láctea contiene alrededor de 400.000 millones de estrellas, de «soles», por decirlo de alguna manera, además de polvo, gases y cuerpos como meteoritos o planetas, mientras que el Universo en su conjunto está formado por unos 100.000 millones de galaxias. Números estremecedores, sin duda alguna.

[2] Leavitt, por supuesto, podría haber participado en estas investigaciones, pero no tuvo acceso a ellas. Volveré a este punto en el capítulo 6.

[3] Entrecomillo la expresión *concluyentemente* porque en ciencia nunca se puede estar seguro de que algo es definitivo.

Un Universo en expansión

Una vez que Hubble hubo determinado la distancia de varias galaxias espirales, fue capaz de demostrar, en 1929, la existencia de una relación extremadamente importante entre la velocidad (que podía medir a través del desplazamiento que el movimiento de la fuente producía —efecto Doppler— en las rayas de los espectros de las radiaciones que emitía) con que se mueven esas galaxias y su distancia (al «puesto de observación» en el que se hacen las medidas en cuestión: la Tierra). Los resultados de Hubble tenían una interpretación directa: cuanto más distantes se encontraban las galaxias, más rápidamente se alejaban entre sí; *alejaban,* puesto que el desplazamiento de las líneas espectrales observado era hacia el rojo, no hacia el otro extremo del espectro, el azul. La interpretación más inmediata era que el Universo se encontraba en expansión, una conclusión que se vio apoyada por modelos cosmológicos teóricos basados en la teoría de la relatividad general (una teoría de la interacción gravitacional) que Albert Einstein había desarrollado en 1915. Y si el Universo se expandía, esto también quería decir que debió de existir en el pasado (estimado en primer lugar en unos diez mil millones de años, más tarde en quince mil) un momento en el que toda la materia habría estado concentrada en una pequeña extensión (en un «átomo primitivo», según el astrónomo teórico y sacerdote católico Georges Lemaître), o que debió de producirse un *Big Bang* (Gran Estallido), un nombre (introducido por el astrofísico y físico teórico británico Fred Hoyle) y concepto que tuvo más éxito.

El Universo, ¿creado o eterno?

Es evidente que la conclusión de que hace alrededor de quince mil millones de años (o los que sean) se produjo un momento singular en la historia del Universo, un momento en el que tuvo lugar una gran explosión, podía llevar a pensar inmediatamente que debió de existir un instante en el que se «creó» el Universo, aunque también hay otras posibilidades, surgidas de contextos teóricos: como la de que la historia del Universo sea una sucesión eterna de expansiones y contracciones; que el *Big Bang* no constituyó el comienzo del Universo, sino solamente uno de los, a la postre infinitos, momentos de su historia en el que tras haber estado contrayéndose durante mucho tiempo, su contenido habría alcanzado una densidad tan grande que se produjo una explosión, iniciándose de esta forma una nueva era de expansión-contracción. Volveré a esta posibilidad más adelante. Por el momento continuaré comentando la idea de una Gran Explosión singular.

Es también claro que semejante implicación tendría grandes posibilidades de ser muy bien acogida en ciertos círculos: los religiosos, en particular. Así, en 1951, el papa Pío XII defendió ante la Academia Pontificia de Ciencias que el *Big Bang* apoyaba la idea cristiana de un Dios creador del mundo.

Semejante tesis produjo —antes incluso de la manifestación del papa Pío XII— malestar en algunos científicos. Se comprende ese malestar: histórica y culturalmente, la ciencia ha desempeñado —y se ha enorgullecido de ello y aireado tal función a los cuatro vientos— el papel de liberador de mitos, de depurador de falsedades que han constreñido el espíritu humano. Galileo, enfrentándose a la Iglesia romana, es uno de los grandes héroes culturales de la ciencia y de los científicos. Con sus observaciones astronómicas, Hubble dejaba la puerta abierta a que algunos argumentasen que se había «demostrado científicamente a Dios». ¡Qué venganza más dulce la de los creyentes sobre cuyas espaldas había pesado durante tres siglos la memoria de la condena de Galileo!

Precisamente para evitar la posibilidad de semejantes conclusiones, unos científicos plantearon una teoría cosmológica diferente a la entonces comúnmente aceptada en la física y basada en la relatividad general «canónica». Me estoy refiriendo a la cosmología del estado estable, propuesta en 1948 por Fred Hoyle, por un lado, y Hermann Bondi y Thomas Gold, por otro (los tres —trabajaban todos en Cambridge [Inglaterra]— habían discutido sus ideas con anterioridad a la publicación de sus respectivos artículos). Esta cosmología sostenía que el Universo siempre ha tenido y tendrá la misma forma (incluyendo la misma densidad de materia, lo que, debido a la evidencia de su expansión, obligaba a introducir la creación de materia, ínfima ciertamente, pero creación al fin y al cabo, para que un volumen de Universo tuviese siempre el mismo contenido, a pesar de estar dilatándose), un Universo que no tuvo ni un principio ni tendrá un final[4].

Me interesa destacar que esta nueva cosmología muestra con claridad que el proceso de creación científica no es —o no siempre es— ajeno a las motivaciones y deseos de sus autores, los científicos. El propio Hoyle mostró con bastante claridad este hecho cuando escribió en el mismo artículo en el que propuso su teoría:

> El siguiente trabajo... surgió de una discusión con Mr. T. Gold, que señaló que a través de la creación continua de materia podría ser posible obtener un Universo en expansión en el que la densidad propia de materia permaneciese constante. Esta posibilidad parecía atractiva, especialmente cuando se toma en conjunción con objeciones estéticas a la creación del Universo en un pasado remoto. *Ya que va en contra del espíritu científico considerar que efectos observables surgen de «causas desconocidas para la ciencia», y es esto en principio lo que implica la creación en el pasado*[5].

Merece la pena repetir las últimas palabras: «Va en contra del espíritu científico considerar que efectos observables surgen de "causas desconocidas para la ciencia", y esto es en principio lo que implica la creación en el pasado». Tenía razón Hoyle: la ciencia no puede de entrada, sin más ni más, aceptar tal idea. Pero menos puede aún negar la evidencia experimental, porque

---

[4] Es cierto que se puede argumentar que se trata de evitar una creación —la del Universo— a costa de introducir otra —la de partículas—, pero, a la espera de otros avances científicos en el futuro, no son los mismos tipos de creación: los mecanismos cuánticos permiten convivir más o menos pacíficamente con la idea de creación y aniquilación de partículas sin adentrarse en las procelosas aguas de la religión.

[5] F. Hoyle, «A new model for the expanding universe», *Monthly Notices of the Royal Astronomical Society 108,* 372-382 (1948); pág. 372. Las cursivas de la cita son mías.

la ciencia es un juego, un delicado juego y equilibrio, entre la observación experimental y la incorporación de esas observaciones en un sistema formal (matemático, preferentemente) que sea capaz de predecir resultados comprobables a su vez experimentalmente. Y sucede que, tras haber sido bastante influyente durante la década de 1950, la cosmología del estado estable comenzó a tener problemas con los datos experimentales. Los primeros llegaron cuando empezaron a conocerse algunas medidas tomadas a mediados de la década de 1950 con unos nuevos instrumentos que se introdujeron por entonces en la astrofísica: los radiotelescopios, que exploraban un espectro de longitudes de onda antes inaccesibles a los telescopios «ópticos». En Cambridge, Martin Ryle llegaba en 1955 a la conclusión, midiendo las intensidades y números de radiofuentes, de que no había forma de explicar sus observaciones en términos de la teoría del estado estable. Pero lo peor vino en 1964-1965 cuando dos físicos, Arnold Penzias y Robert Wilson, que trabajaban en los laboratorios industriales Bell de Nueva Jersey, asociados a la ATT (American Telephone and Telegraph) y a Western Electric, encontraron un fondo de ruido eléctrico inesperado en medidas que realizaban utilizando una antena de radio que se había construido para la comunicación a través de un satélite. Para su sorpresa, vieron que captaban una cantidad apreciable de ruido de microondas independientemente de la dirección a la que dirigieran la antena; se trataba, además, de un ruido que no variaba con la hora del día, ni siquiera con la estación en que llevasen a cabo las medidas. Después de descartar que los ruidos proviniesen de la propia antena, la única conclusión posible era que tenía algo que ver con el cosmos. Pero ¿con qué? La respuesta a esta pregunta llegó de algunos colegas de la cercana Universidad de Princeton, algunos de los cuales, como James Peebles, ya habían considerado la idea de que si hubo un *Big Bang* debería existir un fondo de ruido remanente del Universo primitivo, un ruido que, en forma de radiación, correspondería a una temperatura mucho más fría (debido al enfriamiento asociado a la expansión del Universo) que la gigantesca que debió de producirse en aquella gran explosión. Las ideas de Peebles habían animado a Robert Dicke a iniciar un experimento destinado a encontrar esa radiación de fondo cósmico, tarea en la que se les adelantaron, sin pretenderlo, Penzias y Wilson. Aun así, fue el grupo de Princeton el que suministró en 1965 la interpretación de las observaciones de Penzias y Wilson, que estos publicaron sin hacer ninguna mención a sus posibles implicaciones cosmológicas. La temperatura correspondiente a esa radiación situada en el dominio de las microondas corresponde, según las estimaciones actuales, a unos 2,7 grados Kelvin.

Hasta entonces la única evidencia auténtica a favor del *Big Bang* era la extrapolación hacia atrás en el tiempo de las medidas de Hubble (y de los que después de él confirmaron y afinaron tales observaciones), pero era una evidencia relativa, más intuitiva que definitiva (en la medida en que se pueda hablar de «definitivo» en ciencia), como Hoyle, Bondi y Gold se encargaron de demostrar con su propuesta de un Universo estacionario en el que se creaba materia. Ahora era otra cosa: se había encontrado una reliquia de aquella megaexplosión, la radiación que había continuado viajando a través del tiempo y el espacio enfriándose en el camino. Hoyle, un científico de imaginación desbordante, cuya enorme creatividad (que aplicó no solo a la ciencia, sino también a la literatura de ciencia ficción: escribió obras tan conocidas como *La nube negra* o *A de Andrómeda)* no fue siempre justamente recompensada por la comunidad científica[6], nunca aceptó que el descubrimiento de la radiación de fondo descartase la cosmología del estado estable, y propuso, prácticamente hasta el final de sus días, distintas explicaciones posibles para hacer compatible su modelo teórico con esa observación. De hecho, comportándose de tal manera, Hoyle no violó la letra del espíritu científico, ya que los mecanismos que propuso eran compatibles con las posibilidades de las teorías de la física, pero sí que se puede decir que no fue demasiado respetuoso con el «espíritu» que anima a la ciencia, puesto que esos mecanismos eran cada vez más

[6] Es difícil comprender, por ejemplo, el motivo por el que Hoyle fue excluido cuando en 1983 Subramayan Chandrasekhar y William Fowler recibieron el premio Nobel de Física, el segundo por trabajos sobre las reacciones nucleares más importantes en la formación de los elementos químicos del Universo, investigaciones que había realizado en colaboración con Hoyle.

artificiales y complejos, siendo difícil comprender su motivación al margen de los deseos personales del propio Hoyle. Precisamente porque existe esta posibilidad, la de «complicar» cada vez más las explicaciones teóricas de un determinado fenómeno físico para salvar así un marco teórico determinado, decía yo antes, «en la medida en que se pueda hablar de "definitivo" en ciencia». En cualquier caso, la inmensa mayoría de los científicos entendieron las observaciones de Penzias y Wilson como una prueba experimental de que en el pasado había tenido lugar un cataclismo cósmico, una gran explosión.

Antes de pasar a explorar las implicaciones que todo esto tiene, tanto en lo que se refiere a la construcción de una «visión de la naturaleza» como para entender qué es realmente la ciencia, es preciso completar el marco contextual que estoy esbozando, para, entre otras cosas, ver cómo encaja la otra posibilidad (a la que ya he aludido) de que el *Big Bang* no represente un momento inicial en la historia del Universo, sino uno singular pero en absoluto inicial.

El mito del eterno retorno y la historia del Universo

Los datos que se extraen de las observaciones experimentales son fundamentales para la ciencia; sin ellos, los científicos construirían sobre terrenos completamente movedizos, que se desintegrarían, variando de forma continuamente. Por otra parte, en base solo a observaciones, la capacidad de «comprensión científica» es muy limitada. Se puede hablar largo y tendido sobre estos puntos, pero yo voy a explicar lo que pretendo decir utilizando la evidencia del *Big Bang*.

Como hemos visto, esa evidencia se fundamenta, de entrada y sobre todo, en dos conjuntos de observaciones: las obtenidas en primer lugar por Hubble, que apoyan la idea de que el Universo se está expandiendo, y las de Penzias y Wilson, que detectaron una radiación de fondo. A partir de ellas, la idea aparentemente «más natural» que surge es extrapolar hacia atrás en el tiempo, como ya he dicho, y concluir que en un momento en el pasado «se creó» el Universo mediante una gran explosión. Pero las ideas aparentemente «más naturales» pueden esconder, como es bien sabido, profundas equivocaciones; además, en el caso que nos ocupa ahora, no es difícil imaginar otra posibilidad que también puede considerarse «natural»: la ya mencionada de que la situación y movimiento actual del Universo se debe a una explosión que se produjo en el pasado, pero que tal estallido no surgió de la nada, sino como consecuencia de la progresiva contracción del Universo, que al llegar a una concentración de materia, energía y radiación lo suficientemente elevada estalló, y que este proceso ha sido eterno, sin principio ni, presumiblemente, final.

Como digo, esta posibilidad es perfectamente imaginable, pero ¿cómo se puede comprobar? Porque sin posibilidad de comprobación, no hay ciencia, por muy atractivo y sugerente que sea el sistema teórico-conceptual que construyamos. Pues bien: para comprobar algo hace falta algún sistema teórico. Siempre hace falta esto, aunque a veces sea tan «primitivo», tan básico, que no nos demos cuenta de que está ahí; así, en el caso del *Big Bang* único, al que he estado refiriéndome desde el principio, ese sistema teórico es el tremendamente primitivo, pero no por ello menos «sistema teórico-conceptual», de que si algo se expande, cuando vamos hacia atrás en el tiempo cada vez habrá estado más concentrado espacialmente.

En el caso del «Universo recurrente», el que pasa por ciclos expansivos y contractivos, espoleados por grandes explosiones, un sistema teórico-conceptual que nos suministra parámetros para intentar comprobarlo es la cosmología basada en la teoría general de la relatividad, la teoría de la interacción gravitacional que Albert Einstein completó, como mencioné, en diciembre de 1915 y que enseguida utilizó para construir un sistema teórico predictivo aplicable al conjunto del Universo. Sobre los cimientos establecidos por Einstein, otros científicos, físicos y matemáticos teóricos, como Alexandre Friedmann, Howard Robertson, George Walker y Georges Lemaître, edificaron modelos cosmológicos, esto es, encontraron diversas soluciones de la cosmología relativista. Desgraciadamente para aquellos a los que les gustaría que las teorías científicas permitiesen solo una posibilidad, en este caso (como en muchos otros; en la mayoría, de hecho) las posibilidades teóricas son diversas, pero entre ellas un grupo, las denominadas con frecuencia «soluciones de Robertson-Walker», describen un Universo que se expande de manera similar a la que mostraban las observaciones pioneras de Hubble.

He dicho «un grupo» de soluciones, porque de hecho la solución de Robertson-Walker contiene un parámetro, Ω, relacionado con la densidad de materia, de cuyo valor depende el tipo de expansión del Universo. Si Ω es mayor que 1 (lo que significa que la densidad de materia del Universo es mayor que un cierto valor crítico), entonces llegará un momento en el que el Universo dejará de expandirse y comenzará a contraerse, colapsándose, con lo que se reanudará el proceso. Si Ω es igual a 1 (la densidad real igual a la crítica, una situación muy precisa), entonces el Universo se expande, pero existe la masa justa para detener esa expansión (en este caso se dice que el Universo es «plano»). Por último, si Ω es menor que 1, no existe materia suficiente para detener la expansión y el Universo se expandirá siempre.

En un libro (*Los tres primeros minutos del Universo*, 1977) que marcó una época y al que me volveré a referir más adelante, Steven Weinberg resumió estas situaciones teóricas de la siguiente, y elegante, manera:

> El Universo ciertamente seguirá expandiéndose por un tiempo. En cuanto a su destino posterior, el modelo corriente hace una profecía equívoca: todo depende de que la densidad cósmica sea menor o mayor que un cierto valor crítico... si la densidad cósmica es *menor* que la densidad crítica, entonces el Universo es de extensión infinita y seguirá expandiéndose eternamente. Nuestros descendientes, si los tenemos, verán llegar lentamente a su fin todas las reacciones termonucleares, dejando tras de sí diversas especies de residuos: estrellas enanas negras, estrellas de neutrones y quizá agujeros negros. Los planetas seguramente continúen en órbita, disminuyendo un poco su ritmo a medida que irradien ondas gravitacionales, pero sin llegar nunca al reposo en un tiempo finito. Los fondos cósmicos de radiación y de neutrinos seguirán reduciendo su temperatura en proporción inversa al tamaño del Universo, pero nunca faltarán; aún ahora apenas podemos detectar el fondo de radiación de microondas de 3°K.

> En cambio, si la densidad cósmica es *mayor* que el valor crítico, entonces el Universo es finito y su expansión cesará alguna vez, dando origen a una contracción acelerada. Por ejemplo, si la densidad cósmica es el doble del valor crítico, y si el actual valor corriente de la constante de Hubble (15 kilómetros por segundo por millón de años-luz) es correcto, entonces el Universo tiene ahora 10.000 millones de años; seguirá expandiéndose por otros 50.000 millones de años y luego comenzará a contraerse... El tiempo de la contracción es el mismo que el de la expansión; después de 50.000 millones de años el Universo tendrá su tamaño actual, y después de otros 10.000 millones de años se acercará a un singular estado de densidad infinita[7].

Existen, pues, tres posibilidades: dos de ellas implican un origen singular en el pasado, mientras que en la tercera el Universo va y viene, siguiendo un ciclo interminable de expansiones y contracciones que se extienden al pasado infinito, sin comienzo alguno. Pero resulta que lo que favorecen las observaciones es un Universo que se expande a partir de un momento singular, único, en el pasado, un hecho este que no hace sino dar más notoriedad a preguntas que abordaré inmediatamente. Antes, sin embargo, es preciso recalcar que en realidad ni el Universo oscilante, ni el propuesto por Hoyle, ambos sin principio ni fin, nos evitan la incomodidad de preguntas que, de una u otra forma, todos nos hacemos. Esos dos casos teóricamente imaginables implican que el Universo ha estado ahí siempre, sí, pero ¿cómo es posible?, ¿por qué ha estado ahí?, ¿de dónde ha surgido aunque no haya surgido de nada en el sentido de que ha estado ahí siempre? «Afirmar que el Universo ha existido siempre —ha escrito el físico y divulgador Paul Davies— no explica la existencia del Universo. Eso es como decir que nadie escribió la Biblia, que solo se fue copiando de versiones anteriores»[8]. Solo el positivista que se embriaga con

[7] S. Weinberg, *Los tres primeros minutos del Universo,* Alianza Editorial, Madrid, 1996; «Epílogo: La perspectiva futura», págs. 211-212.

[8] P. Davies, «¿Qué sucedió antes del *Big Bang?»,* en John Brockman y Katinka Matson (eds.), *Así son las cosas,* Círculo de Lectores, Barcelona, 1996; edición original en inglés de 1995, págs. 51-57; pág. 52.

sus planteamientos teóricos, ciego ante lo que todos nos preguntamos, el superpositivista que confunde descripción con explicación, pensará que esos modelos de cosmos resuelven las grandes preguntas del Universo y de nuestras vidas.

Las grandes preguntas sobre el Universo

He llegado, por tanto, al umbral de lo que considero la Gran Pregunta, la que todas las personas, estoy seguro, se han hecho en algún momento de sus vidas: ¿cómo comenzó todo? Existimos, sí, porque nuestros padres nos engendraron, en un proceso que se retrotrae millones de años hacia el pasado, entretejiendo especies, que cambian según procesos evolutivos, hasta terminar en una serie de reacciones químicas orgánicas de las que surgió la vida (volveré a estas cuestiones en el capítulo próximo). Pero no podemos pararnos ahí, ni siquiera en el hipotético caso de que dispusiésemos de explicaciones científicas satisfactorias para toda esa cadena de sucesos. ¿De dónde surgieron los elementos que nutrieron esas reacciones químicas? Unos, los más pesados (elementos como el carbono, el oxígeno o el hierro), se formaron en procesos de síntesis termonuclear que tuvieron lugar en el interior de estrellas, que más tarde estallaron como supernovas, esparciendo su cargamento por el espacio, hasta llegar a planetas como el nuestro (todos nosotros hemos estado, en este sentido, en el interior de alguna estrella; hemos viajado por las profundidades del Universo). Bien, pero ¿y los más ligeros, como el imprescindible hidrógeno?: proceden, sí, de la reunión de sus componentes, de protones, neutrones, electrones o quarks, acaso de las misteriosas e hipotéticas supercuerdas, que proliferaron en los primeros instantes del Universo. Esto es cierto (o creemos, muy razonablemente, que lo es), pero también llega un momento en el que estamos recurriendo a «elementos» de partida, ahora «en los primeros instantes del Universo». En otras palabras, por mucho que nos remontemos en el pasado, siempre parece que nos encontramos con que necesitamos un «algo» sobre el que construir, y así surgen, irresistibles y perturbadoras, preguntas como: ¿qué quiere decir «creación del Universo»?, ¿qué significa *Big*

Bang? Creación implica un creador, ¿no? ¿Es eso que llamamos «Dios»?

Ninguna de estas cuestiones es, evidentemente, nueva, en general ni relacionada con la ciencia, con la cosmología en particular. Son tan viejas como la vida consciente y razonablemente «inteligente»: legiones de pensadores, filósofos, científicos, teólogos, poetas, personas, en fin, de todo tipo, se las han planteado y ofrecido sus respuestas racionales o emocionales. Pero siempre merece la pena volver a ellas, incorporando, si es posible, los avances científicos más recientes. Antes, no obstante, de ofrecer mi opinión y de insertar mis respuestas-opiniones en el contexto de qué es la ciencia, merece la pena —es, en realidad, obligado— recordar, aunque sea brevemente, los que considero mejores planteamientos que la filosofía nos ofrece acerca de las cuestiones relativas al Universo y su «creación». Para ello recurriré a un magnífico texto de Fernando Savater, *Las preguntas de la vida* (1999), en uno de cuyos capítulos depura y enriquece lo mejor del legado filosófico que ha tratado esas cuestiones. El motivo que le lleva a considerar tales cuestiones es, claro, el mismo que subyace detrás de lo que estoy escribiendo yo mismo: «Al hombre no le basta con formar parte de la realidad: necesita además saber que está en un *mundo* y se pregunta inmediatamente cómo será ese mundo en el que no solo habita sino del que también forma parte» [9].

Ahora bien, añade Savater: «la idea de mundo tiene varios niveles, desde el más próximo y aparentemente trivial hasta el más abrumador y cósmico». Tiene razón, desde luego, pero a mí no me interesa aquí y ahora nada más que el mundo «más abrumador y cósmico», el Universo, ese escenario total en el que se pueden (¡y deben!) plantear las que Savater denomina «preguntas *cosmológicas»:* «¿Qué es el Universo? ¿Tiene el Universo algún orden o designio? ¿Cuál es el origen del Universo?».

---

[9] F. Savater, *Las preguntas de la vida,* Ariel, Barcelona, 1999, pág. 117.

Ciencia *versus* filosofía, a propósito del orden o el caos en el Universo

Semejantes preguntas dan a su vez origen a todo tipo de cuestiones, como las que el filósofo Savater se plantea (con toda la legitimidad e interés filosófico del mundo): «¿Y si no hubiera tal cosa como la supercosa-Universo? ¿Y si solo hubiera cosas, innumerables cosas que se suceden unas a otras, se juntan y se separan, acaban y empiezan, pero no hubiera ninguna gran Cosa formada por todas las cosas?»; o ¿si no existiese «un Universo sino una infinita pluralidad de mundos, objetos o cosas que nunca se pueden concebir o considerar bajo el concepto de unidad»? [10].

Sin embargo, no todas estas cuestiones tienen fácil acomodo en la ciencia. Las preocupaciones del filósofo son unas; las del científico, otras [11]. A veces, es cierto, coinciden. En ocasiones el científico plantea y acaso resuelve cuestiones que merecen entrar en los textos filosóficos: el Einstein al que una famosa colección filosófica caracterizó como «filósofo-científico» [12]; el Heisenberg que en uno de sus grandes artículos (aquel en el que inventó la mecánica cuántica matricial) escribió en vena empirista-operacionalista: «parece así más razonable tratar de establecer una mecánica cuántica teórica análoga a la mecánica clásica, pero en la que solamente aparezcan relaciones entre magnitudes observables» [13].

---

[10] F. Savater, *Las preguntas de la vida,* ob. cit., pág. 124.

[11] No puedo evitar en este punto recordar (aunque no esté completamente de acuerdo con ella) la célebre tesis sobre Feuerbach de Karl Marx: «Los filósofos se han limitado a interpretar diversamente el mundo. Pero lo que importa es transformarlo». La ciencia y la tecnología son, claro, magníficos instrumentos para la transformación del mundo.

[12] Paul Arthur Schilpp (ed.), *Albert Einstein: Philosopher-Scientist,* Open Court, La Salle (Illinois), 1949. La colección a la que pertenecía este libro era *The Library of Living Philosophers,* y en ella podemos encontrar volúmenes dedicados a, por ejemplo, Ernst Cassirer, George Santayana, Bertrand Russell, Alfred N. Whitehead, Karl Jaspers, Rudolf Carnap o Karl Popper.

[13] Werner Heisenberg, «Uber quantentheoretische Umdeutung kinematischer und mechanischer Beziehungen», *Zeitschrift für Physik 33,* 870-893 (1925).

Otras es el filósofo el que conmueve de tal forma los cimientos epistemológicos sobre la naturaleza, que obliga a los científicos a tomar nota: Kant con sus reflexiones sobre nuestros mecanismos perceptivos espaciotemporales; o Popper reclamando que los contenidos de las teorías científicas deberían ser compatibles con su idea (filosófica) de un «Universo abierto» [14], al igual que imponiendo criterios metodológicos que influyeron grandemente en muchos científicos del siglo XX.

Pero lo normal es que existan notables diferencias en los intereses y modos de reflexionar de filósofos y científicos. Que así es se comprueba incluso en un territorio tan especial como el del Universo. Como acabamos de ver, Savater encuentra necesario hacerse preguntas como: «¿Y si no hubiera tal cosa como la supercosa-Universo? ¿Y si solo hubiera cosas, innumerables cosas que se suceden unas a otras, se juntan y se separan, acaban y empiezan, pero no hubiera ninguna gran Cosa formada por todas las cosas?». Pero, desde el punto de vista de la ciencia, ¿qué sentido tendría aceptar que existen objetos (cosas) que se relacionan entre sí de manera tal que podemos —a través de la ciencia— encontrar para tales relaciones leyes con capacidad predictiva, logro que a su vez permite suponer que forman algo así como un conjunto, «el conjunto de las cosas que se pueden relacionar entre sí», y luego plantearse la posibilidad de que no exista «ninguna gran Cosa formada por todas las cosas»? Puede, es probable incluso, que, como también escribe Savater a propósito de su segunda pregunta «cosmológica», el orden que creemos ver en el Universo (el orden que se deduce de las leyes científicas que buscamos y en ocasiones encontramos) no sea sino reflejo de los mecanismos perceptivos y cognitivos de que los humanos disponemos: «El concepto de "orden" —escribe Savater— es siempre un intento de poner *unidad* y articular relaciones en una multiplicidad de elementos, sea tal unidad inherente a las cosas mismas o bien provenga de nuestra forma de pensar... Según expuso Kant en su *Crítica de la razón pura,* "somos nosotros mismos los que introducimos el orden y la regularidad en los fenómenos que lla-

[14] Véase Karl R. Popper, *The Open Universe,* Hutchinson, Londres, 1982.

mamos Naturaleza"... Es decir, llamamos "orden del mundo" a nuestra forma de conocer el mundo y de disponer de él» [15]. Es posible, naturalmente, que el Universo, el conjunto de todas las cosas, responda a alguna forma de orden o designio que nuestra razón no pueda comprender, o que no responda a ningún tipo de orden; podemos, en efecto, imaginar que el orden que creemos ver en el mundo no sea «sino otro ordenamiento más entre los muchos posibles de una realidad en sí misma bastante caótica». Todo esto es posible, desde luego, pero la aceptación de tales posibilidades plantea a su vez problemas muy serios, que limitan su relevancia práctica en la investigación científica, o, para decirlo de otra forma, que hacen pensar que si el científico los incorporase plenamente en sus investigaciones, podría provocar en él un efecto paralizante, no así en el filósofo, que en este aspecto tiene un margen de maniobra y posibilidades mayores.

Es indudable que la ciencia ha obtenido, y continúa obteniendo, grandes éxitos estableciendo sistemas analíticos con capacidad predictiva y relacionados con la experiencia mediante una serie de más o menos difusas «reglas de correspondencia», sistemas que —sobre todo en la física y la química— se codifican en ecuaciones matemáticas que interpretamos como representando unas ciertas regularidades (el conjunto de fenómenos que obedecen a las ecuaciones en cuestión) a las que pomposa, pero razonablemente, denominamos «leyes de la naturaleza». Precisamente porque encontramos «leyes» en ese sentido podemos decir que «existe orden en la naturaleza». Por supuesto que ese orden podría ser, que acaso sea, ficticio, un sueño, una vana ilusión, el producto de nuestro sistema nervioso, o vaya a saber usted de cuál de las características orgánicas de nuestro cuerpo. Y también que detrás de ese orden nuestro solo haya «una realidad en sí bastante caótica». Esto es posible, lógicamente posible, como también lo es que no podemos estar completamente seguros de que en realidad exista algo fuera del mundo conceptual que construimos basado en aquello más seguro que poseemos, nuestras sensaciones (como diría el físico y a veces filósofo austriaco

[15] F. Savater, *Las preguntas de la vida,* ob. cit., pág. 128.

Ernst Mach [1838-1916], que tanto influyó en el primer Einstein, el que creó la teoría especial de la relatividad, así como en el posterior positivismo lógico). Pero si seguimos por esos caminos, nos veremos obligados a concluir, en la mejor tradición solipsista, que todo es un sueño, o una casualidad. Y ¿qué hacemos con semejantes conclusiones? Porque si esas leyes que construimos funcionan tan bien, a pesar de tener sus cimientos sobre un sustrato caótico, habrá que explicar cómo es eso posible: orden que surge sobre el caos. Las, por otra parte, maravillosas tesis kantianas, según las cuales somos nosotros mismos, nuestros cerebros o sistemas cognitivos, los que imponen, cuando percibimos, cuando conocemos, orden en lo que está desordenado, no nos resuelven el problema: es lícito —obligado— pensar que hay que explicar cómo es así; cómo nuestras redes neuronales, o lo que sea, imponen un tipo de orden causal o probabilista en lo caótico (estoy utilizando el término caótico en el sentido más coloquial, como algo no sometido a leyes, no en el sentido técnico, que surge de la física, que comentaré en otro capítulo). Es obligado intentar semejantes explicaciones, aunque cuando decimos «hay que explicar cómo es así; cómo nuestras redes neuronales...» ya estamos haciendo trampa, porque queremos decir «explicar en términos causales o probabilistas», esto es, en términos científicos basados en los mecanismos (¿viciados?) kantianos, que son los que precisamente pretendemos explicar.

De acuerdo, es un mecanismo trufado, viciado, un proceso mental que se muerde la cola, pero que funciona, que nos permite predecir cosas. Si es una casualidad, es una casualidad maravillosa y absoluta, y sorprendentemente eficaz. Si es un sueño, es un sueño del que mejor no despertarse, porque si nos despertásemos y solo hubiese caos, no entenderíamos nada, ya que no seríamos capaces de organizar nuestras experiencias [16]. Y en este preciso punto surge otra posibilidad: si la naturaleza fuese en sí caótica, ¿cómo es que esa misma naturaleza ha producido la

[16] En otro lugar de este libro volveré a cuestiones relacionadas con estas a propósito del problema de la efectividad de la matemática en nuestra comprensión científica del mundo.

vida, cuya propiedad más básica es la de ser sistemas organizados, capaces de reproducirse. Pero reproducirse es transmitir algo común: unos cromosomas, por ejemplo, un código genético; esto es, un tipo de orden.

Dejemos, sin embargo, estas cuestiones, y pasemos a la Gran Pregunta, filosófica al igual que científica: la de la creación del Universo, la de cómo empezó todo, y si es lícito introducir en nuestras reconstrucciones dioses creadores.

La creación del Universo y la idea de Dios

La incoherencia que representa recurrir a algo cuyo origen no sabemos explicar, para explicar a su vez el origen del algo (como el Universo), ha sido señalada muchas veces en el pasado. Savater, con quien estoy dialogando en estas últimas páginas, se refiere también a este hecho:

> Damos por supuesto que todo debe tener una «razón suficiente» para llegar a existir, por decirlo con la terminología de Leibniz. Ahora bien, si todo tiene su causa, ¿no debería también haber una Causa de Todo?...
>
> Solemos considerar que, por definición, las causas tienen que ser *distintas* a sus efectos y *anteriores* a ellos. De modo que la Primera Causa del Universo tiene que ser distinta del Universo y anterior a él. Ahora bien, precisamente lo que entendemos por Universo es el conjunto de todo lo que existe en la realidad. Si la Causa Primera existe en la realidad, debe formar parte del Universo (y por tanto cabe preguntarse también respecto a ella: ¿cuál fue su causa?); si no existe en realidad, ¿cómo puede actuar? Claro que tampoco renunciar a una causa primera nos deja del todo teóricamente satisfechos. Podemos razonablemente asumir que el Universo (es decir, el encadenamiento perpetuo de causas y efectos) ha existido *siempre* y por tanto no ha comenzado *nunca*. A la pregunta ¿por qué existe «algo» y no más bien «nada»? responderemos tranquilamente: ¿y por qué debería estar la «nada» antes del «algo»?, ¿acaso conocemos alguna ocasión en la que haya habido «nada»?...

> En nuestra tradición cristiana, la respuesta más popular a este embrollo es recurrir a un Dios creador. Dejando aparte la respetable piedad de cada cual, se trata de intentar explicar algo que entendemos poco por medio de lo que no entendemos nada. El Universo y su origen son dificilísimos de comprender, ¡pero anda que Dios...! La eternidad y la infinitud de Dios provocan el mismo desconcierto que la eternidad y la infinitud del Universo: si a la pregunta de por qué hay Universo respondemos diciendo que lo ha hecho Dios, la siguiente pregunta inevitable es por qué hay Dios o quién ha hecho a Dios. Si vamos a aceptar que Dios no tiene causa, también podríamos haber aceptado antes que el Universo no tiene causa y ahorrarnos ese viaje [17].

Efectivamente, para semejante viaje no hacen falta tales alforjas. La historia del pensamiento científico ha sido y es un proceso largo y complejo, a través del cual la humanidad se ha ido despojando de innumerables prejuicios. Prejuicios, por supuesto, comprensibles, la mayoría de ellos de índole antropomórfica: ¡es tan doloroso sentirse solo! No nos encontramos en el centro del Universo, sino cerca de la periferia de una galaxia, una más entre cientos de millones (como mínimo); no somos el producto súbito y acabado de un acto de creación por un «Dios» todopoderoso, ni siquiera, ¡ay!, la culminación inevitable de un proceso biológico destinado a producirnos. La ciencia, los Copérnico, Darwin, Hubble y similares, nos ha enseñado esto, y al hacerlo nos ha ido desproveyendo de seguridades, y también, inevitablemente, de esperanzas, enfrentándonos con una dolorosa realidad, la de que somos, parece, el producto del azar, de que, en este sentido, estamos solos, sin un Padre-Madre, compasivo o déspota (que para lo que estamos hablando tampoco importa tanto que sea lo uno o lo otro), y aun así todavía hay quienes aprovechan la ocasión de un resultado de la ciencia, el *Big Bang,* para violentar la propia esencia de esta forma de conocimiento: recurrir a un juego de incoherencia lógica, en el que se utiliza una causa no explicada para explicar algo cuyo origen no sabemos explicar con la ciencia actual.

---

[17] F. Savater, *Las preguntas de la vida,* ob. cit., págs. 132-134.

CIENCIA Y RELIGIÓN

Tradicionalmente muchos han resuelto este problema argumentando que la ciencia y la religión (entendiendo ahora por «religión» simplemente «un conjunto de creencias que tienen que ver con la idea de Dios») se mueven en ámbitos diferentes: el del análisis racional y comprobación experimental de fenómenos naturales, la primera, y el de la fe, la segunda. Y entre los que defienden tal punto de vista hay no pocos científicos. Personalmente, no puedo decir que encuentre su postura fácil de comprender. Y no la puedo comprender porque fe y ciencia son conceptos y realidades (no niego, por supuesto, la realidad de la religión) totalmente opuestos. La fe es creer por convicción, sin pruebas materiales; es, en definitiva, un tipo de creencia en el que no tiene lugar aquello más preciado para la ciencia: la duda sistemática y la capacidad de predicción. «La incertidumbre que es necesaria para entender la naturaleza —escribió en este mismo sentido Richard Feynman, una de las grandes luminarias de la física del siglo XX— no se compagina fácilmente con la sensación de certeza en la fe, que normalmente va asociada con la creencia religiosa profunda. No creo que el científico pueda tener la misma certeza basada en la fe que la que tienen las personas profundamente religiosas. Quizá pueda. Yo no lo sé. Creo que es difícil»[18].

Acepto que un científico creyente puede desarrollar su trabajo científico de forma satisfactoria, pero no será una persona completamente coherente; mantendrá, en el fondo de su existencia, una doble personalidad intelectual; será, en este sentido, un esquizofrénico. Y lo será por razones que cualquiera puede comprender: soledad, sentimiento de desamparo y provisionalidad, angustia ante el futuro, miedo a desaparecer (morir) sin más ni más, pero, repito, al comportarse de semejante forma, violenta desde el punto de vista intelectual la esencia de la empresa científica.

Lamentablemente, no puedo aceptar el punto de vista, más comprensivo para los sentimientos religiosos, que mi muy admi-

[18] R. P. Feynman, *Qué significa todo eso,* Crítica, Barcelona, 1999, pág. 55.

rado Stephen Jay Gould defendió en uno de sus últimos libros, *Rock of Ages,* significativamente subtitulado *Science and Religion in the Fullness of Life* (1999), esto es, *Ciencia y religión en la totalidad de la vida*[19]. Escribía ahí Gould: «No veo de qué manera la ciencia y la religión pueden unificarse, o siquiera sintetizarse, bajo un plan común de explicación o análisis; pero tampoco entiendo por qué las dos empresas tendrían que experimentar ningún conflicto. La ciencia intenta documentar el carácter objetivo del mundo natural, y desarrollar teorías que coordinen y expliquen tales hechos. La religión, en cambio, opera en un reino igualmente importante, pero absolutamente distinto, de los fines, los significados y los valores humanos, temas que el dominio objetivo de la ciencia podría iluminar, pero nunca resolver... Propongo que encapsulemos este principio básico de la no interferencia respetuosa (acompañado de un diálogo intenso entre los dos temas distintos, cada uno de los cuales cubre una faceta fundamental de la existencia humana) enunciando el Principio de los Magisterios que No se Superponen, al que para abreviar denominaré MANS»[20]. De nuevo, entiendo el motivo que subyace detrás de la enunciación de un principio como este, la creencia de que la ciencia no agota el Universo experiencial y emocional de los humanos, la evidencia de que hay dominios en los que de poco les sirve a estos esa maravillosa y eficaz ciencia. Sí, esto es cierto, y por ello nadie debería escandalizarse por el hecho de que haya personas que se refugien en la religión. Pero concederle, de entrada, sin más, el estatus que le otorga el principio de Gould es algo muy diferente, en la medida en que puede ser entendido como un reconocimiento formal, definitivo, de una separación que no solo ha estado ahí, sino que seguirá estando por los siglos de los siglos[21]. Sucede, no obstante, que lo que la expe-

---

[19] La versión española (Crítica, Barcelona, 2000) se titula simplemente *Ciencia versus religión*. Y el subtítulo es: «Un falso conflicto».

[20] Ibídem, págs. 12-13.

[21] También Steven Weinberg, de quien me ocuparé ampliamente enseguida, se ha mostrado crítico de las opiniones de Gould, aunque no de las que expone en el libro que estoy comentando ahora. En *El sueño de una teoría final* (Crítica, Barcelona, 1994) escribe (pág. 198): «Uno oye con frecuencia que no

riencia histórica enseña es que la ciencia ha ido destruyendo (es este un término fuerte, pero el apropiado en mi opinión) convicción religiosa tras convicción, dogma tras dogma. Una cosa son los sentimientos de desamparo y provisionalidad a los que aludía antes y otra, muy diferente, aceptar que las creencias psicológicas, emotivas, educativas en última instancia, en que estos se basan prueban o justifican los valores religiosos. Aceptar eso es renunciar al valor terapéutico, educativo, de la ciencia, un valor probado a lo largo de toda su ya larga, varias veces milenaria, historia. Y todo esto al margen de que se pueda suponer que es posible que tampoco la ciencia posea alguna vez respuestas a todas las preguntas que los humanos podemos plantearnos, un punto este al que volveré más adelante en el presente capítulo.

WEINBERG *VERSUS* POLKINGHORNE (I): WEINBERG Y LA NATURALEZA DE LA EXPLICACIÓN CIENTÍFICA

En cualquier caso, independientemente del principio enunciado por Gould, el hecho es que existen no solo personas legas en ciencia que creen firmemente en dogmas religiosos, sino también científicos, que se esfuerzan no solo en defender principios de tolerancia (o de no interferencia de magisterios), sino en desarrollar argumentos para hacer compatibles contenidos de la ciencia y de la religión. Uno de los más conocidos y activos en la actualidad es el sacerdote de la Iglesia anglicana y antiguo catedrático de Física Matemática de la Universidad de Cambridge

---

hay conflicto entre ciencia y religión. Por ejemplo, en una recensión del libro de [Phillip] Johnson [*Darwin on Trial,* 1991], Stephen Jay Gould comenta que la ciencia y la religión no entran en conflicto, porque "la ciencia trata la realidad factual, mientras que la religión trata la moralidad humana" [S. J. Gould, "Impeaching a self-appointed judge", *Scientific American* (julio de 2002), pág. 118]. En muchas cosas tiendo a estar de acuerdo con Gould, pero creo que aquí va demasiado lejos; el significado de la religión se define por lo que la gente religiosa cree realmente, y la gran mayoría de la gente religiosa del mundo se sorprendería de saber que la religión no tiene nada que ver con la realidad factual».

(Inglaterra), además de FRS *(Fellow of the Royal Society;* esto es, miembro de la Royal Society, una de las sociedades científicas más prestigiosas del mundo) desde 1974, John Polkinghorne.

En 1983, Polkinghorne renunció a su cátedra de Cambridge para hacerse sacerdote anglicano, iniciando así una carrera eclesiástica que en modo alguno ha estado desprovista de compromisos y obligaciones institucionales académicos (por ejemplo, entre 1989 y 1996 fue presidente del Queen's College de Cambridge). Pero con ser notable lo anterior (no es frecuente que una persona abandone un puesto tan prestigioso como una cátedra en Cambridge para hacerse sacerdote), no es por ello por lo que Polkinghorne ha alcanzado la notoriedad pública de que goza hoy, sino por sus escritos sobre el tema de la ciencia y la religión. De hecho, hace poco recibió el «Premio Templeton para el Progreso en la Investigación y Descubrimientos sobre lo Espiritual» correspondiente a 2002, dotado con la nada despreciable suma de 700.000 libras esterlinas [22]. «Habiendo publicado numerosos libros y artículos en los campos de la ciencia y la teología —ha escrito un doctorando de teología estadounidense, Lyndon F. Harris, en una entrevista que le hizo en 1997—, Polkinghorne se ha convertido en uno de los pensadores más importantes del mundo que intentan correlacionar los rompecabezas de la física cuántica con la fe cristiana» [23]. No es una mala caracterización si ampliamos lo de «rompecabezas de la física cuántica», de manera que se incluyan también los de la física relativista y del caos.

Ahora bien: ¿cuáles son las opiniones de Polkinghorne sobre este tema? No pretendo, como es evidente, analizarlas en detalle;

---

[22] Este premio, fundado en 1972 por sir John Templeton, se concede anualmente. En 1973, la primera vez que se otorgó, lo recibió la madre Teresa de Calcuta. Antes que Polkinghorne lo recibieron otros científicos: el reverendo Arthur Peacocke, *Senior Lecturer* en Biofísica en la Universidad de Birmingham; el físico teórico y destacado divulgador científico Paul Davies; Ian Barbour, catedrático de Física al igual que de Religión, y Freeman Dyson, uno de los creadores de la electrodinámica cuántica y miembro del Institute for Advanced Study de Princeton.

[23] Lyndon F. Harris, «Divine action: an interview with John Polkinghorne», http://www.crosscurrents.org/polkinghorne.htm.

simplemente ofrecer un esbozo, una muestra de ellas. Y así, continuando con la entrevista a la que me acabo de referir, encontramos entre sus manifestaciones las siguientes:

> Creo que es muy importante mantener la distinción clásica entre el Creador y la creación. Por supuesto, no queremos mantener al bastante remoto Dios de la teología clásica, que era demasiado trascendente y cuya inmanencia realmente se reafirmaba excesivamente. Queremos mantener un equilibrio entre trascendencia e inmanencia, pero creemos que la distinción entre Creador y creación continúa siendo crucial por dos razones. Una es que, si no la mantenemos, entonces el problema con la maldad, y la relación de Dios con la maldad, se hace más intensa. Y segundo, un Dios que está demasiado vinculado con la creación no puede ser la base para un destino más allá de la muerte tanto para criaturas como para el conjunto de la creación. Pienso que Dios creó este mundo.

No veo en estos argumentos, básicos me parece a mí para el edificio que intenta construir su autor, ningún tipo de «sensibilidad para con los resultados de la ciencia». Más adelante en la citada entrevista sí encontramos mención a la ciencia. En lo que a las implicaciones de la cosmología einsteiniana se refiere, Polkinghorne señala: «Creo que han sucedido tres cosas importantes. Una está ciertamente asociada con Einstein: el reconocimiento del carácter relacional de la realidad. La imagen newtoniana era que el espacio estaba ahí como una especie de contenedor, y que había pequeñas partículas que pululaban alrededor y se golpeaban entre sí. Esta imagen ha sido reemplazada por una comprensión unificada, extraída de la teoría general de la relatividad de Einstein, según la cual el espacio y el tiempo y la materia están ligados entre sí, de forma que el mundo es relacional en este sentido. Este es un desarrollo muy importante, y muchos teólogos han visto en él una sugerencia del pensamiento relacional de una teología trinitaria». Francamente, me parece que no hay mucho pensamiento preciso, verificable, en tales manifestaciones. Como tampoco lo hay cuando, a continuación, se refiere a la revolución cuántica, de la que concluye que «nos dice que el mundo no es simplemente objetivo; de alguna manera es más sutil que eso. En algún sentido se nos oculta, pero tiene una estructura que podemos comprender».

«Es más sutil que eso», señala; pero ¿qué quiere decir con ello? ¿Que nuestras categorías humanas, construidas laboriosamente, a trancas y barrancas, a lo largo del camino evolutivo que nos ha convertido en una especie entre muchas otras, sin duda muy dotada (para, por ejemplo, intentar comprender predictiva, esto es, científicamente, el mundo), no nos permiten comprender la naturaleza en relación con nuestras ideas más primitivas e intuitivas, más antropomórficas? Si eso es lo que quiere decir, pues bien: de acuerdo. El probabilismo cuántico nos plantea problemas de comprensión intuitiva, sí, pero no hagamos de ello una prueba de la existencia, ni siquiera de la sospecha de la existencia, de algún ser o ente trascendente o inmanente, de algún Dios. ¿Por qué —repetiré esta afirmación-pregunta— nuestro cerebro, sistema nervioso o cognitivo, iba a ser capaz de comprender el mundo completamente? Nos sorprende que nosotros no podamos (o que parece que no podamos), pero nos sorprende menos que no pueda hacerlo una bacteria, una lombriz de tierra, una ballena o un gorila; mas si contemplamos la situación desde el punto de vista de la contingencia evolutiva, entonces las sorpresas deberían ser menos. Somos otro producto de la evolución, como una lombriz de tierra, una ballena o un gorila.

Como en muchas otras ocasiones, Bertrand Russell se expresó con gran sentido común cuando escribió con relación a estas cuestiones[24]:

> La ciencia no apoya en absoluto la existencia de Dios y la inmortalidad, los dogmas centrales de la religión cristiana. No puede decirse que ninguna de estas doctrinas sea esencial para la religión, puesto que no se encuentran en el budismo, pero en Occidente hemos llegado a considerarlas como el mínimo irreductible de la teología.

[24] B. Russell, *What I Believe,* E. P. Dutton, Nueva York, 1925, pág. 5; cit. en *Russell. Respuestas,* Península, Barcelona, 1997, pág. 113.

> Sin duda la gente continuará abrigando estas creencias por ser agradables, de la misma manera que lo es considerar que somos virtuosos y nuestros enemigos perversos, pero por mi parte no veo ninguna base que sostenga estas creencias.
>
> No pretendo ser capaz de demostrar que Dios no existe, como tampoco puedo demostrar que Satán es una ficción. El Dios cristiano puede existir, como también los dioses del Olimpo, del antiguo Egipto o de Babilonia, pero ninguna de estas hipótesis es más probable que cualquier otra: están fuera de la región del conocimiento incluso probable y, por tanto, no hay ningún motivo para tomarlas en consideración.

Una confrontación particularmente interesante de ideas relativas a Dios y la ciencia tuvo lugar no hace mucho, entre el 14 y el 16 de abril de 1999, durante un congreso celebrado en Washington D. C., patrocinado por el «Programa de diálogo entre ciencia, ética y religión» de la poderosa American Association for the Advancement of Science, seguramente la organización relacionada con la ciencia que cuenta con más miembros en Estados Unidos (y en el mundo), para muchos conocida por ser la editora de la influyente revista semanal *Science*. Como parte de ese congreso, se celebró un debate titulado «Is the universe designed?» («¿Está diseñado el Universo?»), en el que participaron solamente dos personas: Steven Weinberg y el ya citado John Polkinghorne (cada uno pronunció una conferencia no muy extensa, seguida de un intercambio entre ambos)[25].

Aunque ya nos ha aparecido el nombre de Weinberg, ha sido de pasada, como el autor de un libro al que de hecho pronto volveré, *Los tres primeros minutos del Universo*. Como he dicho algo acerca de la biografía de Polkinghorne, es justo que antes de entrar en el debate que tuvo lugar en la capital federal norteamericana presente también a Weinberg, sin duda de ninguna clase un físico mucho más prestigioso que su, en aquella ocasión, contrin-

[25] Las Actas del congreso se han publicado recientemente: *Cosmic Questions,* James B. Miller (ed.), *Annals of the New York Academy of Sciences,* vol. 950 (2001).

cante intelectual; ha sido, de hecho, uno de los físicos más importantes de la segunda mitad del siglo XX.

Steven Weinberg nació en Nueva York en 1933. Recibió su primer título superior por la Universidad de Cornell en 1954, y su doctorado por la Universidad de Princeton en 1957 con una tesis sobre la renormalización de las teorías de campos de la interacción débil. Su carrera profesional incluye puestos en la Universidad de Columbia, en Nueva York, de 1957 a 1959; Universidad de California, en Berkeley (1959-1969); Massachusetts Institute of Technology (1969-1973) y Universidad de Harvard (1973-1983). Desde 1982 ha sido *Josey Regental Professor* en la Universidad de Tejas, en Austin. En 1979 recibió el premio Nobel de Física, compartido con Sheldon L. Glashow y Abdus Salam, por «sus contribuciones a la teoría unificada de las interacciones electromagnética y débil entre partículas elementales, incluyendo *inter alia* la predicción de las corrientes neutras débiles». Se trataba de un paso fundamental en el camino hacia la unificación de las cuatro fuerzas conocidas de la naturaleza (fuerte, débil, electromagnética y gravitacional), y que pronto condujo a la denominada «teoría estándar», que reúne la interacción electrodébil (entendiendo por tal la que se acomoda en la teoría desarrollada por Glashow, Salam y Weinberg) y la fuerte.

Sucede que Weinberg no solo ha realizado profundas contribuciones a la física teórica, sino que también se ha distinguido por la brillantez de los libros que ha escrito dedicados a exponer a estudiantes universitarios o graduados apartados importantes de la física, o a divulgar temas científicos (aunque en su caso es más que una mera divulgación, pudiendo ser consideradas sus obras también como espléndidos ensayos). Textos como *Cosmology and Gravitation* (1972), una magnífica y personal exposición de la teoría general de la relatividad y sus principales aplicaciones a la astrofísica y cosmología; *The Quantum Theory of Fields,* en la que, en tres tomos (el primero aparecido en 1993), desarrolla los principios básicos de la teoría cuántica de campos; *Partículas subatómicas* (1983), *El sueño de una teoría final* (1992), una rotunda defensa del valor social y cultural de la física teórica al hilo de la exposición de la búsqueda de una Teoría del Todo, y, muy especialmente, *Los tres primeros minutos del Universo* (1977), un éxito de ventas mundial, un clásico de la divulgación científica, que ha sido traducido, además de al castellano, al alemán, árabe, búlgaro, chino, checoslovaco, danés, estonio, finlandés, francés, griego, holandés, húngaro, italiano, japonés, noruego, polaco, portugués, ruso y sueco.

Una vez realizada su presentación, pasemos al intercambio del Congreso de Washington D. C. Comenzando por su intervención[26].

Uno de los puntos que desarrolló allí Weinberg es el clásico de si existe o no un «diseñador del mundo». «Supongo —escribía— que si fuésemos a ver la mano de un diseñador en cualquier parte, sería en los principios fundamentales, en las leyes finales de la naturaleza, el libro de reglas que gobierna todos los fenómenos naturales. No conocemos todavía las leyes finales, pero por lo que hemos sido capaces de ver hasta ahora, son completamente impersonales y sin que en ellas la vida desempeñe un papel específico.» Repasando los argumentos que en vista de semejante limitación (la de que aún no conocemos las leyes finales de la física), que nadie puede negar, se han ofrecido, Weinberg mencionaba uno frecuentemente utilizado, basado en la interpretación generalmente aceptada de la mecánica cuántica, según la cual el observador humano se encuentra en el epicentro de esa teoría, ya que es en su consciencia en donde tiene lugar (interpretación de Copenhague *dixit)* el colapso de la función de onda que determina el desarrollo futuro de cualquier interacción en la que tomamos parte en el Universo, un hecho que, continúan los que argumentan en esta vena, vuelve a colocar a los humanos en la posición privilegiada de la que Copérnico y Darwin les despojaron. Ante semejante argumentación, Weinberg señalaba, refiriéndose a la interpretación de los muchos mundos de la mecánica cuántica: «Es verdad que cuando la mecánica cuántica era joven, algunos físicos pensaban que volvía a colocar a los humanos en la imagen, porque los principios de la mecánica cuántica

[26] S. Weinberg, «A Universe with no designer», en *Cosmic Questions,* ob. cit., págs. 169-174; pág. 170. Incluido también en S. Weinberg, *Facing Up,* Harvard University Press, Cambridge (Mass.), 2001, págs. 232-242.

describen lo que los *observadores* encontrarían bajo diversas condiciones. Pero, comenzando con el trabajo de Hugh Everett hace cuarenta años, se ha producido una reinterpretación de la mecánica cuántica como el desarrollo objetivo (y determinista) de una función de onda que describe el observador al igual que al sistema que está siendo observado. Este trabajo no está completo, de manera que no puedo decir que poseemos una formulación satisfactoria de la mecánica cuántica completamente objetiva, pero creo que la tendremos».

En cualquier caso, el verdadero problema es el de las leyes finales, y aquí Weinberg es claro: «Tengo que admitir que incluso cuando los físicos vayan todo lo lejos que pueden, cuando tengan una teoría final, no tendrán una imagen del mundo completamente satisfactoria, porque todavía quedará la pregunta: "¿Por qué?". ¿Por qué *esta* teoría, en lugar de alguna otra teoría? [27]. Por ejemplo, ¿por qué está el mundo descrito por la mecánica cuántica? La mecánica cuántica es una parte de nuestra física actual que es probable que sobreviva en cualquier teoría futura, pero no hay nada lógicamente inevitable en ella; puedo imaginar un Universo gobernado en su lugar por la mecánica newtoniana. Por tanto, existe un misterio irreductible que la ciencia no eliminará».

Aquí sí que Weinberg saca a la palestra un punto esencial: podremos, tal vez, los humanos, con el extraordinario poder de nuestro cerebro, encontrar un conjunto de leyes, una teoría «final»; final en el sentido de que nos permita «explicar» (esto es, ordenar de manera analítica) en un sistema predictivo, todas

[27] Las preguntas de tipo por qué no son nuevas. Como ejemplo, citaré lo que Albert Einstein escribía en una carta de noviembre de 1916 a Walter Dällenbach, un antiguo estudiante suyo en la Escuela Politécnica de Zúrich: «También veo dificultades de principio aquí. Los electrones (como puntos) serían las entidades últimas (bloques constitutivos) en tal sistema. ¿*Son* de hecho tales bloques constitutivos? ¿Por qué tienen todos la misma magnitud? ¿Es satisfactorio decir: Dios en su sabiduría los hizo a todos del mismo tamaño, cada uno igual a los demás, porque lo quería de esa manera; si hubiese querido los habría creado diferentes?». Cit. en John Stachel, «The other Einstein: Einstein contra field theory», *Science in Context 6,* 275-290 (1993), pág. 284.

aquellas observaciones que seamos capaces de realizar o imaginar, una teoría con la que podamos contestar a todas las preguntas de carácter empírico que nos podamos hacer. Pero con ello no se habrán agotado todas las preguntas que es posible plantear; quedará una, no menos científica, la de por qué las leyes que encuentran los científicos son como son, por qué la naturaleza se comporta como se comporta.

¿Será posible encontrar alguna vez una respuesta a esta pregunta? Yo, personalmente, lo dudo, aunque, como es evidente, no puedo estar seguro de que sea así, de que no existan avenidas de pensamiento futuras que cambien la situación y perspectivas actuales. Para explicar por qué creo esto, utilizaré un ejemplo concreto. No, por supuesto, definitivo; simplemente sugerente. Se trata de la teoría de la relatividad especial, el conjunto de reglas que Albert Einstein desarrolló en 1905 y que condicionan las relaciones dinámicas entre los sucesos que tienen lugar en el espacio y el tiempo (estrictamente, en el espacio-tiempo). La derivación canónica de las relaciones básicas de esta teoría einsteniana (las denominadas «transformaciones de Lorentz») se obtiene combinando dos principios: el principio de relatividad, según el cual, en la formulación de Einstein, «si dos sistemas de coordenadas están en movimiento relativo de traslación paralela uniforme (sistemas inerciales), las leyes de acuerdo con las cuales cambian los estados de un sistema físico no dependen de con cuál de los dos sistemas están relacionados dichos cambios», y el de que «la velocidad de la luz es la misma en todos los sistemas de referencia inerciales, independiente del estado de movimiento del cuerpo que la emite»[28]. Es importante recalcar que ninguno de estos dos principios es inmune a la pregunta de por qué así y no de otra forma; en particular el de la constancia de la velocidad de la luz, que es absolutamente contraintuitivo.

Ante semejante situación es perfectamente razonable plantearse si no existirán otras derivaciones de las transformaciones

---

[28] A. Einstein, «Zur Elektrodynamik bewegter Körper», *Annalen der Physik 17,* 891-921 (1905).

de Lorentz más «fundamentales». Y aparentemente sí existen. Semejante deducción se basa en los siguientes postulados:

1) El espacio es isótropo (esto es, todas las direcciones son equivalentes).
2) El espacio y el tiempo son homogéneos (esto es, independientes de la elección del origen que se toma para ambos).
3) Se satisface el principio de relatividad (completa igualdad de los sistemas inerciales de referencia)[29].

Ahora bien: existen varios problemas. El primero, que ni siquiera de estos tres principios, aparentemente tan generales, tan «naturales», se obtienen unívocamente las transformaciones de Lorentz, esto es, la relatividad especial, sino un conjunto infinito de transformaciones, que depende de una constante sin determinar (que puede, en consecuencia, tomar cualquier valor). Si se hace que esa constante sea igual a infinito, entonces lo que se obtiene son las denominadas transformaciones de Galileo, esto es, la mecánica newtoniana; mientras que si se hace que esa constante sea igual al cuadrado de la velocidad de la luz, entonces sí que se tiene la teoría de la relatividad especial.

En consecuencia, principios generales no conducen necesariamente a una de las teorías que en la actualidad consideramos fundamental. Pero incluso si hubiesen conducido a ella (introduciendo acaso algún axioma más), ¿habríamos demostrado el porqué de las cosas, de estas cosas, relacionadas con la teoría especial de la relatividad al menos? No, por supuesto que no. Recuérdese que hace un momento indiqué que el principio de relatividad, que también aparece, como tercer axioma de partida, en esa demostración aparentemente más general, no era inmune a la pregunta de por qué así y no de otra forma. Y lo mismo se puede decir de los dos restantes principios: nos puede parecer muy razonable, filosófica y estéticamente adecuado, postular la isotropía

[29] Aunque no fue el primero en obtener esta derivación, que se remonta a trabajos del matemático ruso Woldemar von Ignatowsky en 1909-1910, tomo la presentación que sigue de Y. P. Terletskii, *Paradoxes in the Theory of Relativity*, Plenum Press, Nueva York, 1968, págs. 17-25.

del espacio y la homogeneidad del espacio y del tiempo[30], pensar que las leyes de la física no deben distinguir entre direcciones espaciales y orígenes de coordenadas o de tiempo, pero ¿por qué

[30] Esto es precisamente lo que pensaba Gottfried Wilhelm Leibniz (1646-1716), como se puede comprobar en la correspondencia que mantuvo entre 1715 y 1716, a instancias de la princesa Carolina de Ansbach, con Samuel Clarke, que representaba los planteamientos de Isaac Newton. Este, con el magnífico soporte que le proporcionaba su gran libro, los *Principia,* y consistentemente con sus ideas teológicas, defendía el carácter absoluto del espacio y el tiempo, mientras que Leibniz pensaba justamente lo contrario: que espacio y tiempo se debían entender como sistemas de relaciones. En concreto, en la carta que Leibniz dirigió a Clarke el 25 de febrero de 1716, escribía *(La polémica Leibniz-Clarke,* edición y traducción de Eloy Rada, Taurus, Madrid, 1980): «Digo entonces que si el espacio es un ser absoluto, entonces se daría alguna cosa de la cual sería imposible que hubiera una razón suficiente, lo que va contra nuestro axioma [el principio de razón suficiente: que debe existir una razón para que ocurran las cosas]. He aquí cómo lo pruebo. El espacio es una cosa absolutamente uniforme y, sin las cosas en él colocadas, un punto del espacio no difiere absolutamente en nada de otro punto del espacio. De lo que se sigue, suponiendo que el espacio en sí mismo sea algo distinto del orden de los cuerpos entre sí, que es imposible que haya una razón por la que Dios, conservando las mismas situaciones de los cuerpos entre ellos, haya colocado los cuerpos en el espacio así y no de otra manera, y por la que no haya sido todo puesto al revés (por ejemplo) por un cambio de oriente y de occidente. Pero si el espacio no es otra cosa que ese orden o producto, y no es nada sin los cuerpos más que la posibilidad de colocar en él esos dos estados, uno tal como es, el otro supuesto al revés, estos no diferirían entre sí: su diferencia no se encuentra más que en nuestra suposición quimérica de la realidad del espacio en sí mismo. Pero, en la realidad, uno sería justamente la misma cosa que el otro, ya que son absolutamente indiscernibles y, por consiguiente, no hay lugar para preguntar la razón de la preferencia del uno sobre el otro.

»Esto mismo pasa con el tiempo. Suponiendo que alguien pregunte por qué Dios no ha creado todo un año antes, y que ese mismo personaje quiera deducir de ahí que Dios ha hecho algo de lo cual no es posible que haya una razón de por qué lo ha hecho así más bien que de otra manera, se le respondería que su razonamiento sería verdadero si el tiempo fuera algo fuera de las cosas temporales, pues sería imposible que hubiera razones por las que las cosas hubieran sido aplicadas más bien a tales instantes que a otros, mientras permanece idéntica su sucesión. Pero esto mismo demuestra que los instantes fuera de las cosas no son nada, y que no consisten más que en su orden sucesivo y, si este permanece el mismo, entonces uno de los dos estados, como, por ejemplo, el de la anticipación imaginada, no diferiría en nada y no podría ser discernido del que está ocurriendo».

no podría ser de otra forma? Si pensamos en términos de «razonabilidad», estamos, adoptando por un momento la terminología religiosa, diciendo poco menos que existe «algo», un «Dios», que es un geómetra al que le gustan principios como isotropía u homogeneidad; pero también esto, por mucho que sea su atractivo, necesita ser demostrado. En otras palabras, lo que estoy diciendo es que sospecho que la pregunta de «por qué así y no de otra forma» siempre nos aparecerá en última instancia.

¿Que esto constituye una limitación de la ciencia? Sin duda de ninguna clase. Pero debería estar claro a estas alturas que semejante limitación forma parte de la ciencia, de su naturaleza, es muy probable que última, y que debemos convivir con ella sin introducir elementos que nada explican realmente. La ciencia busca comprender, por supuesto, pero ¿qué quiere decir comprender? Pues nada más —y también nada menos— que introducir hipótesis que nos permiten establecer sistemas teóricos con los que podemos «ordenar» conjuntos de fenómenos naturales, y de los cuales se extraen predicciones comprobables. Esto es lo que ha sido hasta la fecha la ciencia. Sería maravilloso, absolutamente maravilloso, que también pudiéramos contestar a las preguntas de por qué es así y no de otra manera. ¿Por qué, por ejemplo, la teoría de la relatividad especial privilegia los sistemas de referencia inerciales y no cualquier sistema de referencia, independientemente de su estado de movimiento? Por desgracia, a falta de lo que el futuro diga, la respuesta (bastante brutal, desde luego) es: «porque así es la naturaleza». Y los ejemplos son miles, seguramente todos: ¿Por qué las leyes de Maxwell que rigen al nivel no cuántico los fenómenos electromagnéticos son como son y no otras? ¿Por qué tres dimensiones (Newton), cuatro (Einstein) u once como apuntan algunas teorías de supercuerdas, y no treinta y tres o treinta y tres y tres cuartos? Porque si no, nos resulta imposible (o así nos parece) explicar aquellos fenómenos que observamos. De nuevo es la naturaleza la que impone sus leyes a, valga la redundancia o paradoja, las leyes que construimos los humanos. Acaso llegue un día (algunos físicos de altas energías piensan que para su disciplina ya casi ha llegado ese día) en el que los datos obtenidos mediante observaciones no se puedan encajar, sin violar las leyes de la lógica, más que en un único sistema analítico; pero aunque sea así continuará estando vigente la pregunta de por qué el Universo se comporta de esa manera y no de otra, de por qué hemos observado lo que hemos observado y no otras cosas, que, seguramente, nos llevarían a otra Teoría del Todo. Y aquí aparece de nuevo mi argumento final: ¿por qué nuestros cerebros, construidos con los irregulares y oportunistas ladrillos de la evolución, edificados sobre, podríamos decir, sus escombros, tendrían que comprender todo, comprender el porqué final de las cosas, incluyendo qué significa realmente el *Big Bang?*

WEINBERG *VERSUS* POLKINGHORNE (II): LOS ARGUMENTOS DE POLKINGHORNE

¿Ofrecen mejores respuestas los que creen en un Dios todopoderoso? Veamos cuáles eran los argumentos de Polkinghorne en su intercambio con Weinberg[31].

Como era de esperar, el antiguo catedrático de Física de Cambridge utilizaba una variante del punto que acabo de mencionar, la incapacidad de la ciencia (por lo menos, repito, hasta la fecha y por lo que podemos imaginar). Así, manifestaba:

> ¿Está diseñado el Universo? Si lo está, no lo sabremos buscando objetos con la marca de fábrica «La Compañía Celestial de Construcciones», como tampoco sabremos si no lo está mediante objetos en los que aparezca estampado «Reglas de azar ciego». La ciencia por sí misma no nos dará la respuesta a esta cuestión, ni en lo positivo ni en lo negativo. La razón de esto es sencilla. La cuestión del diseño es una cuestión metafísica, una cuestión que va «más allá» *(meta)* de la física, y las cuestiones metafísicas deben recibir respuestas metafísicas, dadas por razones metafísicas. La física —o en general la ciencia— condiciona a la metafísica, pero no la determina[32].

[31] John Polkinghorne, «Understanding the Universe», en *Cosmic Questions,* ob. cit., págs. 175-182.

[32] Ibídem, pág. 175.

Decir «va más allá de la física» puede sonar razonable, pero también vacío, sobre todo si se utiliza esa incapacidad (no importa que esta sea provisional o final) de la ciencia para argumentar de manera tan intelectualmente burda (aunque sea emocionalmente comprensible) como la siguiente: «He descrito un mundo físico cuya transparencia racional hace que la física teórica sea posible y cuya belleza racional guía y recompensa a aquellos que se preguntan por su estructura. En una frase: es un mundo matizado "con signos de mente". Creo que una explicación atractiva, coherente e intelectualmente satisfactoria, es la de que existe realmente una Mente divina detrás del orden racional científicamente discernido en el Universo. De hecho, creo que la ciencia es posible porque el mundo físico es una creación y nosotros somos, utilizando una antigua y poderosa frase, criaturas "hechas a la imagen" del Creador (Génesis 1: 26). Considero esta idea como la base primaria para creer que el Universo está diseñado. No pido excusas por hablar en términos teísticos, ya que si el Universo está diseñado, ¿quién podría ser su diseñador sino un Creador-Dios?»[33].

Frente a este tipo de argumentos, los de Weinberg son acaso más duros y desconsoladores, pero sin duda más racionales también:

> Pero las teorías religiosas del diseño tienen el mismo problema. O bien se dice algo definido por un Dios, por un diseñador, o no. Si no se dice algo definido, ¿entonces de qué estamos hablando? Si se dice algo definido por «Dios» o «diseñador», o si, por ejemplo, se cree en un Dios que es envidioso, o cariñoso, o inteligente, o caprichoso, entonces todavía debemos enfrentarnos a la pregunta de «¿Por qué?». La fe puede dejarle a uno sin explicación de por qué el Universo está gobernado por *ese* tipo de Dios, en lugar de por algún otro tipo de Dios[34].

[33] John Polkinghorne, «Understanding the Universe», ob. cit., pág. 178.
[34] S. Weinberg, «A Universe with no designer», ob. cit., pág. 171.

Más aún, para él, «la física se encuentra en una mejor posición de lo que jamás estará la religión para darnos una explicación parcial satisfactoria del mundo, porque aunque los físicos no serán capaces de explicar por qué las leyes de la naturaleza son las que son y no algo completamente diferente, al menos podemos ser capaces de explicar por qué no son *ligeramente* diferentes. Por ejemplo, nadie ha sido capaz de imaginar una alternativa lógicamente consistente a la mecánica cuántica. Una vez que se empieza a intentar hacer pequeños cambios en la mecánica cuántica, se llega a teorías con probabilidades negativas u otros absurdos lógicos. Cuando se combina la mecánica cuántica con la relatividad, su fragilidad lógica aumenta. Se encuentra que a menos de que se organice la teoría en exactamente la forma correcta, conduce a absurdos, como efectos que preceden a sus causas, o probabilidades infinitas. Las teorías religiosas, por el contrario, parecen ser infinitamente flexibles, sin nada que impida la invención de deidades de cualquier tipo imaginable».

En la lucha de búsqueda de argumentos que sostenían los dos físicos, Polkinghorne recurrió también a uno clásico: el de las emociones que suscitan en los humanos algunas actividades o experiencias:

> ... reconozcamos que nuestra autoconsciencia humana nos permite mirar a la realidad a través de muchas ventanas diferentes. No estamos confinados a la impersonal perspectiva científica de las cualidades primarias de Galileo, sino que tenemos acceso a aquellas cualidades personales que Galileo dejó fuera. Tomo con la mayor seriedad nuestros encuentros humanos con la belleza y con el imperativo moral. Los veo como proporcionándonos ventanas dentro de la realidad con la que vivimos y no, como creo que hace Steven Weinberg, como siendo actitudes humanas internamente construidas a través de las cuales desafiamos un intrínsecamente Universo hostil y sin sentido.
>
> Ya he llamado la atención a la inadecuación de la ciencia en relación con la música. Su estrategia reduccionista nunca puede hacer justicia a una obra de arte, ya que una pintura de Leonardo es mucho más que una colección de manchas de pintura de composición química conocida. Sería un error desastroso no te-

> ner en cuenta las enseñanzas de la estética, ya que deben tener su lugar propio en una verdadera Teoría del Todo[35].

Una vez más, Polkinghorne, como tantos otros antes que él, está siendo poco riguroso, si no oportunista. «Inadecuación de la ciencia en relación a la música», dice. Precisamente la música, cuya base matemática ha sido objeto de múltiples estudios desde la Antigüedad. «Al considerar intervalos musicales —declaró durante una conferencia que pronunció en Bonn en el invierno de 1857 el gran fisiólogo, matemático y físico Hermann von Helmholtz, uno de los gigantes de la ciencia del siglo XIX y uno de los mayores estudiosos de las bases científicas de la música—, las divisiones de tiempo y cosas por el estilo, las fracciones numéricas, y algunas veces incluso los logaritmos, desempeñan un papel prominente. ¡Matemáticas y música!, ¡los más llamativos posibles opuestos del pensamiento humano!» Y justo al final de su disertación añadía: «Para alcanzar esa gran belleza que atrae al intelecto, la armonía y la falta de armonía son solamente medios, pero medios esenciales y poderosos»[36].

Y si la matemática tiene algo que ver con la música, son diversas las consideraciones que se pueden efectuar. Por ejemplo: la música es un producto de nuestro cerebro, pero no es imposible que los poderes de este órgano tengan algo que ver con su estructura arquitectónica neuronal, estructura que a su vez favorezca, para «orientarse» en los gigantescos, *eónicos,* números de conexiones entre neuronas que lo forman, algún tipo de esquema organizativo matemático, o, por lo menos, que tales estructuras produzcan alguna forma de reacción específica en ellos, como puede ser la «sintonía» de nuestros cerebros con los sonidos musicales[37]. Otra posible —y seguramente menos aventurada—

[35] J. Polkinghorne, «Understanding the Universe», ob. cit., págs. 179-180.

[36] He utilizado una versión inglesa de esta conferencia: H. von Helmholtz, «On the physiological causes of harmony in music», en Hermann von Helmholtz, *Science and Culture,* David Cahan (ed.), The University of Chicago Press, Chicago, 1995, págs. 46-75; págs. 45-46, 75.

[37] En el capítulo 2 volveré a tratar la cuestión de las posibles relaciones de cerebro y matemática.

contestación a Polkinghorne es la de que sus místicas consideraciones con relación a la música son particularmente arriesgadas en una era en la que, de la mano de los enormes avances que están llevándose a cabo en las neurociencias, incluyendo la en tantos aspectos retrasada ciencia del cerebro, proliferan las explicaciones electroquímicas (también genéticas) de cada vez un número mayor de lo que otrora se consideraban emociones o facultades inexplicables fisiológicamente: dolor, sexo, habla, amor, depresiones, «instinto» maternal o, entre otras, violencia. Es cierto —y maravilloso— que la música, al igual que otras actividades artísticas, suscita en los humanos emociones muy especiales, pero ¿es acaso imposible explicar esas emociones bien basándose en los mencionados elementos físico-químicos o en función de la lógica de los procesos evolutivos sobre los que Charles Darwin nos llamó por primera vez la atención?

Pero no es la música el único instrumento al que Polkinghorne intenta recurrir; la moral y la belleza son otros: «Creo —añade— que lo mismo es cierto de nuestras intuiciones éticas... Tenemos acceso al conocimiento moral, que es un conocimiento de un tipo totalmente diferente al conocimiento científico, ya que las ideas éticas son mucho más que estrategias de supervivencia genéticas camufladas». Para él, «una cosmología verdadera —una explicación adecuada de la realidad— tendrá que tomar en cuenta estos temas. El mundo físico que describe la ciencia es el vehículo de la belleza y la arena de la decisión moral, aspectos de la realidad cargados de valores que la ciencia no describe. Uno de los atractivos del teísmo es que ofrece una forma de conectar estos niveles de experiencia diferentes, que de otra forma parecen tan separados entre sí. Lo mismo que podemos comprender el orden racional del mundo que la ciencia descubre, como el producto de una reflexión de la mente de su creador, igual podemos comprender nuestra experiencia estética como el producto de una participación en la alegría del Creador al crear, y nuestras intuiciones morales como el producto de percepciones del buen y perfecto deseo de Dios».

Es triste —o por lo menos lo es para mí— contemplar a una inteligencia como la de Polkinghorne utilizar de una forma tan pobre los poderosos recursos de la lógica. De acuerdo en que el conocimiento moral es un conocimiento diferente al conocimiento científico (aunque no ajeno a él, a sus enseñanzas), pero ¿cómo se puede deducir de esa «experiencia humana» (esta expresión de Polkinghorne es realmente muy adecuada) la existencia de algún tipo de presencia divina? ¿Cómo? La moral, la ética, pertenecen al dominio de las relaciones y valores aceptados, sobre los que existe un consenso (por el motivo que sea) entre grupos humanos. Unos valores en absoluto universales o intemporales, como bien atestigua la historia. La moral y la ética son patrimonio de los seres humanos, de sus valores, sentimientos de compasión, justicia, propiedad o, entre otros muchos factores, pertenencia a un grupo determinado, y en consecuencia también lo son del derecho, de la política, de la cultura, de la sociología, de la psicología, de la antropología y de muchas cosas más. Ya sé, por supuesto, que muchos, a lo largo del tiempo y del espacio, también han argumentado que los valores morales tienen que ver con Dios, con el dios o dioses en los que creen. En los que *creen,* no de los que tienen algún tipo de certidumbre empírica verificable. Para estas personas, Dios es el origen de la moral, su manantial; pero si nos fijamos atentamente, en su argumentación Polkinghorne está dando la vuelta al argumento: de la (indudable) existencia del Universo de los valores y problemas morales extrae la existencia de una presencia divina, esto es, de un Dios. En resumen, petición de principio tras petición de principio, trampas o falacias lógicas encadenadas.

Que «uno de los atractivos del teísmo es que ofrece una forma de conectar estos niveles de experiencia diferentes, que de otra forma parecen tan separados entre sí», es algo sin duda cierto, pero no basta para que una explicación sea cierta el que ofrezca un posible marco conceptual para conectar entre sí experiencias, ideas o lo que sea. Hace falta mucho, mucho más: como mínimo, que tales modelos sean capaces de ser sometidos a algún tipo de prueba empírica y que posean poder predictivo. Sin esto, viviríamos aún en el reino de la magia, de la superstición, de los mitos, del abuso y la indefensión, de, en definitiva, la oscuridad. «Pensemos —señaló Carl Sagan en uno de sus libros— en cuántas religiones intentan justificarse con la profecía. Pensemos en cuánta gente confía en esas profecías, por vagas que sean, por irrealizables que sean, para fundamentar o apuntalar sus creencias. Pero ¿ha habido alguna religión con la precisión profética y la exactitud de la ciencia? No hay ninguna religión en el planeta que no ansíe una capacidad comparable —precisa y repetidamente demostrada ante escépticos redomados— para presagiar acontecimientos futuros. No hay otra institución humana que se acerque tanto»[38].

A veces se argumenta que todo esto es frío e impersonal «cientifismo»; que los que piensan de esta forma niegan la esencia de la vida, de la poesía, las emociones, sentimientos, etc. Nada más lejos de la realidad. Nadie es más humano en mi opinión que aquel que asume por completo su condición humana, una condición lejana a la idea de deidad, esto es, plena de limitaciones, posiblemente intrínsecas, acaso temporales, pero ante las que nos rebelamos e intentamos superar, o lo que es lo mismo: comprender aquello que no entendemos[39]. Criticar los argumentos del tipo que Polkinghorne emplea, negar en particular que podamos implicar con tales razones la existencia de una deidad, no significa que se tengan mejores respuestas, que se comprenda. Solo quiere decir que no se prostituye la mejor de nuestras facultades, la que seguramente más y mejor nos distingue de otras especies animales: la razón.

---

[38] C. Sagan, *El mundo y sus demonios,* Planeta, Barcelona, 1997, pág. 49.

[39] Bueno es recordar en este punto lo que escribió Carl Sagan en el libro que acabo de citar *(El mundo y sus demonios,* ob. cit., pág. 45): «Es mucho lo que la ciencia no entiende, quedan muchos misterios todavía por resolver. En un Universo que abarca docenas de mil millones de años luz y de unos diez o quince miles de millones de años de antigüedad, quizá siempre será así. Tropezamos constantemente con sorpresas. Sin embargo, algunos escritores y religiosos de la "Nueva Era" afirman que los científicos creen que "lo que ellos encuentran es todo lo que existe". Los científicos pueden rechazar revelaciones místicas de las que no hay más prueba que lo que dice alguien, pero es difícil que crean que su conocimiento de la naturaleza es completo».

CHARLES DARWIN: SOBRE LOS ORÍGENES EVOLUTIVOS DE SENTIMIENTOS E IDEAS HUMANAS

Ya he mencionado que mi visión del mundo está fuertemente condicionada por las enseñanzas de Charles Darwin, por, en concreto, el «principio de selección natural» que hizo público en su obra maestra, *On the Origin of Species (Sobre el origen de las especies,* 1859). Cuando miro al mundo, no puedo evitar ver al mismo tiempo, como si de un tenue pero no por ello menos identificable trasfondo se tratase, el camino de variaciones, de luchas y mezclas, de senderos ciegos y, sobre todo, de adecuación al medio para sobrevivir. Es cierto, y no siempre agradable, que de esta forma muchas, si no todas, de las características que consideramos más nobles de nuestra especie pierden algo de su encanto. Características como la generosidad, el altruismo o el amor que sentimos por nuestros descendientes pasan a ser en buena medida estratagemas construidas al hilo de la evolución para favorecer nuestras posibilidades de supervivencia (individual o como especie). No deberíamos, sin embargo, dejar que tales impresiones enturbien los sentimientos y emociones que hemos construido de esa manera, y de los que tanto placer extraemos. Pero tampoco debemos olvidar cuáles son sus orígenes: esconden una lección que nos librará de equivocaciones e idealizaciones.

El propio Darwin se dio cuenta de algunas de las consecuencias que surgían de sus descubrimientos. Sensible a las creencias de la sociedad en que vivía, al igual que a los fuertes sentimientos religiosos de su esposa, no insistió apenas en las cuestiones relacionadas con la religión en los libros y otros escritos que publicó después de *El origen*. Sin embargo, en la autobiografía que compuso para que sus hijos o nietos pudieran conocerle mejor una vez muerto, fue bastante explícito en alguno de estos puntos [40].

[40] Merece la pena recordar las primeras líneas de este ensayo de Darwin: «Habiéndome escrito un editor alemán para solicitarme una nota sobre el desarrollo de mi pensamiento y carácter, con un esbozo de mi autobiografía, he pensado que el asunto me divertía y que quizá pudiera interesar a mis hijos o a los hijos de estos. Sé que me hubiera interesado mucho haber leído un apunte, aunque fuera tan breve y superficial como este, del pensamiento de mi abuelo,

Así, una de las secciones de este documento llevaba por título «Creencia religiosa», e ilustra perfectamente la radicalidad, o lo poco agradables que eran, para el tiempo y entorno en los que vivió, las ideas acerca de la religión y Dios a las que llegó cuando se acercaba el final de sus días. Tampoco a su familia le resultaron agradables, tan poco que su hijo Francis eliminó algunos pasajes cuando, en 1887, publicó la autobiografía [41]. Veamos qué escribió Darwin allí [42].

Uno de los puntos que trataba era el argumento clásico que muchos han utilizado contra la idea de la existencia de Dios, explicando cómo ese mismo argumento no planteaba problema alguno para su teoría: «Nadie discute —decía— que haya mucho sufrimiento en el mundo. Algunos han tratado de explicarlo, con relación al hombre, imaginando que ello sirve para su perfeccionamiento moral. Pero la cantidad de seres humanos que hay en el mundo no es nada en comparación con la de los demás seres sensibles, y estos sufren a menudo, muchísimo, y sin ningún perfeccionamiento moral. Un ser tan poderoso y lleno de sabiduría como Dios, que pudo crear el Universo, es para nuestras mentes finitas omnipotente y omnisciente, y nuestro entendimiento se rebela al suponer que su benevolencia no es ilimitada, porque ¿qué ventaja puede haber en el sufrimiento de millones de animales inferiores durante un tiempo tan interminable? Este antiquísimo argumento contra la existencia de una primera causa inteligente, basado en la existencia del sufrimiento, me parece muy sólido; mientras que, como ya he apuntado, la presencia de tanto sufrimiento concuerda bien con la teoría de que todos los seres orgánicos se han desarrollado por medio de la variación y de la selección natural».

---

escrito por él. He intentado componer el relato de mí mismo que viene a continuación como si hubiera muerto y estuviera mirando mi vida desde otro mundo. Tampoco me ha resultado difícil, ya que mi vida casi se acaba» (Charles Darwin, *Autobiografía y cartas escogidas,* Alianza, Madrid, 1997, pág. 37).

[41] En 1958 una nieta de Darwin, Nora Barlow, preparó una edición completa: *The Autobiography of Charles Darwin, 1809-1882. With Original Omissions Restored* (Collins, Londres, 1958). La versión española citada en la nota anterior incluye estas recuperaciones.

[42] C. Darwin, *Autobiografía y cartas escogidas,* ob. cit., págs. 160-164.

Pasando a argumentos «positivos», esto es, a aquellos que se utilizaban para defender la existencia de un Dios, señalaba: «En nuestros días el argumento más utilizado para demostrar la existencia de un Dios inteligente se apoya en la profunda convicción íntima y en el sentimiento que la mayoría de la gente experimenta. Pero no se puede dudar de que los hindúes, mahometanos y otros puedan argüir en la misma forma y con igual fuerza o mayor en favor de la existencia de un Dios, o de muchos Dioses, o, como los budistas, de ningún Dios. Existen también muchas tribus salvajes de las que no se puede decir con honradez que crean en lo que nosotros llamamos Dios: de hecho, creen en espíritus o en fantasmas, y puede explicarse, como han demostrado Tyler y Herbert Spencer, la forma en que es probable que surja semejante creencia». Y en este punto introducía otros argumentos clásicos, similares a los que, como vimos, Polkinghorne empleaba con relación a la música, aunque extrayendo conclusiones muy diferentes:

> Emociones como las que acabo de aludir me llevaron en otro tiempo (aunque no creo que mis sentimientos religiosos estuvieran en ningún momento demasiado arraigados) a creer firmemente en la existencia de Dios y en la inmortalidad del alma. En mi Diario escribí que cuando se encuentra uno en medio de la magnificencia de una selva brasileña, «no es posible dar una idea adecuada de los sublimes sentimientos de asombro, admiración y devoción que llenan y elevan el espíritu». Recuerdo bien mi convicción de que en el hombre había algo más que el mero aliento de su cuerpo, pero ahora las escenas más grandiosas no serían capaces de hacer nacer en mi mente semejantes convicciones y sensaciones. Podría decirse acertadamente que soy como una persona que se ha vuelto daltónica, y la creencia universal en la existencia del color rojo hace que mi actual pérdida de percepción carezca de todo valor como testimonio. Este argumento sería válido si todas las personas de todas las razas tuvieran la misma convicción interna de la existencia de Dios; pero sabemos que eso está muy lejos de ser cierto. Por lo tanto, no veo que tales convicciones y sentimientos tengan peso alguno como prueba de que existe realmente (el estado de ánimo que antaño suscitaban en mí los paisajes grandiosos, que estaba en estrecha cone-

xión con la fe en Dios, no difería sustancialmente de lo que a menudo se llama sentimiento de lo sublime). Y por difícil que resulte explicar la génesis de esta sensación, no podemos proponerla como argumento en favor de la existencia de Dios, igual que no podemos aducir el intenso aunque vago sentimiento provocado por la música, que es similar a aquella sensación.

Por último, Darwin se enfrentaba también al principal de los argumentos a favor de la existencia de Dios, el que se basa en, según sus propias palabras, «la extrema dificultad, o más bien la imposibilidad de concebir este inmenso y maravilloso Universo, incluyendo al hombre con su capacidad de reflexionar sobre el pasado y el futuro, como un resultado ciego del azar o la necesidad». Darwin daba a esta «fuente de convicción de la existencia de Dios, relacionada con la razón y no con los sentimientos», «mucho más peso» que a cualquier otra. Sin embargo, el frío estilete que era su razón tampoco aceptaba estos argumentos: «Cuando pienso en esto, me veo obligado a acudir a una primera causa, dotada de una mente inteligente, en cierto grado análoga a la del hombre, y merezco ser considerado teísta. Que yo recuerde, esta conclusión era muy firme en mí por el tiempo en que escribía el *Origen de las especies* y desde entonces se ha ido debilitando poco a poco, con numerosas fluctuaciones. Pero entonces surge la duda. ¿Puede darse crédito a la mente humana, que se ha ido desarrollando, según estoy convencido, a partir de una mente tan baja como la que poseen los animales inferiores? ¿No podrá ser esta el resultado de la relación entre causa y efecto, que aunque a nosotros nos parece necesaria, probablemente depende solo de la experiencia heredada? Tampoco podemos pasar por alto la probabilidad de que la inculcación constante de una creencia en Dios en la mente de los niños produzca un efecto tan fuerte, y quizá heredado, en sus cerebros no totalmente desarrollados, que les resulte tan difícil librarse de su creencia en Dios, tanto como a un mono de su miedo y aversión instintivos a una serpiente».

Es comprensible que sus palabras no fueran gratas para su familia, y seguramente lo hubieran sido mucho menos para la puritana sociedad victoriana de sus días, pero sus argumentos, afortunadamente recuperados del baúl de los secretos familiares, continúan desafiando el paso del tiempo, estremeciéndonos con su implacable lógica, enriquecida por las enseñanzas de la visión científica que él mismo creó.

La creación del Universo como ejemplo de la naturaleza de la explicación científica

Dejando ya atrás la cuestión de lo que la existencia del *Big Bang* puede querer decir o no con respecto a la idea de un Dios, pasaré ahora a comentar algo de lo que la ciencia puede decir en relación con un «comienzo del Universo».

Aceptaré como un hecho establecido la evidencia de la existencia, aproximadamente quince mil millones de años en el pasado, de un momento singular que denominamos *Big Bang*. Por supuesto que esto que llamamos «evidencia» puede ser cuestionado (interpretado de otra manera, por ejemplo, o refutado por otras observaciones hoy tal vez inimaginables) en el futuro, pero aparte de que no es bueno ampararse demasiado en lo que solo es una posibilidad que acaso nunca se concrete, lo que ahora me interesa es utilizar una circunstancia tan especial, tan emocionalmente significativa para los humanos, como es el *Big Bang* para añadir más detalles a la explicación de cuál es la verdadera esencia de la ciencia.

La pregunta que quiero formular es la siguiente: ¿puede intentar «explicarse» el *Big Bang* en un contexto científico (esto es, incluirlo dentro de una teoría que «lo explique», que lo someta a un conjunto de leyes y ecuaciones), o nos debemos contentar con decir cosas como que «aparece como evidencia experimental, evidencia que encaja en un conjunto de soluciones de la cosmología relativista», y que en consecuencia hay que limitarse a decir que el *Big Bang* representa el «comienzo del tiempo» y que «toda discusión acerca de lo que sucedió antes de él, o de la causa que lo provocó, no tiene sentido»?

No sé, por supuesto, cuál será la solución final que los humanos daremos a esta pregunta, dentro de décadas, siglos o milenios, pero para mis propósitos aquí lo importante es señalar que hay ya algunas posibilidades que quedarían englobadas en un marco científico. La disponibilidad de la física cuántica es decisiva a este respecto. Digo «física cuántica», y no «mecánica cuántica» o «teoría cuántica de campos» o cosas por el estilo, porque quiero resaltar que tengo en mente únicamente los aspectos más fundamentales de la revolución cuántica, aquellos que marcan la gran diferencia entre ella y la física anterior (llamada física clásica); aspectos como la discontinuidad energética, la dualidad onda-corpúsculo, el principio de indeterminación (que impone límites insalvables en la precisión a medidas de parejas de variables, como posición y momento lineal o energía y tiempo) y, muy especialmente, su carácter probabilístico, según el cual no podemos afirmar más que existe una cierta probabilidad de que después de una medida obtengamos uno u otro resultado: aunque partamos de las mismas condiciones iniciales no obtendremos siempre el mismo resultado, sino unas veces uno y otras veces otro, según unas cuantificaciones probabilistas que nos suministra la propia teoría cuántica. La denominada «función de onda» (que pertenece al cuerpo de los números complejos, y no al de los reales) es el ente teórico central para esa dimensión probabilista: su cuadrado da la probabilidad citada.

Sin entrar en tecnicismos que no son del caso, las propiedades que he mencionado significan que en la física cuántica «suceden cosas *sin causa alguna*». Tenemos, en consecuencia, una teoría (fundamental, de la que seguramente la inmensa mayoría de los físicos actuales piensa que perdurará en una forma u otra en el futuro), o conjunto de requisitos, la física cuántica, en la que el que se produzcan hechos sin causa alguna (según nuestros criterios más intuitivos) no significa que tales hechos no estén sometidos al imperio de un grupo de leyes científicas. No ha lugar, al menos para la mayoría de los físicos (Einstein, como es bien sabido, no pertenecía a esta mayoría), el argumentar que como vemos sucesos sin causa aparente es preciso buscar una causa para ellos (algunas «variables ocultas»), con lo que estaríamos inmersos en el tipo de argumentación «*Big Bang*-Dios» de la que me ocupé antes. ¿Qué es, o qué ha terminado siendo, en un proceso histórico bastante breve, lo realmente importante para los físicos? La capacidad que la física cuántica ha demostrado y continúa demostrando para resolver problemas y realizar predicciones verificables. Es cierto que sin que intervengan otras consideraciones puede parecer que explica poco un ente matemático denominado función de onda que implica la introducción en una teoría científica de la idea de sucesos que ocurren siguiendo leyes probabilistas, sucesos que, *en este sentido,* se puede considerar que tienen lugar sin causa alguna, es decir, que no están ligados indisolublemente a conjuntos de condiciones iniciales, a la idea (determinista) de que después de A viene siempre B. Pero «explicar» en ciencia no significa, ya no significa, que satisfaga nuestras expectativas o categorías (más o menos intuitivas) explicativas, así que el que una teoría explique poco o mucho está únicamente ligado a su capacidad de agrupar conjuntos de fenómenos en un sistema analítico predictivo. Y desde este punto de vista la física cuántica es hasta el momento insuperable.

Se puede argumentar que una cosa son los fenómenos de los que tradicionalmente se ocupa la física cuántica —electrones, protones, fotones, quarks, campos, etc.— y otra el Universo; pero, aparte de que, como cada vez se hace más patente, los efectos cuánticos también se pueden producir en el ámbito macroscópico, si el Universo primordial estaba, como parece deducirse de la existencia de un *Big Bang,* comprimido en un volumen muy pequeño, entonces los efectos cuánticos debieron de ser importantes a escala cósmica. De manera que aunque no sepamos explicar (todavía o incluso nunca) con un conjunto de leyes qué es lo que ocurrió en aquel momento singular, al menos deberíamos admitir que en principio no es anticientífica, ni «sobrenatural», ni insatisfactoria desde el punto de vista de la ciencia, una teoría en la que el origen del Universo tuviese lugar a partir de la nada, «sin motivo». Pensemos, por ejemplo, que se propusiera una «función de onda del Universo», entre cuyas propiedades estuviese la de que existiese una cierta probabilidad de que «se produjese», de que «se crease», un Universo del tipo en el que parece nos encontramos, y otras ciertas probabilidades de que «se produjesen» otros tipos de Universo; si de esa función de onda se derivasen consecuencias observables, si esa suposición condujera a predicciones comprobables (además de la que hace mención a nuestro Universo), entonces cumpliría su función, sería satisfactoria, completa, salvo que apareciesen otras observaciones que no encajasen dentro de ella; estaría justificado, en definitiva, decir que se había explicado científicamente el *Big Bang*[43].

Esta situación posible que acabo de comentar muestra cuál es la naturaleza de las teorías científicas, qué significa «explicar» según la ciencia. ¿Que muestra, asimismo, los límites de las teorías científicas? De acuerdo, pero, insisto de nuevo en este punto, ¿por qué íbamos a ser —puntos, anécdotas casi, como somos en la historia evolutiva— capaces de comprenderlo todo?

Stephen Hawking y la creación del Universo

Stephen Hawking ha sido uno de los que con más energía, rigor y, a la vez, sentido publicitario ha explorado la posibilidad de encontrar algún tipo de explicación científica para el *Big Bang*. De hecho, no es imposible que el inmenso éxito cosechado por su libro *A Brief History of Science* (1988) tenga bastante que ver con el que uno de los temas que Hawking abordó en su libro fuese precisamente este, y que no encubriese sus implicaciones religiosas. «Durante la década de los setenta —escribió con la gracia que le caracteriza— me dediqué principalmente a estudiar

[43] Por supuesto, para que esta posibilidad pudiese llegar a realizarse completamente, tendríamos que disponer de una teoría cuántica de la gravitación, algo todavía por lograr, aunque es cierto, como veremos más adelante, que existen algunos candidatos (la teoría de supercuerdas) de teoría que unifica en un gran marco común las cuatro interacciones de la física, respetando los requisitos cuánticos y relativistas. Es conveniente señalar también que la idea de una función de onda del Universo podría implicar aceptar la existencia de diferentes universos, a cada uno de los cuales les correspondería una cierta probabilidad. Aunque no fue este el contexto en el que surgió (tuvo que ver con el problema de la medida cuántica, también denominado el «colapso de la función de onda»), algunos de los problemas que esta situación imaginable podría plantear han sido abordados —y en gran medida resueltos— en la denominada «interpretación de los muchos mundos» de la mecánica cuántica, propuesta en 1957 por Hugh Everett III («"Relative state" formulation of quantum mechanics», *Reviews of Modern Physics 29,* 454-462 [1957]), y que en los últimos años ha experimentado un cierto auge.

los agujeros negros, pero en 1981 mi interés por cuestiones acerca del origen y el destino del Universo se despertó de nuevo cuando asistí a una conferencia sobre cosmología, organizada por los jesuitas en el Vaticano. La Iglesia católica había cometido un grave error con Galileo, cuando trató de sentar cátedra en una cuestión de ciencia, al declarar que el Sol se movía alrededor de la Tierra. Ahora, siglos después, había decidido invitar a un grupo de expertos para que la asesorasen sobre cosmología. Al final de la conferencia, a los participantes se nos concedió una audiencia con el Papa. Nos dijo que estaba bien estudiar la evolución del Universo después del *Big Bang,* pero que no debíamos indagar en el *Big Bang* mismo, porque se trataba del momento de la Creación y por tanto de la obra de Dios. Me alegré entonces de que no conociese el tema de la charla que yo acababa de dar en la conferencia: la posibilidad de que el espacio-tiempo fuese finito pero no tuviese ninguna frontera, lo que significaría que no hubo ningún principio, ningún momento de Creación» [44].

Hawking desarrolló más esta idea poco después de su intervención en el Vaticano, en un artículo escrito con Jim Hartle titulado precisamente «Función de onda del Universo» [45]. Sin entrar en detalles acerca del contenido de este trabajo (en el que la versión de la mecánica cuántica de las «integrales de camino», o «suma sobre historias», desarrollada por Richard Feynman, desempeña un papel básico), mencionaré que introduce la idea de que además del tiempo ordinario, «real», el que sentimos según

---

[44] S. Hawking, *Historia del tiempo,* Crítica, Barcelona, 1988, pág. 156. La conferencia en el Vaticano a la que alude Hawking fue publicada bajo el título «The boundary conditions of the Universe», en *Astrophysical Cosmology. Proceedings of the Study Week on Cosmology and Fundamental Physics,* H. A. Brück, G. V. Coyne y M. S. Longair (eds.), Pontificiae Academiae Scientiarum Scripta Varia, Ciudad del Vaticano, 1982, págs. 563-572; existe una versión al castellano, «Las condiciones de contorno del Universo», en Stephen W. Hawking y Roger Penrose, *Cuestiones cuánticas y cosmológicas,* Alianza Editorial, Madrid, 1993, págs. 222-234.

[45] J. B. Hartle y S. W. Hawking, «Wave function of the Universe», *Physical Review 28,* 2960-2975 (1983). Reimpreso (al igual que «The boundary conditions of the Universe») en L. Z. Fang y R. Ruffini (eds.), *Quantum Cosmology,* World Scientific, Singapur, 1987, págs. 174-189.

envejecemos, existe otro tipo de tiempo, llamado tiempo imaginario, que es ortogonal al tiempo real. La historia del Universo en el tiempo real determina su historia en el tiempo imaginario, y viceversa, pero los dos tipos de historia pueden ser muy diferentes (no es, por ejemplo, necesario que el Universo haya tenido un comienzo en el tiempo imaginario). Hartle y Hawking estudiaron modelos de universo en los que las historias del Universo son curvas (caminos) cerradas en el tiempo imaginario, lo que impide que se planteen en él problemas de singularidades del tipo de creación o fronteras (de hecho, uno de los puntos de partida introducidos por Hawking es que «la condición de contorno del Universo es que no tiene ninguna frontera»). Ante la (obvia) crítica de qué ventajas introduce esto si el tiempo real continúa «moviéndose» en curvas no cerradas, la respuesta de Hawking es: «tal vez, lo que llamamos tiempo imaginario es realmente más básico, y lo que llamamos real es simplemente una idea que inventamos para ayudarnos a describir cómo pensamos que es el Universo». Y, en una línea argumentativa coherente con lo que he señalado sobre la naturaleza auténtica y límites de la explicación científica, añadía: «una teoría científica es justamente un modelo matemático que construimos para describir nuestras observaciones: existe únicamente en nuestras mentes. Por lo tanto no tiene sentido preguntar: ¿qué es lo real, el tiempo "real" o el "imaginario"? Dependerá simplemente de cuál sea la descripción más útil»[46].

[46] S. Hawking, *Historia del tiempo,* ob. cit., pág. 185. En su libro más reciente, *El Universo en una cáscara de nuez* (Crítica/Planeta, Barcelona, 2002), Hawking ha elaborado algo más sus ideas sobre la esencia de la ciencia. Así, escribe (págs. 56-57): «mucha gente se siente engañada. Quieren que les digan *por qué* ocurrieron estas cosas tan raras, *por qué* existe un Universo, y por qué precisamente *este* Universo. Puede que la ciencia no sea capaz de responder a semejantes preguntas. A la ciencia se le da bien explicar el cómo, pero no es tan buena con los porqués. A lo mejor no existe un porqué. Es muy humano preguntar por qué, pero tal vez no exista una respuesta en términos humanos a preguntas tan profundas. O tal vez sí exista. Pero estamos considerando el problema de un modo erróneo». Y más adelante (pág. 79): «Estamos acostumbrados a la idea de que los acontecimientos están causados por acontecimientos anteriores, los cuales, a su vez, están provocados por acontecimientos aún más

En cuanto a lo que todo esto significa para la idea de Dios, no es menos rotundo:

> La idea de que espacio y tiempo puedan formar una superficie cerrada sin frontera tiene también profundas implicaciones sobre el papel de Dios en los asuntos del Universo. Con el éxito de las teorías científicas para describir acontecimientos, la mayoría de la gente ha llegado a creer que Dios permite que el Universo evolucione de acuerdo con un conjunto de leyes, en las que él no interviene para infringirlas. Sin embargo, las leyes no nos dicen qué aspecto debió tener el Universo cuando comenzó: todavía dependería de Dios dar cuerda al reloj y elegir la forma de ponerlo en marcha. En tanto en cuanto el Universo tuviera un principio, podríamos suponer que tuvo un creador. Pero si el Universo es realmente autocontenido, si no tiene ninguna frontera o borde, no tendría ni principio ni final: simplemente sería. ¿Qué lugar queda, entonces, para un creador? [47].

No estoy muy de acuerdo con el planteamiento de Hawking en este punto: ya he argumentado que aceptar que el Universo tuviera un principio no permite, racionalmente, «suponer que tuvo un creador», una causa sin causa para explicar la causa de algo. En cuanto a que si es autocontenido despoja de su papel tradicional a un creador (básicamente el mismo argumento de Fred Hoyle en su teoría del estado estable), es posible, aunque

---

anteriores. Esta cadena de causalidad se estira hasta el pasado infinito. Pero supongamos que esta cadena tuvo un comienzo. Admitamos que hubo un primer acontecimiento. ¿Cuál fue su causa? No es esta una pregunta que muchos científicos quisieran tratar, sino que intentaban evitarla, ya fuera pretendiendo, como los rusos, que el Universo no había tenido comienzo, o manteniendo que el origen del Universo pertenece al dominio no de la ciencia, sino a la metafísica o la religión. En mi opinión, esta posición no debería ser adoptada por los verdaderos científicos. Si las leyes de la ciencia se suspendieran en el comienzo del Universo, ¿no podrían fallar también en otras ocasiones? Una ley no es una ley si solo se cumple a veces. *Debemos intentar comprender el comienzo del Universo a partir de bases científicas. Puede que sea una tarea más allá de nuestras capacidades, pero al menos deberíamos intentarlo».*

[47] S. Hawking, *Historia del tiempo,* ob. cit., págs. 186-187.

no todos encontrarán en semejante argumento razones suficientes para abandonar la idea de un Dios «responsable» de que el Universo simplemente «sea». Yo prefiero utilizar esta posibilidad de un Universo autocontenido como otro ejemplo más de los límites de la ciencia, o de su auténtica naturaleza. Podría permitir, es cierto, respuestas a ciertas preguntas, pero a costa de introducir ciertas suposiciones, como la condición de no contorno de Hawking. Ahora bien ¿cómo explicamos esa condición?, ¿por qué debe verificarse? Nos encontramos, en definitiva, con una manifestación más del eterno, recurrente problema, al que ya he aludido.

La amarga visión de Weinberg

Me he referido ya al libro *Los tres primeros minutos del Universo,* que escribió Steven Weinberg, un libro que ejerció una influencia considerable entre los físicos de altas energías de finales de la década de 1970, mostrándoles el inmenso campo que tenían para aplicar sus habilidades científicas al estudio del Universo, especialmente a sus primeros instantes, en los que las energías implicadas tuvieron que ser tan grandes que casi podríamos decir inimaginables. Quiero terminar este capítulo recordando unos pasajes que se han hecho célebres, casi legendarios, y en los que este gran físico combina una visión amarga, desesperanzada y desesperanzadora con otra optimista, aunque sea un optimismo carente de cualquier trascendencia, un optimismo hecho a la escala de los humanos.

Es cierto que la cosmología teórica y experimental tienen planteados numerosos problemas, pero Weinberg no dudaba, y sigue sin dudar, de que «todos estos problemas pueden resolverse»[48]. Ahora bien, añadía: «sea cual fuere el modelo cosmológico correcto, no podemos hallar mucho consuelo en ninguno de ellos. Para los seres humanos, es casi irresistible el creer que te-

[48] S. Weinberg, *Los tres primeros minutos del Universo,* ob. cit., págs. 216-217.

nemos alguna relación especial con el Universo, que la vida humana no es solamente el resultado más o menos absurdo de una cadena de accidentes que se remonta a los tres primeros minutos, sino que de algún modo formábamos parte de él desde el comienzo. Mientras escribo estas líneas, viajo en un avión a diez mil metros de altura, sobre Wyoming, en viaje de vuelta de San Francisco a Boston. Debajo, la tierra parece muy suave y confortable, salpicada de vaporosas nubes, con nieve que adquiere una tonalidad rosada a medida que el sol se pone y caminos que se extienden en línea recta por el campo de una ciudad a otra. Es difícil darse cuenta de que todo esto solo es una minúscula parte de un Universo abrumadoramente hostil. Aún más difícil es comprender que este Universo actual ha evolucionado desde una condición inefablemente extraña, y tiene ante sí una futura extinción en el frío eterno o el calor intolerable. Cuanto más comprensible parece el Universo, tanto más sin sentido parece también».

Esta es la nota amarga, desesperanzada y desesperanzadora. Luego, sin que nos hayamos recuperado todavía, viene la optimista:

> Pero si no hay alivio en los frutos de nuestra investigación, hay al menos algún consuelo en la investigación misma. Los hombres no se contentan con consolarse mediante cuentos de dioses y gigantes, o limitando sus pensamientos a los asuntos cotidianos de la vida. También construyen telescopios, satélites y aceleradores, y se sientan en sus escritorios durante horas interminables tratando de discernir el significado de los datos que reúnen. El esfuerzo para comprender el Universo es una de las pocas cosas que eleva la vida humana por encima del nivel de la farsa y le imprime algo de la elevación de la tragedia.

2
De qué están hechas las cosas, la vida y el paradigma no lineal

«La cuestión relativa al origen de la vida, o aparición sobre la Tierra de los primeros seres vivientes, pertenece al grupo de los problemas más importantes y básicos de las Ciencias Naturales. Toda persona, cualquiera que sea su nivel cultural, se plantea este problema más o menos conscientemente, y, de mejor o peor calidad, producirá una respuesta, ya que sin ella no puede concebirse ni la más rudimentaria concepción del Mundo.»

Aleksandr I. Oparin
Origen de la vida sobre la Tierra (1957) [1]

I
De qué están hechas las cosas

Ciencia, Universo y vida

El Universo, al que he dedicado el capítulo anterior, es una de las grandes preocupaciones atávicas de los humanos, pero otra, íntimamente relacionada con la anterior, tiene a la vida

[1] La primera edición de este libro apareció en 1936; he tomado la cita de la tercera edición, traducida al castellano por Tecnos (Madrid, 1970), pág. 11.

como protagonista. Digo que tal cuestión está íntimamente ligada al Universo, al porqué de su existencia y características principales, porque el Universo es el que acoge y permite la vida, cualquier tipo de vida, incluyendo, claro, la nuestra. Es perfectamente imaginable, por supuesto, suponer universos cuya historia haya sido tal que no hubiese permitido la aparición de vida, al menos de vida como la imaginamos habitualmente, un hecho este que ha sido utilizado desde hace décadas por algunos científicos para construir lo que denominan «principio antrópico», que yo, francamente, considero un instrumento científico poco eficaz, casi una tautología[2].

Es natural, evidentemente, que nos preguntemos por la vida, sobre su origen u orígenes, sus propiedades básicas (incluyendo qué es lo que realmente la caracteriza) y su historia. También es natural que haya quienes en el pasado pensasen que la vida es tan singular, tan compleja y capaz, que su origen debería ser extraordinario, un acto de creación por parte de un ente sobrenatural. No voy, sin embargo, a detenerme en este punto. Expresado brevemente, mi punto de vista es que la cuestión de creaciones, actos de entes sobrenaturales o dioses, se plantea con mayor crudeza y sentido a propósito del Universo, y ya he tratado de esto en el capítulo anterior. En vista de lo que dije allí, solo tendría sentido volver a tratar de cuestiones semejantes si se vislumbrase im-

---

[2] Aunque se pueden encontrar precursores, fue el físico británico, instalado en Francia, Brandon Carter quien inició, en 1970, el interés en la línea de pensamiento «antrópica». Carter formuló dos variantes de principio antrópico, la débil y la fuerte. El «principio antrópico débil» dice que en un Universo espaciotemporal que es grande o infinito las condiciones necesarias para el desarrollo de vida inteligente se darán únicamente en ciertas regiones limitadas en el espacio y en el tiempo; por ello, esos seres inteligentes no deben sorprenderse si observan que su localización en el Universo satisface las condiciones necesarias para su existencia. El «principio antrópico fuerte» es más exigente: parte de la base de que es posible la existencia de muchos universos diferentes, cada uno con sus propias leyes e historia, e intenta responder a la pregunta de por qué es el Universo como lo vemos, diciendo que si hubiese sido diferente, si sus leyes no permitiesen la existencia de observadores inteligentes, nosotros no estaríamos ahí para observarlo e intentar explicarlo. Es, en mi opinión, casi como una pescadilla que se muerde la cola.

posible reconstruir el camino que conduce del *Big Bang* a la aparición de la vida y de los humanos en particular. Creo, sin embargo, que no es este el caso; esto es, que podremos reconstruir de manera bastante completa esa historia científica. El que eso sea posible en primera instancia se debe a las características de nuestro Universo. Como acabo de apuntar, es perfectamente imaginable universos completamente hostiles a la aparición de vida (en el sentido, primario, que no es necesario precisar ahora, de vida como la que estamos familiarizados en nuestro planeta), pero afortunadamente (para nosotros) este Universo nuestro posee lugares benignos para la vida. Uno de ellos se encuentra, como es evidente, en un planeta de tamaño medio, si no pequeño, de un sistema solar situado cerca de la periferia de una galaxia a la que algunos de sus «productos vivos» pusieron el nombre de Vía Láctea.

La cadena de sucesos que van del Gran Estallido «inicial», con la Sopa Primordial subsiguiente, hasta la aparición en un planeta llamado Tierra habitado en algún momento de su historia por humanos, es, por supuesto, muy larga y compleja: energía, formación de partículas «elementales»[3], átomos, elementos químicos ligeros, nubes de polvo interestelar, protogalaxias, galaxias, estrellas, planetas y otros tipos de objetos celestes; luego, en el interior de estrellas, en sus gigantescos hornos (estelares), formación, en procesos denominados de «nucleosíntesis estelar», de elementos más pesados (como el hierro, oxígeno o carbono), que cuando algunas de esas estrellas explotan (como supernovas) se difunden por el Universo, formando materiales que pasan con el tiempo a formar parte de planetas como el nuestro, y de seres animados o inanimados que aparecen en ellos. Todos nosotros, los humanos, hemos estado en el interior de alguna estrella, ya que solo en hornos como sus interiores se han podido formar la mayoría de los elementos químicos de los que estamos hechos.

[3] Alrededor de cuatro picosegundos (1 picosegundo = 10^{-12} segundos) después del *Big Bang* quedaron formados los constituyentes básicos de la materia, en la siguiente proporción: 56 por 100 quarks, 16 por 100 gluones; 9 por 100 partículas W y Z; 9 por 100 partículas del tipo del electrón; 5 por 100 neutrinos; 2 por 100 fotones; 2 por 100 gravitones y 1 por 100 bosones Higgs.

Como he mencionado, todo esto se dice con facilidad, pero demostrarlo de manera científicamente aceptable es muy complicado. De algunos de esos procesos poseemos ya teorías bastante satisfactorias, mientras que de otros no. De los fenómenos que se produjeron en los primeros instantes del Universo y la dinámica cósmica posterior (incluyendo los citados procesos de nucleosíntesis estelar) tenemos ideas bastante aceptables, o, para expresarse de forma más rigurosa: disponemos de sistemas teórico-experimentales que permiten suponer que la reconstrucción que suministran de la historia del Universo es, a grandes rasgos, no demasiado equivocada. Nadie puede asegurar (nunca —lo repito— se puede asegurar esto en ciencia) que algún día lo que ahora creemos se demuestre falso, pero por el momento lo que sabemos del cosmos es más que satisfactorio, aunque existan multitud de problemas abiertos (uno es, por ejemplo, la dinámica específica de la formación de galaxias). La entrada, a partir sobre todo de la década de 1970, de los físicos de altas energías (también denominados durante algún tiempo «de partículas elementales») representó un avance formidable en este sentido[4]. La cosmología relativista, junto a las ya citadas observaciones de Edwin Hubble en la década de 1920 y principios de la de 1930, que demostraron que la Vía Láctea no agota el Universo y que este se expande, suministraron una primera visión, a grandes trazos, del Universo; pero es preciso más, mucho más, para hacerse una idea del Universo que permita, entre multitud de aspectos, rastrear la aparición de la vida. Y la física de altas energías disponía de los instrumentos para avanzar en ese sentido.

Asimismo, la química y bioquímica se han desarrollado lo suficiente a lo largo del último siglo como para ofrecer respuestas plausibles (como mínimo) a la pregunta de cómo pudo surgir la vida, ayudándose de los elementos que estudia la física de altas energías. Insisto en que en modo alguno podemos decir: «ya sabemos todo lo que hay que saber acerca de los orígenes de la vida». Ni siquiera es seguro que podamos decir que ya conoce-

[4] Como ya mencioné, el libro de Steven Weinberg, *Los tres primeros minutos del Universo,* es paradigmático en este sentido.

mos todas las teorías y planteamientos básicos, finales; que solo sea, a partir de este momento, «cuestión de detalles». No podemos decir nada de esto, pero ello no es óbice para que no estemos convencidos de que vamos por el buen camino, que *podremos, en algún momento del futuro, comprender la historia del Universo después del «Big Bang» y, dentro de ella, la del origen de la vida.*

En lo que sigue, y coherentemente con el espíritu que anima a este libro, no voy a intentar nada que se parezca a un esbozo de lo que hoy sabemos de esa historia. Este no pretende ser un libro de divulgación, sino uno que intenta identificar y comentar algunas cuestiones con cierto grado de «fundamentalidad», de «permanencia» y «actualidad», cuestiones que puedan ser algo así como los bloques constitutivos para una «visión científica de la naturaleza», o, mejor, para una «visión de la naturaleza respetuosa con, e informada acerca de, la ciencia». En este sentido, es preciso detenerse un instante en lo que se puede considerar como el paso inmediato después del *Big Bang,* el que se refiere a de qué están hechas realmente, en su aspecto más básico, las cosas. Como veremos, la respuesta, mejor dicho, una de las respuestas (todavía sin confirmar) que ofrece la física actual, saca a la palestra otra de las cuestiones más fundamentales que en mi opinión se pueden plantear: la del papel de la matemática en «los cimientos del mundo».

DE QUÉ ESTÁN HECHAS LAS COSAS: LA TEORÍA DE CUERDAS O ¿EL SUEÑO CUMPLIDO DE PITÁGORAS?

Para muchas, demasiadas, cosas los humanos somos inconstantes, superficiales, más apasionados y emotivos que racionales, pero para otras hemos dado a lo largo de la historia sobradas muestras de constancia, firmeza, profundidad y racionalidad. El estudio del Universo es uno de los apartados, uno de los intereses ancestrales de los humanos, en el que más pruebas de constancia y rigor hemos mostrado. Otro es el de intentar responder a la pregunta de qué está hecha la materia, las cosas (incluyéndonos a nosotros mismos) que nos rodean. Los antiguos griegos, en particular, se distinguieron en esta tarea. De hecho, hay quien sostiene que el nacimiento, en el mundo griego, de la filosofía y de la ciencia está íntimamente unido a esa pregunta. Uno de ellos fue Bertrand Russell, quien en *La sabiduría de Occidente* (1959) escribía: «"Todas las cosas están hechas de agua", se dice que afirmó Tales de Mileto. Y así comienzan la filosofía y la ciencia»[5].

Tito Lucrecio Caro, por ejemplo, defendía en el libro I de su inmortal *De rerum natura (De la naturaleza)* que «la Naturaleza entera, en cuanto existe por sí misma, consiste de dos sustancias: los cuerpos y el vacío en que estos están situados y se mueven de un lado a otro»[6]. El que Lucrecio fuese esencialmente un poeta y su obra algo así como una oda a la naturaleza, quiere decir que la idea de «átomo» (unidad indivisible) y «vacío» estaban extendidas en los mundos griego y latino, aunque, como sabemos, también hubiese quien sostuviera que en el mundo no existía discontinuidad ni vacío.

Siempre he pensado que se ha celebrado demasiado el que los pensadores griegos diesen con la idea de átomo; al fin y al cabo, no me parece que semejante idea sea tan ajena al sentido común. Precisamente el que sea, en numerosos aspectos, una idea tan natural tiene mucho que ver con lo enraizada que está en nuestros espíritus la pregunta de qué están hechas las cosas.

Lo que ya es menos «natural» es cómo responder a la pregunta de la constitución de esos átomos; si, por ejemplo, son todos iguales o los hay de diferentes clases. También se plantearon esta cuestión los helenos. En el *Timeo,* Platón (hacia 427-347 a. C.) argumentaba, basándose en la entonces extendida creencia en la teoría de los cuatro elementos: «El constructor del mundo lo ha compuesto... de todo el fuego, de todo el aire, de toda el agua y de toda la tierra, y no ha dejado fuera del mundo ninguna parte de ningún elemento, como tampoco ninguna cualidad»[7].

Respuestas como esta nos pueden parecer hoy, más de dos milenios después, inimaginablemente simples y burdas, pero

---

[5] B. Russell, *La sabiduría de Occidente,* Aguilar, Madrid, 1973, pág. 724.

[6] T. Lucrecio Caro, *De la naturaleza,* Consejo Superior de Investigaciones Científicas, Madrid, 1983, vol. I, pág. 26.

[7] Platón, *Timeo,* Aguilar, Buenos Aires, 1966, pág. 97.

pensar de esta forma constituye un anacronismo total: para comenzar a ofrecer respuestas más exactas y refinadas (desde nuestro punto de vista actual) hubo que esperar a que la ciencia, la física y la química en particular, recorriesen un largo camino; esperar, por ejemplo, a que se produjesen en el siglo XIX grandes avances en la física del electromagnetismo y en la química orgánica; a que, a finales de esa misma centuria, se descubriese un misterioso fenómeno al que Marie Curie bautizó como «radiactividad», y, por supuesto, a disponer de instrumentos científicos con los que los griegos ni siquiera pudieron haber soñado.

El siglo XIX marca lo que podemos denominar el inicio de la era de la investigación de la estructura de la materia. Momentos especialmente importantes de aquella época fueron: la idea de que toda la diversidad de cuerpos simples procede del hidrógeno (esto es, que los pesos atómicos de todos los «elementos» deben ser múltiplos del peso atómico del hidrógeno), propuesta en 1815 por el inglés William Prout; la tabla periódica de los elementos enunciada en 1869 por Dmitri Ivanovitch Mendeleiev; el descubrimiento de la radiactividad por Henri Becquerel en 1896; y, finalmente, en 1897, el hallazgo por Joseph J. Thomson de que existía un componente universal en toda la materia, una partícula «elemental» a la que se terminó bautizando con el nombre de «electrón».

El descubrimiento del electrón abrió una nueva etapa en la investigación de la estructura de la materia. Ya nada sería igual en el futuro. Si el electrón estaba cargado (negativamente), y la materia no estaba en general cargada, entonces debía existir otro tipo de partícula elemental con carga de signo opuesto: el protón, mucho más pesado que el electrón (se trataba, en realidad, del elemento-partícula que Prout había supuesto para el hidrógeno)[8]. Por otra parte, en 1905, Albert Einstein enriqueció el cos-

[8] El nombre «protón» fue, de hecho, propuesto por Prout, quien escribió en 1815: «si estas opiniones son correctas, podemos ver en cierto modo realizada en el átomo de hidrógeno la próte hýle (=materia prima) de los antiguos». Utilizaba, como vemos, la expresión prótos, «primero» en griego, e hýle, «materia». Cit. en Manuel García Doncel, *Partículas, campos y simetrías,* Universidad Autónoma de Barcelona, Bellaterra, 1982, págs. 24-25.

mos de partículas al proponer una idea absolutamente radical, que iba en contra de todo lo que el siglo anterior había logrado en el campo del electromagnetismo: que la luz estaba formada por partículas, por otro tipo de partículas elementales: corpúsculos sin masa, o cuantos de energía, a los que el químico-físico estadounidense Gilbert N. Lewis bautizaría en 1926 como «fotones».

No es posible olvidar tampoco que fue por aquellos años cuando realmente se consiguió refinar la antigua y primitiva idea de «átomo» de los griegos. El físico neozelandés, instalado entonces en Manchester, Ernest Rutherford fue, en 1911, el responsable de este fundamental avance, proponiendo un modelo de átomo constituido por un núcleo (formado, según creía él, por protones y electrones) en torno al cual giraban, muy alejados del centro, electrones. Aparte de otras piezas (las de la física cuántica), a Rutherford le faltaba un elemento básico, el neutrón, que terminaría sustituyendo a los electrones en la compañía a los protones en los núcleos atómicos. El descubrimiento de esta nueva partícula llegó en 1932, de la mano de James Chadwick. El mismo año, Carl Anderson encontró positrones (electrones con carga positiva) en trazas de rayos cósmicos, sin saber que de esta forma confirmaba ideas implícitas en la ecuación relativista del electrón que Paul Dirac había propuesto en 1928. A partir de entonces no solo había que hablar de «materia», sino también de «antimateria». Y no debemos olvidar que en 1930 Wolfgang Pauli había propuesto la existencia de una nueva partícula elemental: el neutrino.

La década de 1930 asistió a un nuevo acto en la carrera por encontrar nuevas piezas en el rompecabezas que es la constitución de la materia: la introducción de los primeros aceleradores de partículas, los ciclotrones que Ernest Lawrence construyó en la Universidad de California, en Berkeley. Se trataba de máquinas con las que se podía acelerar núcleos atómicos, de forma que adquiriesen grandes energías, y hacerlos chocar entre sí después, para estudiar los productos de esa colisión. El problema a partir de entonces fue desarrollar aceleradores cada vez más poderosos y construir nuevas teorías-modelos con los datos experimentales que estos ofrecían. Algunos ejemplos de aceleradores construidos, y las energías que permitían alcanzar, dan una idea de la dinámica de este proceso[9].

En 1952 entró en funcionamiento en Brookhaven (Nueva York) el denominado Cosmotrón, para protones, que podía alcanzar 2,8 GeV[10]; luego vinieron otros como el Bevatrón (Berkeley, protones; 1954), 3,5 GeV; Fermilab (Chicago, protones; 1972), 8 GeV; SLC (Stanford [California], electrones y positrones; 1986), 100 GeV; LEP (CERN, electrones y positrones; 1987) y HERA (Hamburgo, electrones y protones; 1992). En la actualidad está en construcción uno de 14.000 GeV, para protones y antiprotones, en el CERN: el LHC (de *Large Hadron Collider).*

Con instrumentos como estos, el número de partículas aparentemente «elementales» fue creciendo de tal forma que arruinó la propia idea de que pudiesen ser elementales en un sentido fundamental. Piones, muones y quarks, de diversos tipos, o partículas como las denominadas W o Z, sin olvidar a las correspondientes antipartículas, son algunos de los miembros de lo que se llegó a denominar «zoo de partículas», un zoo (más bien una jungla) con una fauna demasiado elevada.

Y no se trata solo, claro está, de encontrar partículas, sino de construir sistemas teóricos que pongan orden en semejante diversidad. Durante décadas esa tarea se fue cumpliendo con *modelos,* no con verdaderas *teorías;* esto es, se desarrollaron esquemas cuya provisionalidad e incompletitud era manifiesta, esperando que algún día se pudiese formular una teoría satisfactoria en la que todos esos elementos quedasen integrados. En la actualidad el zoo de partículas está algo más ordenado y es más reducido; así, hoy se piensa que las partículas que constituyen la materia se clasifican en tres grupos, o familias, cada una de las cuales contiene dos quarks, un electrón o uno de sus parientes (las partículas denominadas muón y tau), y una partícula de la especie

[9] Los datos que siguen están tomados de Francisco J. Ynduráin, «El mundo del microcosmos: un siglo de física de partículas», en Pedro García Barreno (dir.), *La ciencia en tus manos,* Espasa, Madrid, 2000, págs. 155-193; pág. 166.

[10] 1 Gev = 1.000 millones de electrón-voltios. 1 electrón-voltio es la energía de movimiento que ganaría un electrón sometido a la diferencia de potencial de un voltio.

de los neutrinos (neutrino electrónico, muónico y tauónico). Aparte, por supuesto, están las partículas (cuantos) asociadas a las cuatro interacciones presentes (por lo que sabemos) en la naturaleza, la interacción fuerte, la electromagnética, la débil y la gravitatoria, partículas-cuanto de fuerza como el gluón, el fotón, los bosones gauge y el hipotético gravitón.

No es, sin embargo, ni podría ser, mi propósito seguir el rastro de todos esos desarrollos aquí. Busco, recuérdese, tratar cuestiones cuanto más básicas mejor. Una de ellas tiene que ver con el poder explicativo y los límites de clasificaciones como las anteriores. A este respecto, lo inmediato es señalar que agrupar las partículas conocidas en una clasificación no resuelve todos los problemas, por mucha que sea su capacidad organizativa. No resuelve, en particular, las preguntas tipo «¿por qué?». ¿Por qué existen las partículas fundamentales que aparecen en tal clasificación? ¿Por qué son tres los grupos en que se organizan? ¿Por qué esas partículas tienen las masas que tienen? ¿Por qué, por ejemplo, el tau pesa alrededor de 3.520 veces lo que el electrón? ¿Por qué son cuatro las interacciones fundamentales, y no tres, cinco o solo una? ¿Y por qué tienen estas interacciones las propiedades (como intensidad o rango de acción) que poseen?

Decir, *à la* principio antrópico, cosas como que si la masa del electrón fuera unas pocas veces mayor de lo que es, los electrones y los protones tenderían a combinarse para formar neutrones, engullendo los núcleos de hidrógeno e impidiendo la producción de elementos más complejos, es decir muy poco. Explica a lo sumo por qué vivimos en un Universo como este, pero nada más; no desde luego el porqué del número y propiedades de partículas e interacciones que hay.

Pero este es un problema más del tipo «por qué», y no quiero detenerme en él. El problema que deseo tratar tiene que ver con el carácter «elemental» o no de esas partículas llamadas «elementales».

Hasta hace poco, lo más que se podría decir acerca de esta cuestión es que la «elementalidad» de las partículas que los físicos de altas energías utilizan está justificada únicamente por el éxito explicativo y predictivo de los sistemas teóricos basados en tales «bloques constitutivos». Pero era bastante evidente que todo poseía, en lo que a la elementalidad se refiere, un cierto aire de provisionalidad: así, partículas que durante mucho tiempo se consideraron «elementales», dejaron un día de serlo (el caso del protón y del neutrón, que tras la introducción de los quarks pasaron a considerarse como combinaciones de estos) [11]. Y si esto ocurrió alguna vez, ¿por qué no iba a suceder de nuevo?

Sin embargo, todo esto ha cambiado con el desarrollo de una teoría (o conjunto de teorías) absolutamente radical, en la que la mayoría de las anteriores preguntas del tipo «¿por qué?» dejan de tener sentido: la teoría de cuerdas (o de supercuerdas).

Según esta teoría, las partículas de las tres familias mencionadas antes están constituidas en realidad por filamentos unidimensionales (cuerdas infinitamente delgadas); más que «están constituidas» por esas cuerdas, habría que decir «son manifestaciones» de vibraciones de esas cuerdas. En otras palabras, si nuestros instrumentos fuesen suficientemente poderosos, lo que veríamos no serían «puntos» con ciertas características a los que llamamos electrón, quark, neutrino o muón, por ejemplo, sino minúsculas cuerdas (cuyos cabos pueden estar abiertos o cerrados) vibrando.

No se trata, además, únicamente de las partículas que forman las tres familias citadas: también los cuantos de fuerza de las *cuatro* interacciones que existen en la naturaleza aparecen como vibraciones de cuerdas. Nótese que he hecho hincapié en el número cuatro, y ello porque hasta la aparición de la teoría de las cuerdas la gravitación permanecía al margen de los esquemas teóricos manejados en física de altas energías. Había sido posible agrupar las tres restantes (fuerte, electromagnética y débil) en un marco común, que las *unificaba,* pasando a ser consideradas como procedentes de un tronco común, que, según se fue enfriando el Universo, se dividió en tres «ramas», las tres interacciones. Como vimos en el capítulo 1, cuando repasábamos la biografía de Steven Weinberg, semejante teoría recibió el nombre de

---

[11] Según la teoría de los quarks, un protón está formado por dos quarks *arriba (up)* y un quark *abajo (down),* mientras que un neutrón lo está por dos quarks *abajo* y un quark *arriba.* Me detendré algo más en los quarks en el capítulo 5, cuando hable de su creador, Murray Gell-Mann.

teoría estándar, o *modelo estándar,* y es uno de los más poderosos y verificados de toda la ciencia.

La gravitación no solo permanecía al margen, impidiendo que se hiciese realidad el sueño de Einstein de una teoría unitaria, sino que, más aún, continuaba sin ser posible hacerla compatible con los requisitos de la física cuántica, esto es, cuantizarla. De hecho, en la medida que la teoría de cuerdas todavía es una formulación incompleta y no comprobada, no es conservador sino prudente decir que por el momento la teoría más satisfactoria para describir la gravedad es todavía una teoría clásica: la relatividad general.

El hecho es que la teoría de cuerdas (o supercuerdas) proporciona hoy por hoy una espléndida esperanza de teoría unificada de la materia, la radiación y las interacciones entre materia y radiación. Pero lo que a mí me interesa ahora es lo que dice sobre la estructura de la materia. ¿Qué modificaciones introduce con respecto a visiones anteriores, en concreto, con respecto a la teoría estándar? ¿Existe algún motivo para pensar que si finalmente fuese correcta se habría terminado con ella el problema de «cuáles son los auténticamente elementales bloques constitutivos de la materia»?

La respuesta a estas preguntas es, *en principio,* afirmativa. Y lo es, porque en esta nueva teoría todo, partículas y campos de fuerza, aparecen como manifestaciones de una misma entidad: las cuerdas. El que desaparezca la pluralidad de partículas y campos que existe en la teoría estándar es un factor a favor de la elementalidad. Por primera vez en la historia de la física disponemos de un marco en el que parece que se puede explicar cualquiera de las características fundamentales sobre las que está construido el Universo, y hacerlo basándose en un elemento bastante primario: cuerdas, esto es, filamentos unidimensionales, extremadamente pequeños (su longitud media es del orden de lo que se conoce como «longitud de Planck», alrededor de cien trillones de veces, 10^{22}, menor que el tamaño de un átomo).

La creencia de que las cuerdas constituyen un buen candidato a bloque primario de la materia se encuentra muy extendida (especialmente entre los profesionales del campo de la física de cuerdas). Así, el físico teórico, y distinguido miembro de la «comunidad de cuerdas» él mismo, Brian Greene ha escrito en su éxito editorial *El universo elegante:* «las cuerdas son verdaderamente fundamentales; son "átomos", es decir, *componentes indivisibles,* en el sentido más auténtico de la palabra griega, tal como la utilizaron los antiguos griegos. Como componentes absolutamente mínimos de cualquier cosa, representan el final de la línea —la última de las muñecas rusas llamadas "matrioskas"— en las numerosas capas de subestructuras dentro del mundo microscópico»[12].

Otra ventaja de la teoría de cuerdas es que desaparecen muchas de las preguntas del tipo «por qué» a las que aludí con anterioridad. En efecto, como se demostró durante el periodo 1984-1986, un buen número de propiedades del modelo estándar surgían de «manera natural» de la teoría de cuerdas: los casos, por ejemplo, de por qué eligió la naturaleza las partículas y fuerzas que observamos, o por qué los diecinueve parámetros (obtenidos por experimentación) con los que se describen cuantitativamente las familias de partículas que observamos tienen los valores que tienen y no otros, preguntas a las que no se responde en la teoría estándar. En este sentido, se puede decir que la teoría de cuerdas es una construcción teórica monolítica.

Ahora bien: ¿Qué tipo de materialidad es el de estos constructos teóricos —las cuerdas— unidimensionales? ¿Podemos pensar en ellos como una especie de «materia elemental» en algún sentido parecido a aquel en el que se piensa cuando se habla habitualmente de materia, incluso de partículas tan (a la postre solo aparentemente) elementales como un electrón, un muón o incluso un quark? Soy consciente de que semejante pregunta posee un cierto (si no un indudable y evidente) grado de subjetividad, pero creo que de alguna manera no es lo mismo decir que la materia está formada por electrones, muones o quarks que por *vibraciones* de cuerdas. La imagen que suscita esta nueva visión de la materia, más que «física» es «musical». En este sentido, Stephen Hawking ha señalado recientemente: «así como las dife-

[12] B. Greene, *El universo elegante,* Crítica/Planeta, Barcelona, 2001, pág. 163; edición original en inglés de 1999.

rentes frecuencias resonantes de las cuerdas de un violín dan origen a diferentes notas musicales, las diferentes oscilaciones de una cuerda dan lugar a diferentes masas y cargas de fuerza, que son interpretadas como partículas elementales. En grandes líneas, cuanto menor es la longitud de onda de la oscilación, mayor es la masa de la partícula correspondiente»[13]. También Brian Greene ha utilizado una metáfora similar: «del mismo modo que las diferentes pautas vibratorias de la cuerda de un violín dan lugar a diferentes notas musicales, *los diferentes modelos vibratorios de una cuerda fundamental dan lugar a diferentes masas y cargas de fuerzas*... El Universo —que está compuesto por un número enorme de esas cuerdas vibrantes— es algo semejante a una sinfonía cósmica»[14].

Enfrentados con semejantes analogías, es razonable preguntarse si al avanzar en la exploración de la estructura de la materia no habremos alcanzado ya niveles en los que la «materialidad» (empleando este término en un sentido próximo a «ponderomotriz») de la materia —valga la paradoja y redundancia— se desvanece transformándose en otra cosa diferente. Y ¿en qué otra cosa? Pues si estamos hablando de partículas que se manifiestan como vibraciones de cuerdas, ¿no será esa otra cosa una estructura matemática? Una vibración es, al fin y al cabo, la oscilación de algo material, pero en cuanto a estructura permanente tiene probablemente más de ente matemático que de ente material. Si fuese así, podríamos decir que se habría visto cumplido el sueño, o uno de los sueños, de Pitágoras. Los físicos habrían estado laborando duramente a lo largo de siglos, milenios incluso, para descubrir, a la postre, que la materia se les escapa de las manos, como si de una red se tratase, convirtiéndose en matemática, en estructuras matemáticas. La teoría de cuerdas, en resumen, resucita viejos problemas, acaso fantasmas. Problemas como el de la relación entre la física (y el mundo) y la matemática, o el de la naturaleza de la matemática, que trataré enseguida, aunque antes

---

[13] S. Hawking, *El Universo en una cáscara de nuez,* Crítica/Planeta, Barcelona, 2002, pág. 52.

[14] B. Greene, *El universo elegante,* ob. cit., págs. 166-168.

tengo que mencionar un par de aspectos relacionados con la teoría de cuerdas.

En todo lo que he estado comentando anteriormente subyace la idea de que la teoría de cuerdas es, o puede ser, algo así como la «Teoría Final». Existen, no obstante, quienes piensan que acaso hay estructuras más básicas. Precisamente porque conozco esta posibilidad, escribí antes un «en principio» en cursivas cuando hablaba de las respuestas que la teoría de cuerdas parece ofrecer a una serie de preguntas básicas acerca de la estructura de la materia.

La ampliación de la teoría de cuerdas «tradicional» tiene que ver con la introducción de un elemento muy importante en esta visión unificadora: la supersimetría, el principio de simetría que relaciona las propiedades de las partículas «clásicas» (esto es, no cuerdas) con espín (uno de los números que caracterizan en la mecánica cuántica a las partículas y campos) entero (bosones) con las propiedades de las partículas con espín semientero (fermiones). En 1985, algunos físicos constataron que la supersimetría podía incorporarse a la teoría de cuerdas (que con este principio pasaba a ser denominada de supercuerdas) de cinco maneras diferentes. Surgía así el problema de cuál de esas cinco maneras-teorías diferentes es la correcta. Un paso aparentemente decisivo en esa dirección tuvo lugar cuando se descubrió que esas cinco teorías diferentes son en realidad manifestaciones (o formas) distintas de una única teoría, denominada «Teoría M». Hasta el momento el significado de esta teoría M es un misterio, aunque se conocen algunas de sus características y entes que la pueblan. En lo que se refiere a estos últimos, tenemos que, además de cuerdas que vibran, contiene objetos similares pero de más dimensiones: membranas vibratorias bidimensionales, burbujas tridimensionales que se ondulan (llamadas «tri-branas»), y así sucesivamente. Siguiendo la nomenclatura introducida por Paul Towsend, el físico teórico del Departamento de Matemáticas Aplicadas y Física Teórica de Cambridge que se dio cuenta de que las cuerdas son tan solo un miembro de una amplia clase de objetos que pueden extenderse en más de una dimensión, se utiliza el nombre de «*p*-branas» para las hipersuperficies vibrantes de *p* dimensiones (una $p = 1$ brana es una cuerda; una $p = 2$ brana, una superficie o membrana). No parece que exista razón para favorecer en la teoría M a unas *p*-branas sobre otras, y así se ha introducido un principio de democracia de *p*-branas: «Todas las *p*-branas son iguales».

Parece natural pensar que si esta línea de investigación prospera, tendríamos que modificar algunas de las ideas que he manejado hace un instante, en particular la de que las cuerdas son los nuevos átomos —entendiendo esta expresión en el sentido en el que lo empleaban los griegos— de la física, teniendo que considerar ahora como tales a las *p*-branas. La cuestión que a mí me interesa es, evidentemente, si esto cambia en algo las ideas que utilizaba acerca de que todo esto sugiere que «al final del camino» que investiga qué es la materia nos encontramos estructuras matemáticas. Mi respuesta es que no creo que el cambio sea sustancial en este sentido. Así, el hecho de que ahora tengamos que manejar no un ente, las cuerdas, sino familias más generales, las *p*-branas, puede tomarse como una reafirmación del carácter de estructura matemática sobre el que reposan los bloques constitutivos de la materia, pues ¿qué son las *p*-branas sino una estructura matemática, más general que las cuerdas?

¿EL SUEÑO DE LA RAZÓN PRODUCE MONSTRUOS? UN MUNDO DE ONCE DIMENSIONES

No he mencionado todavía un aspecto de la teoría M que ciertamente merece nuestra atención, el de que su marco geométrico tiene once dimensiones (diez espaciales y una temporal). ¡Once dimensiones! Isaac Newton nos había enseñado que el Universo era un «sensorio» de Dios, absoluto, independiente de todo lo que pudiera suceder en él, con tres dimensiones, que, por así decir, «fluía» a lo largo de un tiempo unidimensional igualmente absoluto. Poco a poco, fue desapareciendo (no para todos) esa presencia-manifestación divina en el espacio newtoniano de la física. Más tarde, en los inicios del siglo XX, Albert Einstein y Hermann Minkowski nos convencieron de que no es correcto hablar de espacio y tiempo como entidades separadas, que el «mundo» es un ente (una «variedad», empleando el término matemático adecuado) de cuatro dimensiones, un espacio-tiempo, o, mejor, un *espaciotiempo*. En las inmortales palabras de Minkowski, en su célebre conferencia de septiembre de 1908: «A partir de ahora el espacio por sí mismo y el tiempo por sí mismo están condenados a desvanecerse en meras sombras y solamente una especie de unión de los dos conservará la independencia» [15].

Y ahora los físicos teóricos de altas energías especializados en supercuerdas nos dicen que no, que estábamos equivocados, que lo que ocurre es que nuestros torpes sentidos no son capaces de ver siete minúsculas dimensiones más, que como bucles infinitesimales se cierran en sí mismas. ¿Plantea esto algún problema? No, realmente. En palabras de Stephen Hawking: «como soy un positivista, la pregunta "¿existen realmente dimensiones adicionales?" no tiene ningún significado para mí. Todo lo que podemos preguntar es si los modelos matemáticos con dimensiones adicionales proporcionan una buena descripción del Universo. Todavía no contamos con ninguna observación que requiera dimensiones adicionales para ser explicada. Sin embargo, hay la posibilidad de que podamos observarlas en el Gran Colisionador de Hadrones LHC *(Large Hadron Collider)*, de Ginebra» [16].

El sueño de la razón produce monstruos, sí, pero solo son «monstruos» para las categorías que a lo largo de su historia evolutivo-cognitiva ha ido construyendo el cerebro humano, basadas en las posibilidades de sus sistemas de recepción de información física, no necesariamente para lo que es la Naturaleza.

La matemática, ¿el gran descubrimiento de la evolución?

La matemática es una disciplina muy especial: los procedimientos que emplea y los resultados a los que llega poseen tal seguridad, claridad (cuando se conocen las herramientas técnicas

[15] H. Minkowski, «Raum und Zeit», *Physikalische Zeitschrift 10,* 104-111 (1909), pág. 104.

[16] S. Hawking, *El Universo en una cáscara de nuez*, ob. cit., pág. 54.

necesarias, por supuesto) e inevitabilidad —dentro de su estructura interna, de los axiomas sobre los que se construye—, que es natural pensar que no es una ciencia como las demás, como la física, la química, la biología, la geología o cualquier otra. Mientras que estas serían sistemas de proposiciones a posteriori, falibles, la matemática sería, a priori, tautológica e infalible. En su libro *A System of Logic Ratiocinative and Inductive (Un sistema de lógica racional e inductiva,* 1843), John Stuart Mill expresó básicamente la misma idea aunque restringiéndose a la lógica, una de las partes más básicas de la matemática: «La lógica no observa, ni inventa, ni descubre; pero juzga». Por su parte, Einstein manifestó una idea no demasiado diferente: «En la medida en que se refieren a la realidad, las proposiciones de la matemática no son seguras, y, viceversa, en la medida en que son seguras, no se refieren a la realidad»[17].

Sin embargo, a pesar de su «intemporalidad», de vivir aparentemente en el mundo platónico de las ideas, la matemática es un instrumento imprescindible para la ciencia en su conjunto[18]. Limitándome a la física, disciplina científica en la que la matemática desempeña un papel particularmente importante (hasta el punto que no está claro qué sería esa ciencia sin la matemática), tenemos que es sorprendente lo bien que funciona la matemática en la descripción de la naturaleza. El físico de origen húngaro, nacionalizado estadounidense más tarde, premio Nobel de Física por sus contribuciones a la física nuclear y de altas energías a través del descubrimiento y aplicación de principios de simetría, Eugene Wigner expresó de manera exquisita este característico problema en un ensayo que se convirtió en legendario: «La irrazonable efectividad

[17] A. Einstein, «Geometría y experiencia» (conferencia que pronunció en la Academia Prusiana de Ciencia el 27 de enero de 1927), reproducida en A. Einstein, *Mis ideas y opiniones,* Bon Ton, Barcelona, 2000, págs. 207-219; pág. 207.

[18] Hago esta precisión, *«en su conjunto»,* porque obviamente no es el mismo el papel que la matemática juega en la física que el que desempeña en, por ejemplo, apartados importantes de la biología evolutiva. Nadie negará, creo yo, que el principio darwiniano de la selección natural pertenece al dominio de la ciencia, y sin embargo no es necesario que forme parte de una expresión o ecuación matemática para ser útil científicamente.

de la matemática en las ciencias naturales»[19]. En el mismo sentido, y en la misma ocasión a la que he hecho referencia hace un instante, Einstein se preguntaba: «¿Cómo puede ser que la matemática —un producto del pensamiento humano independiente de la experiencia— se adecue tan admirablemente a los objetos de la realidad?»[20]. ¿Por qué, en efecto, es tan eficaz?

Son diversas las respuestas que se han dado a esta pregunta, pero hay una (defendida entre otros por el físico inglés John Barrow) que encuentro particularmente satisfactoria, y que, además, encaja a la perfección en el contexto de mi visión darwinista[21].

El primer punto a considerar es el del carácter de la matemática. ¿Es, como tan de moda está pensar en los últimos tiempos, un constructo humano, un fruto de su inventiva, y, en consecuencia, está sometida a la influencia de la cultura? En contra de semejante punto de vista está el hecho innegable de que no parece que existan diferencias culturales o idiosincrásicas significativas en el dominio de la matemática. «El teorema de Pitágoras (y muchos otros resultados matemáticos) —escribe Barrow— fue descubierto independientemente muchas veces por pensadores diferentes, lo que apoya la idea de que los fundamentos de las matemáticas yacen fuera de la mente humana y no son enteramente un producto de nuestra forma de pensar»[22].

Si Kant tenía razón y nuestra mente impone condiciones (los célebres a priori kantianos) en nuestra forma de percibir y comprender el mundo, entonces una conclusión posible es la siguiente. Nuestra mente es nuestro cerebro, y este es, como todo

---

[19] E. P. Wigner, «The unreasonable effectiveness of mathematics in the natural sciences», conferencia dictada en la Universidad de Nueva York en mayo de 1959, y publicada posteriormente en *Comunications in Pure and Applied Mathematics,* vol. 13, núm. 1 (1960). Sin embargo, es citada habitualmente en su reimpresión en E. P. Wigner, *Symmetries and Reflections,* Indiana University Press, Bloomington, 1967, págs. 222-237.

[20] A. Einstein, «Geometría y experiencia», ob. cit., pág. 207.

[21] John D. Barrow, *¿Por qué el mundo es matemático?,* Grijalbo Mondadori, Barcelona, 1997; versión original en italiano de 1992.

[22] Ibídem, pág. 71.

o prácticamente todo lo nuestro, un producto surgido de un largo proceso evolutivo. Ahora bien: la guía que dirige esa evolución es, Darwin *dixit,* la «supervivencia de los más aptos»[23]. Pero ¿quién estará mejor dotado para sobrevivir que aquellos cuyo cerebro les suministre representaciones no engañosas del mundo, representaciones que revelen su verdadera naturaleza o «estructura»? Si lo que nuestra mente-cerebro fabricase fuese representaciones del mundo que se apartasen de forma significativa de la verdadera naturaleza de las cosas, entonces es posible (muy posible, diría yo) que no hubiésemos tenido tanto éxito evolutivo como especie como el que indudablemente hemos tenido. Es, por tanto, el crisol de la evolución el que explica el origen de, adoptando ahora la terminología kantiana, las categorías cognitivas y explicativas que posee la especie *Homo sapiens sapiens*. De hecho, se podría ir un paso más allá y proponer la idea de que el éxito final de los *sapiens* frente a otros homínidos, como el *Homo neanderthalensis* (por lo que sabemos, el último brote de la rama de homínidos que compitió —en Europa al menos— con la que condujo al *Homo sapiens),* se debió a que el cerebro de estos logró el desarrollo necesario para alcanzar la capacidad de abstracción matemática adecuada para construir representaciones del mundo más poderosas que las de otros homínidos, aunque esta es en realidad una hipótesis muy poco probable, a la vista de que experimentos llevados a cabo en la década de 1980 por la psicóloga Sarah Boysen sugieren que la representación conceptual de un aspecto básico, aunque primario, de la matemática, como es la representación conceptual de los números, está al alcance de otras especies animales, como los chimpancés[24].

De hecho, ideas no muy diferentes a estas han sido consideradas por uno de los grandes estudiosos del Universo, el astrofísico y divulgador estadounidense Carl Sagan, del que me ocuparé

---

[23] Charles Darwin, *The Origin of Species,* cap. IV de la sexta edición (1884).

[24] Véase en este sentido, Marc D. Hauser, *Mentes salvajes,* Granica, Barcelona, 2002, pág. 95.

con cierta extensión en el capítulo 5. En uno de sus libros más celebrados, *The Dragons of Eden* (1978), Sagan escribía: «tal vez... todos los organismos que hallaban demasiado complejo su Universo han terminado por extinguirse. Aquellos de nuestros antepasados arborícolas que tenían dificultades para calcular sus trayectorias mientras avanzaban de rama en rama no dejaron numerosa descendencia. La selección natural ha operado como una especie de cedazo intelectual dando paso a cerebros y a intelectos cada vez mejor dotados para afrontar las leyes de la naturaleza. Esta resonancia entre la mente y el Universo, producto de la selección natural, puede ayudarnos a resolver el abstruso dilema planteado por Einstein cuando afirmó que "la propiedad más incomprensible del Universo es, precisamente, que sea tan comprensible"»[25].

Desde estos puntos de vista, la «irrazonable efectividad de la matemática en las ciencias naturales» dejaría de ser tal (esto es, «irrazonable»); más bien, lo que tendríamos es que, como uno de los productos del largo proceso evolutivo de «prueba y error», la naturaleza habría producido unos seres, los humanos cuando menos, que «descubrieron» un elemento básico del mundo: la matemática. Se podría decir, en consecuencia, que ha sido la evolución la que ha descubierto la dimensión matemática de la naturaleza, y que los humanos hemos sido el brazo instrumental en tal descubrimiento. Desaparece así el problema de por qué las leyes más básicas de la naturaleza se escriben en términos matemáticos, términos (ecuaciones) que una vez postulados (recurriendo a procesos mentales en los que las observaciones de los fenómenos naturales desempeñan un papel destacado) cobran vida propia, prediciendo con frecuencia la existencia de fenómenos antes insospechados. Estos argumentos se ven, en mi opinión, reforzados por resultados de la física como los que he comentado con anterioridad, que sugieren que tal vez los constituyentes últimos de la materia sean más «estructuras matemáticas» que algún tipo de materia primordial en el viejo sentido de lo que es la materia. El mundo sería así matemático en un sentido profundo, muy pro-

[25] C. Sagan, *Los dragones del Edén,* Crítica, Barcelona, 1993, pág. 236.

fundo, mucho más de lo que pudo haber sospechado Galileo cuando escribió en uno de sus libros, *Il Saggiatore (El ensayador,* 1623): «La filosofía está escrita en ese grandísimo libro que continuamente está abierto ante nuestros ojos (es decir, en el Universo), pero no se puede entender si primero no se aprende a comprender su lengua y a conocer los caracteres en que está escrito. Está escrito en lengua matemática y los caracteres son triángulos, círculos y otras figuras geométricas, sin cuya ayuda es humanamente imposible entender nada; sin estas es como girar vanamente por un oscuro laberinto»[26].

Por supuesto, desde esta perspectiva tampoco es sorprendente que la matemática sea un lenguaje universal, un lenguaje que podría, por ejemplo, utilizarse para comunicarnos con seres de otros planetas que se hubieran desarrollado independientemente de nosotros[27].

Lo que no comparto es la idea de Barrow de que «este punto de vista se califica a veces de *platonismo matemático* porque supone la existencia de algún otro mundo de formas matemáticas perfectas que son los troqueles de los que deriva nuestra experiencia imperfecta». Una cosa es descubrir que el mundo es, en un sentido profundo, matemático y otra, muy diferente, admitir la idea de la «existencia» de un «mundo» poblado por entes ma-

---

[26] Utilizo la traducción de Víctor Navarro (ed.), *Galileo,* Península, Barcelona, 1991, pág. 87.

[27] Leo en la voz «Matemáticas» (pág. 231) del *Diccionario del siglo XXI* (Paidós, Barcelona, 1999), de Jacques Attali, unas atractivas, aunque aventuradas, consideraciones que reproduzco por lo que tienen en parte que ver con las cuestiones que estoy tratando ahora:

«Ocuparán [las Matemáticas] un lugar mucho menos importante en la enseñanza para difuminarse ante las ciencias experimentales, la historia y la filosofía.

»Después se constatará que las matemáticas son la única materia común a todas las enseñanzas del mundo, en todas las civilizaciones, y que constituyen (con la música, disciplina muy vinculada con ellas) la única lengua común a todos los hombres. También se llegará a la convicción de que no puede haber progreso en las teorías de la matemática sin un progreso paralelo en matemáticas.

»Mucho más tarde, cuando la ciencia haya hecho numerosos progresos, quizá se pueda explicar por qué las matemáticas, inventadas por el hombre, dan cuenta con una precisión tan asombrosa de las leyes de la naturaleza a las que tanto los hombres como las cosas están sometidos».

temáticos, como imaginó Platón, y, en una forma diferente, utilizó Karl Popper con su «Mundo 3»[28].

Sin embargo, la visión de la naturaleza profunda del papel de la matemática en la estructura del mundo que estoy comentando aquí deja todavía un gran problema sin resolver: el universo de la matemática está compuesto por, en principio, una inmensidad de entes, solo una parte de los cuales encuentra (o hemos encontrado) su correlato en la naturaleza. ¿Tiene sentido preguntarse si todos esos (infinitos) entes matemáticos se manifiestan en la naturaleza, bien en esta naturaleza-universo nuestro, o en otros universos imaginables? Hoy por hoy, si la física se distingue de la matemática (y se distingue a pesar de todo lo dicho anteriormente) es precisamente porque en aquella es preciso seleccionar, eliminar relaciones matemáticas para las que no encontramos manifestaciones en la naturaleza. Dicho de otra manera: las leyes que expresan las regularidades que encontramos en el mundo son un subconjunto de las expresiones y estructuras matemáticas: *lo que es matemáticamente posible, no tiene por qué serlo físicamente.* Podría haber sido acaso de otra manera, pero no parece que sea así. Aunque también, insisto en esta idea, podríamos pensar —¡arriesgado pensamiento!— que coinciden realmente, pero que todavía no se han descubierto los fenómenos naturales a los que aguarda su estructura matemática[29].

Pero ya es hora de abandonar estas cuestiones, absolutamente fundamentales, tanto desde el punto de vista de la ciencia y de los (o, mejor, de algunos de los) pilares en que esta se basa, como del interés que suscitan en todos nosotros, y adentrarse en otros temas no menos atractivos y sin duda relevantes para nuestra especie: la vida.

---

[28] «Por "mundo 3" entiendo —escribió Popper— el mundo de los productos objetivos de la mente humana; es decir, el mundo de la parte humana del mundo 2 [el mundo de todas las experiencias conscientes y de las inconscientes]» (K. Popper, *En busca de un mundo mejor,* Paidós, Barcelona, 1995, pág. 23; versión original en inglés de 1992).

[29] Ya manejé estas ideas en José M. Sánchez Ron, *Diccionario de la ciencia,* Planeta, Barcelona, 1996, págs. 108-109.

II
LA VIDA

La vida: cómo y cuándo de su aparición en la Tierra

Escribía al principio de este capítulo que en modo alguno se puede decir que sabemos recomponer completamente ese gran rompecabezas que es el origen de la vida sobre el planeta Tierra, pero que a pesar de ello es razonable pensar que llegará el día en que habremos resuelto el problema, que no parece que esa tarea pueda plantear dificultades tan enormes que nos obliguen a cuestionar dramáticamente los fundamentos actuales de las ciencias físico-químicas, y que seguramente no nos encontraremos obstáculos tan difíciles, tan, de alguna forma, «diferentes» como puede ser explicar la evidencia del *Big Bang*.

Estas manifestaciones no son subjetivas, sino que se encuentran apoyadas por un importante y amplio conjunto de resultados. Sabemos ya, por ejemplo, que fuese cual fuese el origen de la vida sobre la Tierra, esta debió de comenzar aproximadamente hace alrededor de algo menos de 4.000 millones de años, fecha obtenida a partir de la datación de los fósiles más antiguos con el tamaño y forma de bacterias encontrados en rocas terrestres. Si tenemos en cuenta que la Tierra tiene 4.500 millones de años, entonces hay que concluir que, en una escala planetaria, la vida no tardó demasiado en surgir. Y no solo surgió, sino que se afincó y diversificó con bastante rapidez: en rocas sedimentarias de Australia se han encontrado estructuras fósiles, denominadas «estromatolitos», aparentemente restos de aglomeraciones de organismos unicelulares posiblemente emparentadas con bacterias o con algas, con una edad de 3.500 millones de años.

Sabemos, por tanto, algo del «cuándo», pero ¿y del «cómo»? Todavía hoy, setenta y ocho años después de que publicase su texto más relevante en el campo —*El origen de la vida* (1924)— es inevitable referirse en este punto a la obra del bioquímico ruso Aleksandr Ivanovich Oparin (1894-1980). Como difícilmente podría haber sido de otra forma, no solo en la comunista y materialista Unión de Repúblicas Socialistas Soviéticas, sino en una época en la que ideas como el vitalismo biológico habían sido ya abandonadas, gracias a los trabajos de los científicos (de los fisiólogos, sobre todo) decimonónicos, Oparin se planteó la tarea de desarrollar un modelo que pudiese explicar el origen de la vida, pero un modelo construido en base a, coherentemente y respetuoso con, las leyes de la física y la química[30].

La teoría de Oparin se basaba en la suposición de que la Tierra «primitiva» (el planeta Tierra joven, en formación y desarrollo muy activo) poseía una atmósfera «reductora» —esto es, formada mayoritariamente por amoniaco (NH_3), hidrógeno, metano (CH_4) y agua (H_2O)—, sin oxígeno libre, solo formando combinados como el agua, el dióxido de carbono (CO_2) o el monóxido de carbono (CO). Al actuar sobre estos compuestos la energía procedente de la luz del Sol (en particular la radiación ultravioleta), las erupciones volcánicas o los rayos producidos en tormentas, se habrían producido reacciones que darían lugar a compuestos orgánicos sencillos, es decir, a tipos de vida primitiva. De hecho, Oparin especuló que los primeros organismos vivos debieron de aparecer —a partir de una solución de un coagulado no vivo, del tipo de un gel— en los océanos antiguos hace entre 4.700 y 3.200 millones de años.

Aunque Oparin también llevó a cabo experimentos, intentando demostrar su teoría, estos no reunían las garantías necesarias para obtener suficiente crédito. De hecho, pasarían treinta años hasta que se realizasen los experimentos adecuados. Fue Stanley Lloyd Miller (1930-) quien, en 1956, siendo un estudiante posgraduado en la Universidad de Chicago bajo la dirección de Harold Urey, simuló el efecto de la luz ultravioleta en la «sopa primigenia» existente en la Tierra primitiva, haciendo pasar una descarga eléctrica de alto voltaje a través de una mezcla de gases del tipo de los mencionados anteriormente. El resultado de se-

[30] Es preciso señalar, no obstante, que aunque es cierto que el pensamiento de Oparin se vio influido por la filosofía-ideología del materialismo dialéctico (también por la teoría de la selección de las especies de Darwin), él nunca fue miembro del Partido Comunista.

mejante operación fue la aparición de diversos productos químicos entre los que se encontraban varios aminoácidos (de hecho, obtuvo diez). Tan solo tres meses y medio después de haber iniciado su proyecto, que había suscitado recelos en Urey, que pensaba que era demasiado difícil e incierto para que un estudiante de doctorado se dedicase a él, Miller publicó sus resultados en un artículo que tituló «Una producción de aminoácidos bajo condiciones posibles de la Tierra primitiva»[31].

Obtener aminoácidos era muy importante. Recordemos que las proteínas, las sustancias básicas para la vida (el código genético no es sino el procedimiento por el cual la información contenida en el ADN se traduce, con la ayuda del ARN, en proteínas), son en realidad cadenas muy largas de aminoácidos[32]. Existen veinte aminoácidos básicos (junto a unos pocos más que se dan raramente en la naturaleza), que combinados en todas las permutaciones —con repetición— posibles pueden producir en principio millones de proteínas diferentes. Entre las proteínas que conocemos las hay que cumplen funciones de muy diversos tipos: las enzimas, por ejemplo, moléculas encargadas de regular las reacciones químicas necesarias para la vida, son también proteínas, como también lo son la hemoglobina, «bolitas» de ocho milésimas de milímetro de diámetro que transportan oxígeno y forman la mitad de nuestra sangre (captan el oxígeno de los pulmones y lo llevan a los tejidos, donde es utilizado por las células), la queratina y el colágeno, que forman la piel, los huesos, tendones y ligamentos.

Que los aminoácidos están, de una forma u otra, relacionados con el desarrollo (o evolución) de la vida es algo que se puede comprobar recordando uno de los usos que la ciencia les está dando en los últimos tiempos: considerándolos instrumen-

[31] S. Ll. Miller, «A production of amino acids under possible primitive Earth conditions», *Science 117,* 528-529 (1953).

[32] Todo aminoácido está formado por un núcleo central común (compuesto por dos átomos de carbono, dos de oxígeno, uno de nitrógeno y dos de hidrógeno) al que se une un grupo variable. En la glicina, el aminoácido más sencillo, este grupo está formado por un átomo de hidrógeno; en la alanina, por uno de carbono y tres de hidrógeno.

tos que permiten investigar cómo se ha desarrollado la evolución.

Si se observa la misma proteína en dos individuos de la misma especie, se comprueba que sus respectivas secuencias de aminoácidos son idénticas o bastante parecidas, mientras que en organismos muy distintos, a los que la evolución ha separado, las diferencias son mucho mayores. Se puede decir que cuanto más distintos son dos organismos, tanto mayor será el número de aminoácidos que los diferencia. Por consiguiente, una manera de estudiar el parentesco entre especies diferentes es analizando las cadenas de aminoácidos de algunas de sus proteínas; de la hemoglobina, por ejemplo. Así, se ha encontrado que los humanos y los caballos se diferencian en dos de los primeros quince aminoácidos de una de las partes (cadena alfa) que forman la hemoglobina, mientras que la diferencia que nos separa de las gallinas es seis de quince. Somos, pues, más parecidos a los caballos que a las gallinas, lo cual es natural puesto que estas son aves, mientras que humanos y caballos son mamíferos.

Con procedimientos de este tipo, Allan Wilson y el antropólogo William Sarich llegaron a la conclusión de que la separación entre los chimpancés y los humanos se produjo hace seis o siete millones de años, mientras que antes de ellos se pensaba, por los (poco fiables) datos paleontológicos existentes, que había tenido lugar mucho antes, hace entre veinte y veinticinco millones de años. En la actualidad, se acepta en general que la separación entre humanos y chimpancés tiene una antigüedad de, aproximadamente, cinco millones de años, mientras que la de los orangutanes y los humanos es de entre diez y quince millones de años. Aquellos antepasados comunes a humanos y simios habrían procedido de una especie que incluía a los cerdos, especie que, a su vez, habría derivado de otra que incluía a los conejos.

Vemos, por consiguiente, que el marco general suena razonable: reacciones químicas que se producen en la Tierra primitiva y entre cuyos productos aparecieron unos compuestos llamados aminoácidos, que al unirse entre ellos, formando cadenas, dieron lugar a proteínas, elementos básicos para la organización y control de la vida, y cuyas diferencias tienen que ver asimismo con la aparición de especies diferentes[33]. No quiero, sin embargo, implicar con esta manifestación que ya está todo resuelto, ni siquiera que las líneas maestras y puntos de partida quedaron definidos nítidamente con las ideas de Oparin y experimentos de Miller. En absoluto. Así, por ejemplo, la hipótesis de que la atmósfera primitiva era reductora no es aceptada en la actualidad tan ampliamente como en tiempos del científico ruso. Observaciones realizadas del planeta Venus y estudios teóricos sobre los mecanismos posibles que condujeron a la formación del sistema solar a partir de una nube de gas y polvo, sugieren que bien pudo ser que el amoniaco no estuviese presente en la atmósfera terrestre primitiva en las cantidades que caracterizan a una atmósfera reductora[34]. Es razonable, no obstante, que existan semejantes incertidumbres: al fin y al cabo, a pesar de la ya larga historia, varias veces milenaria, de esfuerzos que los humanos hemos hecho por escudriñar el cosmos, en realidad estamos abriendo la puerta al conocimiento observacional del Universo, incluyendo el sistema solar.

EXPLORANDO EL UNIVERSO SABREMOS MÁS ACERCA DEL ORIGEN DE LA VIDA

Y es que cuando uno mira hacia atrás se encuentra que somos unos recién llegados en lo que a explorar el Universo se refiere. Ya hemos visto que los descubrimientos de que la Vía Láctea no agota todo el Universo, así como que este se expande, datan de las décadas de 1920 y 1930, esto es, de hace nada. Esencial en tal hallazgo fue el que Hubble dispusiese de un telescopio (en Monte Wilson) mucho mejor que los existentes con anterioridad. El desarrollo tecnológico es, de hecho, el motor del avance

---

33 El significado de los resultados obtenidos por Miller se vio reforzado en la década siguiente, cuando se encontraron la mayoría de los aminoácidos que él había producido, en los análisis a que se sometió un meteorito que impactó en Murchinson (Australia) en septiembre de 1969.

34 Ver en este aspecto, John Maddox, *Lo que queda por descubrir,* Debate, Madrid, 1999; edición en inglés de ese mismo año.

en el conocimiento del cosmos. Al hilo del avance tecnológico hemos ido encontrando nuevos objetos cósmicos, antes insospechados, como muestran los siguientes ejemplos. En 1932, Karl Jansky, un ingeniero electrónico de los Laboratorios Bell estadounidenses que construyó un sistema muy sensible para detectar ruidos en las comunicaciones de radio, descubrió las primeras ondas de radio procedentes de fuentes extraterrestres, hallazgo que condujo en 1946 a la identificación de la primera radioestrella, Cygnus A, en nuestra galaxia. En 1962 se descubrieron las primeras fuentes de rayos X fuera de nuestro sistema solar (Bruno Rossi y Riccardo Giacconi), así como la primera detección de emisiones de rayos gamma, llevada a cabo por un grupo del laboratorio de Los Álamos utilizando el satélite *Vela,* que había sido puesto en órbita con fines militares. Un año más tarde, Maarten Schmidt descubrió, gracias a las espléndidas facilidades instrumentales del Observatorio de Monte Palomar, lo que denominó *quasi-stellar sources* (fuentes cuasiestelares), o *quasars*. Es imposible, asimismo, no mencionar a Anthony Hewis, de la Universidad de Cambridge, que puso en marcha nuevos equipos de radio que podían detectar pulsos de radioondas muy pequeños, con los que inesperadamente se descubrieron, en 1967 (Jocelyn Bell), los púlsares, como tampoco se puede dejar de citar los populares agujeros negros, objetos cuya existencia fue prevista en base a la teoría de la relatividad general, para los que ya están llegando confirmaciones observacionales: utilizando el satélite estadounidense bautizado como *Uhuru,* la palabra suajili para «Libertad», puesto en órbita el 12 de diciembre de 1970 desde Kenia, se ha observado Cygnus X-1, una estrella supergigante azul visible de una masa veinte veces la del Sol, y una compañera invisible cuya masa se ha estimado —analizando el movimiento de la principal— en 8,5 masas solares, una magnitud que le hace firme candidato a agujero negro. Mención aparte merece, por supuesto, el telescopio espacial *Hubble,* lanzado por la NASA en 1990, que continuamente nos envía imágenes y datos refinando nuestra imagen del Universo hasta extremos increíbles (vemos ya, por ejemplo, imágenes —en la nebulosa de Orión— en las que parece que se está formando una estrella).

Podría parecer que las sorpresas cósmicas que sin duda nos esperan solamente se encontrarán en las profundidades del Universo, mucho más allá de los confines del sistema solar; pero no es así. Es mucho lo que nos queda todavía por hallar en los aparentemente familiares dominios de los entornos del Sol. Durante los últimos años, y gracias a los satélites que exploran el espacio profundo, se han encontrado medios planetarios otrora insospechados. Sondas espaciales como *Mariner 10* observó en 1973 Venus desde 10.000 kilómetros; entre 1972 y 1977, *Pioneer 10, Voyager 1* y *Voyager 2* se adentraron en los mundos de Júpiter, Saturno, Urano y Plutón. Y con la ayuda de estos y otros exploradores planetarios hemos comprobado que, por ejemplo, en Io, una de las lunas de Júpiter, existe una zona denominada Loki Patera, una mancha oscura en forma de media luna que se cree un lago de azufre líquido cuya superficie está helada. Especialmente interesante han sido las noticias que ha aportado la sonda *Magellan,* que se sumergió en nuestro vecino Venus, atravesando su densa atmósfera, que incluye una niebla de ácido sulfúrico concentrado que se extiende hasta unos 45 kilómetros de altura; a partir de ese momento el cielo venusiano es limpio y de gran visibilidad, pero no por ello la situación es similar a la terrestre: la presión y la temperatura aumentan según se desciende y al llegar al suelo la presión corresponde a la que impera en la Tierra a miles de metros por debajo del nivel del mar, y con unas temperaturas extremadamente altas. ¿Existirá algún tipo de vida —y de qué clase— en ese medio?

Cuando hayamos avanzado más, mucho más, en estas exploraciones dispondremos de datos de muchos escenarios planetarios, mundos no solo posibles sino que se dan realmente en el Universo. Y qué duda cabe de que aplicando ese conocimiento al estudio teórico-experimental de los orígenes de la vida nuestras conclusiones serán más seguras que las que hasta el momento hemos hallado basándonos en nuestros conocimientos de química, biología, física, geología y paleontología.

El papel del ADN y el ARN en el origen de la vida

Ya me he referido a la relación de la composición de la Tierra primitiva con el posible origen de la vida, pero ahora voy a hacerlo de una forma algo más precisa y básica.

Al igual que cualquier otro proceso físico-químico, la aparición y evolución de la vida ha dependido sobre todo de los materiales disponibles inicialmente. Y en la Tierra estos elementos eran, considerando ahora en exclusiva los elementos químicos, carbono (C), hidrógeno (H), oxígeno (O), nitrógeno (N), fósforo (P) y azufre (S). Todas las moléculas biológicas son combinaciones de estos elementos fundamentales. No es una hipótesis aventurada suponer que durante los primeros tiempos de la historia de la Tierra tuvieron lugar múltiples combinaciones de esos elementos bajo condiciones físicas diversas. En algún momento se formaron las moléculas que llamamos nucleótidos (combinaciones de ácido fosfórico y desoxirribosa con compuestos de C, N, O, H y P, denominados adenina, A; guanina, G; citosina, C, y timina, T), que a su vez se combinaron para formar estructuras llamadas ribosomas, formadas básicamente por moléculas de ácido ribonucleico (ARN), capaz de transportar información genética. Si tomamos la habilidad de transportar información genética como el rasgo definitorio de toda vida, entonces estos ribosomas fueron probablemente las primeras formas de vida sobre la Tierra. Modificaciones subsiguientes dieron lugar a la aparición del ácido desoxirribonucleico, o ADN, formado por dos cadenas, el esqueleto de cada una estando formado por una alternancia regular de ácido fosfórico y desoxirribosa, superponiéndose sobre cada cadena las cuatro bases mencionadas antes, A, G, C y T, pero uniéndose las dos cadenas de forma que la T de una se asocie con la A de la otra, o la G con la C (cualquier otro emparejamiento está prohibido). Los cromosomas, las unidades que se encuentran en los núcleos de todas las células de un individuo y gracias a las cuales los caracteres biológicos se transmiten de padres a hijos, y cuyo número varía según el organismo (23 pares en los humanos), están formados por ADN. Ahora bien: hay que resaltar la importancia que tiene el ARN, cuya función principal es transmitir la información genética que dirige la síntesis de las proteínas. El «dogma central» (expresión que se suele utilizar) de la genética molecular moderna establece que la información genética se transmite primero de ADN a ADN, durante la transmisión del genotipo (constitución genética contenida en los cromosomas de un individuo) de una generación a la siguiente (replicación), y después del ADN al ARN (transcripción)[35].

El «descubrimiento» (esto es, la producción) del ADN fue un momento clave, singular, en la historia de la vida sobre la Tierra: el ADN es la molécula informacional de *todos* los seres vivos, y químicamente el ADN de, por ejemplo, una bacteria, una planta y un humano son indistinguibles. Una vez que los procesos de prueba y error dieron lugar al ARN, pudo ocurrir que la evolución del ADN como código genético tuviese lugar con bastante rapidez. Es asimismo posible que se diesen otras formas (moléculas) capaces de transmitir información genética, pero que estas no pudiesen competir con las basadas en ARN y ADN, más adecuadas al medio en el que se encontraban. «De manera que la primera contingencia principal de la vida sobre la Tierra —ha manifestado la bióloga Sara Via— pudo ser el propio código genético en el que toda la vida se basa. Aunque probablemente no es la única forma en la que se puede codificar información en una molécula, es la forma en que se estableció en la Tierra joven, y nada ha llegado a suplantarla»[36].

Análogamente, es imaginable pensar que la vida, tal y como la conocemos en la actualidad, e incluso el tipo de codificación genética que utiliza el ADN-ARN en que se basa, no se hubiese llegado a dar si el agua no hubiese estado presente entre los compuestos iniciales de la Tierra[37]. El agua, recordemos, es un sol-

---

[35] El ADN está localizado en los núcleos de las células, pero los aminoácidos se juntan formando proteínas en el citoplasma, lo que obliga a algún otro «elemento» que gobierne este proceso: el ARN.

[36] Sara Via, «Are we alone? Lessons from the evolution of life on Earth?», en James B. Miller (ed.), *Cosmic Questions, Annals of the New Academy of Sciences,* vol. 950, Nueva York, 2001, págs. 225-240; pág. 234. He utilizado muchos datos y argumentos de este magnífico artículo en la presente sección.

[37] Puede parecer implícito en los comentarios precedentes que el concepto «vida» es, más o menos, equivalente a la capacidad de transmitir información

vente universal, pero no el único. Su presencia extendida en la Tierra afectó profundamente a la química biológica, y de esta forma también a la manera en que se configuró la vida sobre nuestro planeta; de haber sido otro el solvente existente, seguramente la vida se habría manifestado de forma muy diferente. Somos, en este sentido, los humanos (y no solo nosotros, por supuesto, sino en principio cualquier otra especie), hijos de circunstancias en modo alguno inevitables. «¿Conduce el proceso de la evolución inexorablemente a la vida tal como la conocemos?», se pregunta Sara Via. Y su respuesta (que es la de legiones de científicos), apoyada por un cúmulo ingente de hechos y teorías, resuena solemne y estremecedora en nuestros corazones y en nuestros cerebros: «Yo sostengo que no, que aunque el pro-

genética característica del ADN y el ARN. No sería una mala definición, pero sin duda limitada y no la única. Acaso más estricta desde el punto de vista de la biología molecular es la definición que sostiene que la vida es una propiedad de los «organismos que contienen información hereditaria reproducible codificada en moléculas de ácido nucleico, y que metabolizan al controlar el ritmo de reacciones químicas utilizando catalizadores proteináceos conocidos como enzimas». Yo prefiero, sin embargo, una tal vez demasiado simple (la utilicé en mi *Diccionario de la ciencia,* ob. cit., pág. 295): «los organismos vivos son aquellos que poseen la capacidad de reproducirse y metabolizar sustancias (alimentos)». Por su parte, en el ciclo de conferencias Gifford que pronunció en Edimburgo durante el curso 1937-1938, publicadas como *Man on His Nature* (1940; versión española: *Hombre «versus» naturaleza* [Ediciones Orbis, Barcelona, 1985], pág. 75), Charles Sherrington sostenía que: «[La vida es] un sistema delicado, un sistema energético que utiliza parte de su energía para mantenerse a sí mismo; por ejemplo, en la nutrición (1) reponiendo en el sistema la energía adecuada; en el crecimiento (2), ampliando el sistema; en la excreción (3), eliminando del sistema lo que por su estructura ya no es adecuado; en los movimientos masivos de sus partes (4), una actividad de desarrollo intrínseca, tal como la locomoción, la alimentación, etc.; en la reproducción (5), generando un nuevo sistema independiente, un individuo joven a su semejanza, potencialmente al menos. Esto implica dependencia de su entorno para la recepción de energía, que es una función impensable sin el entorno. La célula está tan unida a su entorno que sacarla de él es hacerla pedazos. Pero lo que se expulsa no sirve para reponer el sistema vivo. Por lo tanto, la vida en último extremo equivaldría a un agotamiento definitivo del entorno energético que suple su alimento, si no fuera porque la propia vida, en su totalidad, se asegura contra este *impasse* terrestre».

ceso de evolución siempre funciona en la misma dirección, el producto es altamente contingente sobre un complejo conjunto de factores»[38].

SOBRE EL FILO DE UNA NAVAJA (CÓSMICA): GRANDES EXTINCIONES

El carácter circunstancial de nuestra existencia, y con él el de las formas de vida sobre la Tierra, se refuerza si tenemos en cuenta que otro elemento fundamental en la evolución de la vida sobre nuestro planeta se encuentra en los cambios físicos periódicos o singulares que se han producido sobre él. Cambios como los movimientos de los continentes, o las modificaciones en los ciclos orbitales y en la inclinación del eje de precesión de la Tierra que condujeron a las eras de hielo (glaciaciones), produciendo modificaciones en los niveles de los océanos. En ocasiones, cambios como estos produjeron grandes extinciones, afectando asimismo a algunos caracteres de ciertos organismos.

Una de las extinciones más conocidas fue la que se produjo hace 65 millones de años y que condujo a la desaparición en masa de un número enorme de especies. Los rastros fósiles de semejante discontinuidad biológica son tan evidentes que los geólogos la utilizaron desde hace mucho para definir la frontera entre el Cretácico, el último periodo del Mesozoico, y el Terciario, o primer periodo del Cenozoico. No fue esta, sin embargo, la primera extinción en masa que ha conocido nuestro planeta (se sabe de al menos otras cuatro, la mayor en el límite inferior del Pérmico, hace 245 millones de años)[39], pero sí que fue relevante para nuestra especie, ya que mientras que entre sus víctimas figuraron los dinosaurios, entre los supervivientes de aquel cataclismo se encontraron, junto a reptiles del tipo de los cocodrilos o

[38] S. Via, «Are we alone?», ob. cit., pág. 232.

[39] La primera conocida tuvo lugar en el Ordovícico, hace 440 millones de años; luego vinieron las del Devónico (365 millones de años), la citada del Pérmico, una en el Triásico (210) y la del Cretácico.

las tortugas, los —entonces pequeños— mamíferos, que con el paso del tiempo terminarían produciendo, merced a procesos evolutivos, especies como la de los humanos. Somos, pues, hijos de aquel lejano apocalipsis que puso término al Mesozoico, lo mismo que los dinosaurios fueron sus víctimas más conocidas.

En cuanto a la causa de aquel cataclismo terrestre, del que es conocida la evidencia paleontológica, esta ha sido descubierta en las últimas tres décadas. Gracias a las investigaciones de geólogos, sobre todo, pero también de un número menor de físicos y químicos nucleares, se fue abriendo paso la hipótesis de que esa quinta gran extinción fue debida al impacto de un asteroide o de un cometa (todavía no se sabe con certeza) de unos diez kilómetros de diámetro, que chocó con la Tierra a una velocidad de aproximadamente treinta kilómetros por segundo, produciendo una energía destructora equivalente a la que librarían cien millones de bombas de hidrógeno[40].

Hay episodios de la historia de la ciencia que atraen nuestra atención, más aún, que nos conmueven, porque nos damos cuenta de que tienen que ver con nosotros de una manera profunda, que afectan a la propia esencia de la humanidad. La hipótesis y posterior confirmación del impacto que tuvo lugar hace 65 millones de años nos conmueve, nos atrae irresistiblemente, porque

---

[40] En el establecimiento y confirmación de tal hipótesis fue muy importante la detección de iridio en magnitudes anómalas en la capa de estratos que marca el citado límite entre el Cretácico y el Terciario (se denomina «límite KT»; la letra K proviene del término alemán *Kreide* [creta]); de hecho, fue este resultado el que llevó a que Luis Álvarez, premio Nobel de Física, su hijo, y promotor principal de la idea, Walter Álvarez, Frank Asaro y Helen Michel publicasen en junio de 1980 un famoso artículo en la revista *Science* —«Causa extraterrestre para la extinción del Cretácico-Terciario. Resultados experimentales e interpretación teórica»—, en el que introdujeron la hipótesis del impacto de un cuerpo extraterrestre. Establecida la causa más probable, quedaba la que podría considerarse confirmación definitiva: encontrar los restos del cráter que, inevitablemente, se debió producir en aquel choque dantesco. La primera pregunta a plantear era si el impacto tuvo lugar en un continente o en un océano. Finalmente, se halló su huella (tras 65 millones de años, el cráter, por supuesto, se ha rellenado) en México, en la península de Yucatán, en Puerto Chicxulub, en la costa septentrional, cerca de Mérida (el artículo que anunciaba el descubrimiento se publicó en 1991).

nos muestra lo fortuito de nuestra existencia. Y no solo por esto: también porque revela con dramática transparencia el frágil equilibrio sobre el que se basa esa existencia: ¿será nuestra especie víctima en el futuro del impacto de otro gran cuerpo extraterrestre, al igual que sucedió con los dinosaurios? Recordemos a este respecto que hemos visto con nuestros propios ojos (a través de telescopios), hace bien poco, en julio de 1994, el choque espectacular de fragmentos del cometa Shoemaker-Levy 9 con la superficie de Júpiter.

La vida se abre camino en la Tierra

Regresemos, no obstante, a la historia de la evolución de la vida sobre la Tierra. Muy esquemáticamente, se tiene que esa evolución se desarrolló a lo largo de alrededor de 3.900 millones de años. Si tomamos como símil un día, esto es, veinticuatro horas [41], con la Tierra habiéndose formado durante los primeros segundos, tendremos que los primeros organismos con capacidad de transmitir información genética, los procariotas (células sin núcleo, como las bacterias), aparecieron poco antes de las tres de la madrugada, y que reinaron sin competencia hasta que algunos de ellos evolucionaron produciendo, hacia las 13.30 horas, los primeros organismos eucariotas, esto es, aquellos dotados de células que poseen un núcleo (*karyon,* en griego; el prefijo *eu,* también heleno, significa «bueno») claramente definido, rodeado por una membrana, dentro de la cual se encuentran los cromosomas con su ADN [42]. El dominio *Eucarya,* el de los eucariotas,

---

[41] He tomado este símil también de Sara Via, «Are we alone?», ob. cit., pág. 230.

[42] Aunque carecen de núcleo, no por ello las células procariotas dejan de tener ADN. Sin embargo, mientras la síntesis proteica tuvo lugar en las células procariotas, produciéndose por tanto en el citoplasma celular, el ADN no pudo servir, de manera directa, como molde para la síntesis de las proteínas. Fue el ARN el que cumplió con semejante función: constituido por una sola cadena del estilo de las dos del ADN, el ARN podía emparejarse con otra cadena molécula de ARN para producir así todas las proteínas que dan a los organismos sus formas y configuraciones.

incluye la mayoría de las grandes criaturas terrestres: algas, animales, plantas, hongos y organismos parecidos. Aunque estrictamente la mayoría de los eucariotas son protistas, esto es, seres unicelulares o agregados de pocas células, para la historia evolutiva que condujo a los humanos los más interesantes son los organismos multicelulares, cuyas primeras formas parece que llegaron hacia las 18 horas, apareciendo los primeros animales una «hora» más tarde.

No lo he dicho, pero todos estos desarrollos tuvieron lugar en los océanos, el caldo de cultivo de la vida: durante aproximadamente 3.600 millones de años de vida (hasta poco antes de las 22 «horas») todos los seres vivos se encontraban en los océanos. Solamente hace entre 500 y 440 millones de años comenzaron algunos organismos a colonizar la tierra, primero plantas sencillas, luego más complejas, además de anfibios y reptiles. No resisto la tentación de citar, in extenso, unos pasajes en los que uno de los mayores estudiosos de la naturaleza de nuestro tiempo, el entomólogo y naturalista Edward Wilson, se refería a los tiempos en los que la vida sobre la Tierra era vida acuática:

> Hace tres mil millones de años la tierra emergida estaba prácticamente desprovista de vida. Más que esto, era inhabitable. No existía capa de ozono en la estratosfera, y las moléculas progenitoras de oxígeno en el aire situado debajo eran demasiado poco densas para crearla. La radiación ultravioleta de longitud de onda corta viajaba sin impedimento hasta la Tierra y chocaba sobre las secas rocas basálticas. Atacaba a los organismos que se aventuraban a salir a tierra desde el agua, cerrando su síntesis enzimática, abriendo sus membranas a los venenos circundantes y rompiendo sus células. Pero en el agua, a salvo de los rayos letales, los organismos microscópicos bullían. Se parecían a las cianobacterias actuales (a las que a veces se denomina algas verdiazules) y eran una mezcla de bacterias y de especies parecidas a bacterias. La mayoría eran unicelulares y procariotas, y unas cuantas estaban compuestas por células ensartadas en filamentos. Estos organismos simples carecían de membrana nuclear, mitocondrias, cloroplastos y los demás organelos que con-

> fieren complejidad estructural a las células de las plantas y animales superiores[43].

Tampoco he mencionado que durante una buena parte de ese «día», algo más de doce «horas», la vida subsistió en un medio anaeróbico, esto es, desprovisto de oxígeno libre. Consecuentemente, las primeras células (procariotas) eran anaeróbicas, es decir, no consumían oxígeno, metabolizando compuestos inorgánicos en un proceso no renovable, que no contribuye a la producción de alimento. Ocurre, sin embargo, que este tipo de metabolismo no es muy eficiente, por lo que el ritmo de la vida que le acompaña es bastante lento, una circunstancia esta que seguramente explica el que tardase tanto la evolución en «inventar» otras posibilidades de vida como es la de los organismos eucariotas.

Un momento singular debió de ser el de la aparición en las células procariotas, en cianobacterias, de pigmentos fotosintéticos que permitían captar energía del sol y fabricar azúcares, una fuente alimenticia renovable. Entre las consecuencias de esta función clorofílica primitiva fue la liberación, como producto de desecho, entre las 12 y 13 horas de nuestro imaginario reloj, de oxígeno libre a la atmósfera terrestre, hasta entonces anaeróbica. Esto no implicó, sin embargo, que se acumulase mucho oxígeno libre en la atmósfera (afortunadamente para los procariotas anaeróbicos, para los que el oxígeno era venenoso): la superficie de la Tierra lo tomaba, formando óxido de hierro, un proceso sin el cual la superficie y primeras capas de nuestro planeta serían muy diferentes a como son hoy, y que duró alrededor de 1.200 millones de años, hasta que se saturaron los depósitos de hierro. Entonces sí que comenzó a acumularse oxígeno libre (O_2) en la atmósfera, iniciándose así el proceso de cambio de su naturaleza, de anaeróbica a aeróbica.

La disponibilidad de oxígeno, aunque fuese en cantidades no excesivamente abundantes, representó un cambio tremendo, esencial; significó que fue más fácil, infinitamente más fácil, que los oscuros, aleatorios, competitivos, sujetos a prueba y a error,

---

[43] E. O. Wilson, *La diversidad de la vida,* Crítica, Barcelona, 1994, pág. 187; versión original en inglés de 1992.

mecanismos evolutivos pudiesen inventar nuevas formas de vida, formas de vida como las plantas que son capaces de realizar la fotosíntesis. Estas plantas sí que cambiaron el mundo, nuestro pequeño, querido mundo terráqueo. No solo enriquecieron de oxígeno considerablemente la atmósfera de la Tierra, sino que se convirtieron en el eslabón (no perdido, puesto que no había existido, *ni tenía por qué existir:* fue *encontrado)* que unió vitalmente a plantas y animales. El porqué de semejante unión es fácil de comprender: hasta entonces, como hemos visto, los únicos organismos que podían aportar algo de nutriente (azúcares) a la superficie de la Tierra eran las cianobacterias con pigmentos fotosintéticos, pero era poco lo que contribuían en este sentido, y continuaba dependiendo prácticamente toda la nutrición de los seres vivos de las moléculas inorgánicas presentes en la naturaleza[44]. Con la llegada de las plantas fotosintéticas todo cambió: se disponía de una fuente natural (un organismo biológico) de producción de energía renovable que utilizaba como motor la energía procedente del Sol.

Producto de desecho (para las plantas) de la fotosíntesis es el oxígeno. La disponibilidad de este fue aprovechado por otras formas de vida, diferentes de las plantas: por animales, por ejemplo, que dependían del oxígeno para su existencia. Estas nuevas formas de vida poseían una ventaja (que ya mencioné) con res-

[44] Habría que matizar algo estas manifestaciones, en tanto que las mitocondrias (pequeños órganos presentes en el citoplasma de las células eucariotas), en donde tiene lugar la conversión del oxígeno aportado por la respiración para producir la energía que necesitan las células, tienen origen procariótico. La mayoría de los biólogos, en efecto, defiende la idea de que las mitocondrias son descendientes de bacterias que nadaban en las aguas primitivas de nuestro planeta hace tres mil millones de años. En algún momento de la evolución, unas bacterias ancestrales debieron de combinarse con otros microorganismos, instalándose en su interior y proporcionándoles un sistema de eliminación de desechos y de energía procedente del oxígeno a cambio de alimento y cobijo. Los organismos que resultaron de esa fusión habrían evolucionado hacia formas de vida más complejas, incorporando la respiración del oxígeno. Sin mitocondrias, las células eucariotas y, por consiguiente, las plantas y los animales, no podrían vivir (o no de la manera que conocemos), porque no serían capaces de utilizar el oxígeno. Nos encontramos, por tanto, ante un mecanismo evolutivo, simbiótico pero permanente, diferente al de las mutaciones y los intercambios genéticos.

pecto a las anaeróbicas: los procesos metabólicos basados en el oxígeno son mucho más eficientes que los anaeróbicos, lo que implica que la vida dependiente del oxígeno transcurre —y por consiguiente evoluciona— a un ritmo más elevado que la anaeróbica, una circunstancia que permite comprender el «estallido» de formas de vida «superiores» (esto es, más complejas) que se produjo en el último cuarto del día terrestre, una vez aparecieron, a las 18 «horas», los primeros organismos multicelulares. El eslabón encontrado entre plantas y animales al que me refería antes no es sino consecuencia y a la vez producto de aquella nueva situación: plantas que liberan oxígeno; oxígeno que es consumido por animales, que al respirar producen dióxido de carbono (CO_2), a su vez un elemento básico para la fotosíntesis.

HIJOS DEL AZAR Y DE LA HISTORIA

Se desbrozó de esta forma el camino que finalmente permitiría —con la ayuda, como hemos visto, de acontecimientos del tipo del meteorito o asteroide que provocó la desaparición de los dinosaurios— la aparición de los homínidos, y dentro de ellos de nuestra variedad, los *sapiens*. Nuestros antecesores surgieron hace unos 100.000 años, aproximadamente a las 23 horas, 59 minutos y 40 segundos del ese día imaginario que he estado utilizando; esto es, justo unos pocos segundos antes del momento actual.

Somos hijos —repito otra vez— del azar evolutivo, de la historia particular del planeta Tierra, y de las leyes de la física, la química y la biología. Como en la sentencia de Demócrito, que Jacques Monod convirtió en título de un libro, somos fruto, como parte del Universo, «del azar y de la necesidad»[45]. No hay nada, nada —y si lo hay, ciertamente que está bien guardado—, en nuestra particular biografía como especie que revele

[45] La frase de Demócrito es: «Todo lo que existe en el Universo es fruto del azar y de la necesidad». El libro de Monod es: *Le hasard et la nécessité* (1970); versión en castellano: *El azar y la necesidad* (Barral Editores, Barcelona, 1971).

algún designio, ni de la propia naturaleza, ni de algún Dios terrible o compasivo. No valen para nosotros las palabras del Génesis: «Y dijo Dios: "Hagamos al ser humano a nuestra imagen, como semejanza nuestra, y mande en los peces del mar y en las aves de los cielos, y en las bestias y en todas las alimañas terrestres, y en todas las sierpes que serpean por la tierra"». Sin duda que todavía quedan muchas claves y elementos que desvelar para que podamos pensar que poseemos un mapa exacto de la historia de la evolución de la vida sobre la Tierra, pero lo mucho (aunque sea poco) que ya conocemos no hace sino reforzar la idea de que no necesitaremos nada, fuera de lo que la ciencia nos aporta y aportará, para completar esa guía. Aquello que permanezca en la oscuridad será debido al paso del tiempo, que se cobra sus víctimas, que elimina rastros, como si quisiese jugar con nosotros.

Lejos de ser el reflejo de un Dios, somos testigos de nuestro pasado biológico. De hecho, son innumerables las huellas de ese pasado que se atisban en nuestros cuerpos. De entrada, recordemos una vez más, la vida terrestre comparte un código genético común. A pesar de que organismos diferentes poseen genes diferentes (en ocasiones no tan diferentes como su apariencia externa hace sospechar), existen poderosas razones para pensar que todos descendemos de un único antecesor (forma de vida) común. Ha sido la maquinaria y fábrica de la evolución la responsable de las diferencias que observamos. Diferencias que, no obstante, repito, no consiguen ocultar completamente los orígenes comunales, como muestra, por ejemplo, la observación de que todos los vertebrados con cuatro patas (tetrápodos) comparten tipos de huesos comunes en sus extremidades. Mirando las extremidades de tetrápodos tan diferentes como murciélagos, delfines, ovejas y humanos, se observa que las llamativas diferencias entre sus miembros han evolucionado a través de la modificación del mismo conjunto de huesos a alas, aletas, piernas y brazos [46].

[46] La biología molecular, cuya presencia en este capítulo es pequeña (para evitar una extensión demasiado grande; se remediará algo esta carencia en el capítulo 5), está enriqueciendo considerablemente nuestra comprensión de la bio-

La variedad de la vida

Tenemos, por consiguiente, que tanto en los océanos antiguos como, sobre todo, una vez que comenzó a colonizar la tierra firme, la vida se abrió camino, y terminó haciéndolo con una eficacia extraordinaria. Cuando escribo estas líneas, me acompaña un texto, *La variedad de la vida* (2000), de Colin Tudge[47], que pretende resumir en sus cerca de setecientas páginas lo que se sabe de esa variedad, y de los esquemas que los humanos hemos construido para organizar y clasificar sus manifestaciones. Una mera ojeada a sus páginas me produce un sentimiento abrumador; me siento como un ser ciego ante la inmensa riqueza que le rodea. Como la mayoría de los humanos, paso mi vida advirtiendo un número minúsculo (de hecho, un número cada vez más minúsculo) de organismos, una insignificante porción de la vida que existe sobre la Tierra. Mamíferos como los humanos, otros vertebrados (pájaros, peces), insectos, plantas, y acaso algunos hongos o plantas «inferiores» como musgos y algas. ¡Cuánto pierdo! La variedad de la vida en la Tierra es (y ha sido) tan grande que nadie sabe realmente cuántas especies existen en ella, aunque las estimaciones actuales oscilan entre 10 y 100 millones de especies, de las cuales solo una pequeña parte son lo suficientemente bien conocidas por la ciencia para haber recibido un

logía del desarrollo. Mención especial merecen en este sentido los denominados «complejos homeóticos Hox», o, simplemente, «genes Hox», que controlan la función de otros genes subsidiarios que realizan funciones concretas para producir, por ejemplo, una pata de un organismo. Sorprendentemente, realizan esta función de control de forma parecida en todas las especies. Los genes subsidiarios son específicos de especie, pero la estrategia general es común y son los genes Hox los que la controlan. Como señala uno de los expertos en este campo, Ginés Morata («Biología molecular, desarrollo y evolución del Reino Animal», en *Origen y evolución: desde el «Big Bang» a las sociedades complejas,* Fundación Marcelino Botín, Santander, 1999, págs. 257-285; pág. 276): «los procesos generales para organizar los patrones morfológicos son comunes a todo el Reino Animal. Se basan en la función del complejo Hox, que apareció hace unos 540 millones de años y fue un tremendo éxito evolutivo».

[47] Crítica, Barcelona, 2001.

nombre (alrededor de 1.413.000 especies han sido bautizadas, de las cuales la mayoría, más del 50 por 100, son insectos, alrededor del 20 por 100 son plantas, mientras que los mamíferos representan solamente unas 4.000 especies).

¿ESTAMOS SOLOS EN EL UNIVERSO?

«Explosión de vida en un pequeño planeta de una galaxia, la Vía Láctea, nada singular.» «Vida basada en un código de transmisión de información poderoso pero no necesario, no seguramente, único.» Aseveraciones como estas conducen de forma directa a una de las preguntas que es difícil que una persona no se haya planteado, en un momento u otro de su vida; la pregunta de si estamos solos en el Universo, si las especies de todo tipo, vegetales y animales, por ejemplo, que pueblan la Tierra constituyen una singularidad en lo que ya sabemos es un inmenso —aunque muy probablemente, no infinito— cosmos.

No pretendo tratar aquí esta cuestión, a la que por otra parte volveré a referirme en el capítulo 5, cuando hable de Carl Sagan. No obstante, es obligado mencionar que a la vista de lo dicho hasta ahora parece razonable pensar que si existe vida en otros lugares del Universo (y en mi opinión es más que probable que así sea) no tiene por qué ser vida del estilo de la que se ha desarrollado en la Tierra. Una vez más, los comentarios de Sara Via a este respecto merecen ser citados:

> Es tentador preguntarse qué habría sucedido si aspectos clave de la evolución en la Tierra hubiesen sido diferentes:
>
> 1) ¿Qué habría pasado si el agua no hubiese sido el solvente, y los elementos más comunes no hubiesen sido C, H, N, O, P y S? ¿Se habría desarrollado vida (una entidad autorreplicante de algún tipo)?
>
> 2) ¿Qué habría sucedido si la vida hubiese aparecido en la tierra en lugar de en el océano?
>
> 3) ¿Qué habría ocurrido si hubiese aparecido en los primeros autorreplicadores un código genético diferente?

> 4) ¿Qué habría sucedido si la gravedad fuese mayor (o menor)?
>
> 5) ¿Qué habría pasado si hubiesen sido materiales diferentes los disponibles para que los utilizasen los organismos?
>
> 6) ¿Y qué si el esquema o desarrollo temporal de las extinciones masivas hubiese sido diferente?
>
> ¿Habría evolucionado la vida tal como la conocemos de la misma forma? Uno sospecharía que la trayectoria de la evolución habría sido muy diferente. ¿Habrían aparecido los eucariotas? [48].

Estas preguntas, tan sensatas y científicamente informadas, no hacen sino reforzar nuestras dudas, no sobre si existe vida o no en el Universo, que, repito, es bastante probable que exista [49], sino acerca de su naturaleza. ¿Habrá seres vivos que sean capaces de desarrollar esquemas que les permitan predecir acontecimientos naturales futuros; es decir, seres que, como hemos hecho nosotros, se planteen la búsqueda —y sean capaces de llevar a buen puerto tal empresa— de leyes científicas, seres cuyos sistemas cognitivos utilicen los recursos universales de la matemática como nosotros? ¿Existirá, en definitiva, en algún o algunos, o en

---

[48] S. Via, «Are we alone?», ob. cit., págs. 239-240.

[49] Cada vez son más los planetas que se están encontrando, según progresan nuestros medios técnicos, y es de esperar que abunden los que reúnan condiciones de tamaño y distancia adecuada a una estrella como para ser capaces de albergar vida, aunque resultados recientes no son tan optimistas. Así, Guillermo González, Donald Brownlee y Peter D. Ward señalan («La vida en el Universo», *Investigación y Ciencia* [diciembre de 2001], págs. 59-65; pág. 65): «El Universo parece incluso más desolador que nuestra galaxia. Aproximadamente el 80 por 100 de las estrellas del universo local residen en galaxias que brillan menos que la Vía Láctea. Puesto que la metalicidad media de una galaxia se escala con su luminosidad, podría haber galaxias enteras que carecieran de planetas del tamaño de la Tierra. Debe considerarse asimismo la dinámica de las estrellas en el interior galáctico. Las estrellas de las galaxias elípticas giran en órbitas aleatorias y, por tanto, podrían frecuentar las peligrosas regiones centrales. En muchos sentidos, la Vía Láctea es sorprendentemente hospitalaria: una galaxia de disco con órbitas ordenadas, con poca actividad amenazadora y abundante en metales».

muchos, rincón o rincones del cosmos seres que se hayan planteado si existe vida «inteligente» en el Universo? Mientras que creo firmemente en la existencia de vida en el Universo, albergo muchas más dudas sobre si existe ese tipo de inteligencia, porque soy consciente de la, al menos aparente, aleatoriedad que subyace en los procesos evolutivos, y de la extraordinaria complejidad del sistema nervioso y cerebro humanos, o de otras especies animales que poseen también algún tipo de inteligencia. En vista de semejante complejidad, y a falta de rutas de alguna forma «preestablecidas», «obligadas», que conduzcan a vida «inteligente», es problemático no concluir que ese tipo de vida es muy difícil de lograr a través de las caóticas vías de los procesos evolutivos. Una cosa es que unas reacciones químicas que se producen en ciertos escenarios planetarios (como los que se dan en fases determinadas de la historia de un planeta, o de alguna otra clase de cuerpo cósmico) posean características sinergéticas que conduzcan a organismos «vivos», y otra que estos sean «conscientes» e «inteligentes» en el sentido de los humanos, aunque desde luego es perfectamente posible que exista algún tipo de sinergia químico-física, que no hemos descubierto todavía, que favorezca la aparición de la clase de inteligencia a la que me estoy refiriendo.

Creo que Carl Sagan, mientras vivió el adalid de la búsqueda de vida inteligente en el Universo, fue demasiado optimista en sus esperanzas de que existiese vida inteligente en algún rincón del cosmos; que no prestó demasiada atención a la posibilidad de que la vida en otros mundos fuese una vida radicalmente diferente de la que conocemos en la Tierra, tan diferente que incluso pudiese ser un problema para los humanos el reconocerla, en el hipotético caso de que llegásemos a entrar en contacto directo con ella (¿en una visita interplanetaria?). Cuando se lee, por ejemplo, lo que escribió en *Los dragones del Edén,* semejante impresión se hace patente. Veamos, si no, los siguientes pasajes:

> El número de civilizaciones avanzadas que hoy puedan existir en la galaxia de la Vía Láctea dependerá de múltiples factores, que van desde el número de planetas que tenga cada estrella

hasta la probabilidad de que exista vida en cada uno de ellos. Pero una vez ha surgido la vida en un medio relativamente favorable y han transcurrido miles de millones de años del proceso evolutivo, somos muchos los que creemos en la posibilidad de que en este medio hayan aparecido seres inteligentes. Sin duda, la senda evolutiva sería distinta de la que ha conocido la Tierra. Es muy probable que la secuencia de eventos acaecidos en nuestro planeta —entre ellos la extinción de los dinosaurios y la recesión forestal ocurrida durante el Pleistoceno— difiera de la que ha presidido la evolución de la vida en las restantes regiones del Universo. Creemos, sin embargo, que han de existir pautas funcionalmente equivalentes que a la postre conduzcan a un resultado parecido. Toda crónica evolutiva de la Tierra, particularmente la plasmada en la cara interna de los cráneos fósiles, pone de manifiesto esta tendencia progresiva a la formación de organismos inteligentes. Nada misterioso hay en ello, puesto que, por regla general, los seres más inteligentes subsisten en mejores condiciones y dejan más descendencia que los organismos menos dotados. Los detalles dependerán, por supuesto, de las circunstancias, como, por ejemplo, de si el hombre ha exterminado a otros primates en posesión de un lenguaje o de si nuestros antepasados ignoraron a los simios con facultades de comunicación solo un poco inferiores a las suyas. Pero la tendencia general parece bastante obvia y debería regir también la evolución de la vida inteligente en otras regiones del Universo. Una vez los seres inteligentes han alcanzado un determinado estadio tecnológico y la capacidad de autodestrucción de la especie, los beneficios de la inteligencia en el orden selectivo resultan ya mucho más inciertos[50].

[50] C. Sagan, *Los dragones del Edén,* ob. cit., págs. 233-234.

III
EL PARADIGMA NO LINEAL

«Cuando se le añade a una manzana un número creciente de manzanas, la cantidad de manzanas aumenta, y se las puede sumar. Sin embargo, cuando añado a un amarillo cada vez más amarillos, el amarillo no aumenta, sino que disminuye (ya no podemos calcular el que teníamos al principio ni el que queda al final).»

VASILI KANDINSKY,
«Réflexions sur l'Art Abstract» (1931)[51]

LA NO LINEALIDAD DEL MUNDO

Es hora ya de abordar una cuestión que, aunque central para el tema de la vida y su evolución, todavía no ha aparecido explícitamente. Son múltiples las formas posibles de introducirla, pero elegiré una que completa algunos aspectos del tratamiento precedente.

La vida no es ajena, como hemos visto, al medio en el que surge y se desarrolla: está esencialmente condicionada por él. Pero, a su vez, ella condiciona también a ese medio: la vida ha modificado su propio entorno físico. Considérese la primera vida sobre la Tierra, que tuvo que colonizar rocas desnudas. El suelo que ahora constituye la Tierra se formó según iban muriéndose y descomponiéndose las primeras colonias de bacterias. Esto permitió que las plantas pudiesen echar raíces; plantas que al descomponerse ellas mismas contribuían asimismo al proceso de construcción de la tierra, del rico y diverso sustrato químico-físico que estudia la edafología. La evolución de las plantas sobre la tierra suministró no solo alimento a muchos tipos diferentes de organismos terrestres, sino también un hábitat para ellos. No se ha-

[51] V. Kandinsky, «Réflexions sur l'Art Abstract», *Cahiers d'Art,* núm. 1/1931; versión española: «Reflexiones sobre el arte abstracto», en *Escritos sobre arte y artistas,* Editorial Síntesis, Madrid, 2002, pág. 136.

bría podido dar, por ejemplo, la enorme diversidad actual de insectos sin la variedad de plantas que se desarrolló. A su vez, esa diversidad aumentó a través del efecto de los propios insectos en la especiación.

Nos encontramos con uno de los mejores ejemplos de proceso no lineal. Y es que la evolución de la vida sobre la Tierra ha sido un proceso no lineal, de coevolución, un proceso en el que no es, en absoluto, lo mismo un escenario con un número de especies (una, por ejemplo) que con otro (dos). La presencia del «otro» afecta al «uno», determinando las características que conducen a sus niveles de supervivencia y reproducción.

De hecho, no solo es su evolución un proceso no lineal, sino la propia vida también. Un mundo basado en leyes lineales no poseería las características necesarias para generar nuevas propiedades. De manera simbólica, podríamos decir que la expresión de la linealidad es la ecuación «$1 + 1 = 2$», mientras que en el mundo de la no linealidad, el universo en el que la reunión de dos seres genera, *crea*, nuevas propiedades (descendencia, por ejemplo), «$1 + 1 \neq 2$». De manera rigurosa, esto es, matemáticamente, la diferencia esencial entre un sistema lineal y otro no lineal es que mientras que dos soluciones de un sistema lineal se pueden sumar formando una nueva solución del sistema inicial («principio de superposición»), esto no es cierto en el caso de un sistema no lineal.

Sucede, sin embargo, que la ciencia —y a su cabeza, en este aspecto, la física— de lo no lineal se encuentra mucho menos desarrollada, prácticamente en sus inicios, que la lineal. Si repasamos la historia de la física hasta la mayor parte del siglo XX, nos encontramos con que sus teorías más básicas o son esencialmente lineales (los casos de la teoría de la gravitación universal de Newton y de la electrodinámica de Maxwell-Lorentz) o, permitiendo ser utilizadas para sistemas no lineales, como sucede con la mecánica newtoniana, se han aplicado mayoritariamente a sistemas lineales, incluso cuando es transparentemente claro que ello solo implica una primera aproximación a la realidad. El ejemplo más sencillo en este sentido es el de un péndulo plano simple. Cualquier (la mayoría al menos) estudiante de bachillerato, no digamos de física, sabe que la ecuación diferencial que se utiliza para describir el movimiento de este tipo de péndulo es

$$d^2\theta(t)/dt^2 + (g/l)\theta(t) = 0$$

donde θ representa el desplazamiento angular del péndulo, l la longitud del péndulo, g la aceleración de la gravedad y t el tiempo. Ahora bien: cuando se deduce (no es un problema difícil) la ecuación que debe cumplir el movimiento de un péndulo plano simple, no es esta la ecuación a la que se llega, sino

$$d^2\theta(t)/dt^2 + (g/l)\text{sen}\theta(t) = 0$$

que es obviamente no lineal, ya que $\text{sen}(\theta_1 + \theta_2) \neq \text{sen}\theta_1 + \text{sen}\theta_2$. Para evitar esta circunstancia, que complica enormemente la resolución del problema, se restringe este a oscilaciones pequeñas, esto es, a ángulos pequeños, lo que permite utilizar el desarrollo en serie de Taylor de la función seno

$$\text{sen}\theta \approx \theta - \theta^3/6 + \ldots$$

y quedándose únicamente con el primer término, obtener la primera (lineal) de las dos ecuaciones citadas.

Lo que este ejemplo tan sencillo nos muestra es que la denominada «física clásica» no es ajena a sistemas no lineales, pero que trata de evitarlos debido a la dificultad matemática de su tratamiento: no existen, de hecho, métodos matemáticos generales sistemáticos para tratar las ecuaciones no lineales. Por supuesto, son numerosos los problemas conocidos de antiguo asociados a sistemas (leyes) no lineales, especialmente los pertenecientes al ámbito de la hidrodinámica, de la física de los fluidos. Así, por ejemplo, cuando el agua fluye con una velocidad pequeña por una tubería, su movimiento (denominado *laminar*), regular y predecible, se describe mediante ecuaciones lineales, pero cuando las velocidades involucradas son elevadas, entonces el movimiento del agua se hace *turbulento,* formándose remolinos que siguen trayectorias irregulares, en apariencia erráticas, características típicas de un comportamiento no lineal. La aerodinámica, naturalmente, es otro ejemplo de dominio no lineal, como saben muy bien todos aquellos implicados en el diseño de aviones.

De las grandes teorías de la física clásica, la más intrínsecamente no lineal es la teoría de la relatividad general (las ecuaciones del campo de esta teoría de la interacción gravitacional son no lineales). Y Einstein, su creador, que hasta entonces se había movido básicamente en el dominio de la ciencia lineal, quedó fascinado por las propiedades de estos sistemas matemáticos, como manifestó en, por ejemplo, sus «Notas autobiográficas» (1949), en las que escribió:

> El grupo de la relatividad general ha sido el primero en exigir que la ley invariante más simple no sea lineal y homogénea en las variables del campo ni en sus cocientes diferenciales. Lo cual es de importancia fundamental, por la siguiente razón. Si la ley del campo es lineal (y homogénea), la suma de dos soluciones es también una solución; así ocurre, por ejemplo, en las leyes del campo de Maxwell para el vacío. En una teoría semejante no se puede inferir, de la sola ley del campo, una interacción de estructuras que por separado pueden representarse mediante soluciones del sistema [52].

Y más adelante añadía: «las verdaderas leyes no pueden ser lineales. Semejantes leyes cumplen el principio de superposición para sus soluciones, es decir, no contienen enunciados sobre las interacciones de cuerpos elementales. Las verdaderas leyes no pueden ser lineales, ni pueden derivarse de leyes de ese tipo» [53].

En efecto, todo aquello que involucre interacción de estructuras o de cuerpos elementales no puede ser descrito por sistemas lineales. Pero uno de los rasgos más característicos de la vida

---

[52] A. Einstein, «Autobiographical Notes/Autobiographisches», en Paul Arthur Schilpp (ed.), *Albert Einstein: Philosopher-Scientist,* Open Court, La Salle, Illinois, 1949. Existe versión al castellano: *Notas autobiográficas,* Alianza, Madrid, 1984, cita en la pág. 74.

[53] Ibídem, pág. 83.

es precisamente esos tipos de interacción. Y no solo interacción de la vida con el medio ambiente que la rodea, aspecto que ya he señalado, sino también interacciones de los «cuerpos elementales» —más estrictamente, de las unidades o subsistemas— que la forman.

La riqueza de los sistemas no lineales es extraordinaria; la riqueza y las novedades que aportan con respecto a los lineales. Desde el punto de vista matemático (que con frecuencia encuentra su correlato en dominios reales), las ecuaciones-sistemas no lineales pueden mostrar transiciones de comportamientos regulares a aparentemente arbitrarios; pulsos localizados, que en sistemas lineales producen perturbaciones que decaen más pronto que tarde, mantienen su individualidad en los sistemas no lineales; esto es, dan lugar a estructuras localizadas y altamente coherentes, con las obvias implicaciones que este fenómeno puede tener en la aparición y mantenimiento de estructuras relacionadas con la vida (desde las células y organismos pluricelulares hasta incluso, aunque pueda parecer una idea peregrina, pensamientos). Uno de los primeros ejemplos conocidos de este tipo de comportamiento son los célebres «solitones», soluciones de la ecuación no lineal en derivadas parciales denominada de Korteweg-De Vries (o ecuación KdV):

$$(\partial u/\partial t) + u(\partial u/\partial t) + (\partial^3 u/\partial x^3) = 0$$

Esta ecuación fue desarrollada en 1895 como una descripción aproximada de las ondas de agua que se movían en un canal estrecho y poco profundo. No fue, sin embargo, hasta 1965 que Norman Zabusky y Martin Kruskal encontraron una solución de esta ecuación que representa una de las formas más puras de estructura coherente en movimiento: el solitón, una onda solitaria que se mueve con velocidad constante. Lejos de ser entelequias matemáticas, los solitones se manifiestan en la naturaleza: por ejemplo, en las ondas superficiales (que se mueven esencialmente en una dirección) observadas en el mar de Andamán, que separa las islas de Andamán y de Nicobar de la península de Malasia.

Los solitones atrajeron la atención de muchos científicos, que encontraron en ellos un excelente instrumento para estudiar familias de sistemas no lineales. Otros instrumentos, de ámbitos más generales, han aparecido también. A la cabeza de ellos, el desarrollo de computadoras electrónicas de alta velocidad y gran capacidad de cálculo, que permiten simulaciones numéricas de sistemas no lineales. De hecho, se ha acuñado la expresión «matemática experimental» para describir las investigaciones, basadas en computadoras, de problemas inaccesibles a los métodos analíticos. Y así, según progresa nuestra capacidad de observar el mundo y el Universo, encontramos más y más estructuras que mantienen coherencia, «individualidad», que son manifestaciones de sistemas no lineales: desde manchas rojas en Júpiter, hasta ondas de densidad de carga microscópicas, pasando por «agrupaciones» de radiación electromagnética en plasmas.

La biología y, en general, las ciencias biomédicas también están abriéndose crecientemente a este nuevo mundo. Así, en un reciente ensayo publicado en una revista médica podemos leer:

> Fue a comienzos de los años ochenta cuando comenzaron a aplicarse los nuevos conceptos de la teoría de sistemas complejos no lineales a los sistemas fisiológicos, especialmente al cerebro y al corazón. Es posible que las similares características histológicas y electrofisiológicas entre el tejido del SNC [sistema neurocortical] y del fascículo Hiss-Purkinje explique esta coincidencia... Ramón y Cajal remarcó que el sistema nervioso consta de una colección de neuronas a la vez independientes y estrechamente interdependientes para cumplir sus funciones. Lorente de No, basándose precisamente en los dibujos anatómicos del Premio Nobel español, propuso la existencia de bucles cerrados de cadenas autoexcitadas de neuronas, que se llamaron posteriormente circuitos reverberantes y a los que se atribuyó la capacidad de representar y preservar la información dentro del SNC. Hebb en 1949 sugirió que conjuntos limitados de neuronas distribuidas de forma difusa e irregular por el SNC, cuyas conexiones se refuerzan al ser activadas, forman circuitos reverberantes que representan la memoria a corto plazo.
>
> Más recientemente también se ha postulado que dichos conjuntos de neuronas, en base a propiedades no lineales de actividad cooperativa y *feedback,* pueden desarrollar características de

> organización y orden no deducibles de las propiedades de neuronas individuales aisladas, como por ejemplo sustentar la capacidad de memoria mediante acoplamientos entre ellas. A estos patrones de organización neuronal interactiva se les ha llamado macroestados y asimilado al concepto de estructura disipativa, desarrollado en termodinámica por Prigogine. Son patrones de organización espaciotemporales que cumplen las siguientes características: los elementos del sistema están interactivamente acoplados de forma no lineal y reciben continuamente energía para mantenerse[54].

En esta cita aparecen expresiones que merecen ser comentadas, aunque sea muy brevemente. Expresiones como «estructura disipativa», un apartado de la termodinámica de los procesos alejados del equilibrio e irreversibles, en cuyo desarrollo intervino de manera destacada, efectivamente, el químico-físico belga de origen ruso Ilya Prigogine, que tuvo el acierto de difundir sus enfoques en libros tan populares como *La nueva alianza* (1979), escrito en colaboración con Isabelle Stengers; enfoques mucho más sensibles a la vida que la termodinámica clásica, la de los sistemas en equilibrio, puesto que ¿qué es la vida sino un sistema abierto, en permanente intercambio (energético, especialmente) con el medio que le rodea, y en este sentido un sistema alejado del equilibrio? Y tengamos en cuenta que «lejos del equilibrio» no quiere decir que no existan estructuras organizadas y complejas: se ha demostrado que sí existen. «El desarrollo de la termodinámica de los procesos irreversibles —escriben Prigogine y Stengers— se encuentra... con el de la biología molecular. Mientras que las reacciones "no-lineales", cuyo efecto (esto es, la presencia del producto de reacción) tiene una acción retroactiva sobre la causa, son comparativamente raras en el mundo inorgánico, la biología molecular ha descubierto que son prácticamente la regla en

[54] Mauro García Toro, Jerónimo Saiz Ruiz, Juan Antonio Talavera y Alicia González Guillén, «Analogía terapéutica entre la depresión y la enfermedad de Parkinson. Una propuesta explicativa desde la teoría de sistemas dinámicos y no lineales», *Archivos de Neurobiología 62,* 7-22 (1999); págs. 8-9.

los sistemas vivos. La autocatálisis (esto es, la presencia de X acelera su propia síntesis), la autoinhibición (esto es, la presencia de X bloquea la catálisis necesaria para su síntesis), la catálisis cruzada (esto es, dos productos pertenecientes a distintas cadenas de reacción activan la síntesis el uno del otro) proporcionan mecanismos de regulación clásicos que garantizan la coherencia de las funciones metabólicas»[55]. «*Garantizan* —dicen— *la coherencia de las funciones metabólicas*»; pero ¿no es esa coherencia uno de los requisitos para la vida?

El futuro de la no linealidad, en lo que a explicar el mundo se refiere, está abierto a toda especulación. «Autores como Arnold J. Mandell, pionero de la aplicación de la dinámica no lineal a la psiquiatría —escriben García Toro, Saiz Ruiz, Talavera y González Guillén—, opinan que el problema del "empantanamiento" de la neuropsiquiatría es conceptual; en la mayor parte de la investigación señorea un paradigma implícito subyacente: un gen → un péptido → un enzima → un neurotransmisor → un receptor → un comportamiento animal → un síndrome clínico → un fármaco → una escala clínica de clasificación. Este abordaje clásico, lineal y reduccionista, está abocado al fracaso en comprender el SNC que es básicamente dinámico, no lineal, inestabilísimo y de infinitas dimensiones. Él y otros muchos autores consideran que son necesarios nuevos modelos neuropsiquiátricos, basados en la revolucionaria aportación que representan las nuevas teorías del caos»[56].

El caos y su relevancia para el estudio de la naturaleza y de la vida

Acaba de aparecernos la expresión «teorías del caos». Este es un aspecto importante de los sistemas no lineales. Y es que al-

---

[55] I. Prigogine e I. Stengers, *La nueva alianza,* Alianza, Madrid, 1983, pág. 183.

[56] M. García Toro, J. Saiz Ruiz, J. A. Talavera y A. González Guillén, «Analogía terapéutica entre la depresión y la enfermedad de Parkinson», ob. cit., pág. 11.

gunos de esos sistemas poseen propiedades verdaderamente singulares, que añaden a su atractivo y posibilidades para describir fenómenos naturales. Una de esas propiedades, la más importante y característica, es que existen soluciones fuertemente sensibles a las condiciones iniciales; esto es, tales que si se cambia un poco, minúsculamente, esas condiciones, entonces la solución (la trayectoria que sigue el objeto descrito por la solución) se ve modificada de forma radical, siguiendo un camino por completo diferente, al contrario que en los sistemas no caóticos, aquellos con los que la ciencia —y a su cabeza la física— nos ha familiarizado durante siglos, en los que pequeños cambios en las condiciones iniciales no alteran de manera sustancial la solución. Es por su extrema variabilidad, frente a aparentemente insignificantes cambios en sus puntos y condiciones de partida, que esas soluciones y los sistemas a que pertenecen se denominan *caóticos*. Pero que sean «caóticos» no significa (como debería ser evidente por la discusión precedente) que no puedan ser sometidos a leyes expresables en términos matemáticos. Es preciso recalcar que los sistemas caóticos están descritos por leyes codificadas en expresiones matemáticas, expresiones de hecho similares a las que pueblan el universo de las leyes lineales de la dinámica newtoniana.

El tiempo meteorológico, como veremos en el capítulo 5, cuando hable de Edward Lorenz, constituye uno de los grandes ejemplos de sistemas caóticos; de hecho, fue estudiándolo cuando se descubrió realmente el caos: pequeñas perturbaciones en la atmósfera pueden cambiar el clima en proporciones enormes, como expresa la celebrada frase de Lorenz, que introduciré propiamente en ese capítulo 5: «El aleteo de una mariposa en Brasil puede producir un tornado en Tejas».

Cada vez está más claro que los fenómenos caóticos abundan en la naturaleza. Los encontramos ya en dominios propios de la economía, la biología de poblaciones (en, por ejemplo, algunos modelos «presa-depredador»), termodinámica, química y, por supuesto, en el mundo de las ciencias biomédicas (un ejemplo es el de algunas arritmias). «Es posible —leemos en un texto estándar de caos— que nuestros cerebros se cuenten entre los sistemas caóticos empíricos presentes en el mundo. El análisis matemático de la propagación de señales en las redes neuronales, junto con algunos trabajos experimentales sugerentes, indica que ciertos estados del cerebro podrían perfectamente evolucionar con una dinámica no lineal, propensa al caos»[57]. Si al final es realmente así, entonces tal vez podríamos comprender cómo es posible que estados psicológicos aparentemente idénticos (idénticos, claro, a un nivel macroscópico, no en lo que a su estructura final se refiere) conducen a comportamientos muy diferentes, un hecho este que a veces se explica en base al no comprendido científicamente, pero fundamental para los humanos, «libre albedrío». Solo los sistemas caóticos, y en consecuencia los sistemas no lineales (*algunos* sistemas no lineales: todo sistema caótico es no lineal, pero no todo sistema lineal es caótico), permiten semejantes posibilidades. Por todo ello, por las enormes posibilidades de comprensión de la naturaleza que abre[58], no hay duda de que la ciencia de lo no lineal merece ser considerada como un nuevo paradigma científico, sin el cual nuestra comprensión de los fenómenos naturales sería radicalmente incompleta; un paradigma que será explotado en realidad a lo largo del siglo XXI.

---

57 Peter Smith, *El caos,* Cambridge University Press, Madrid, 2001, pág. 143.

58 Como es natural, no he mencionado más que algunos aspectos de los sistemas no lineales y caóticos. Más que probablemente algunos echarán de menos referencia a las estructuras geométricas denominadas fractales (el término *fractal* fue acuñado por el matemático de origen polaco, afincado en Francia, Benoît Mandelbrot, en un artículo publicado en 1975 en las *Comptes Rendus de l'Académie des Sciences:* «Geométrie fractale de la turbulence», vol. 228, págs. 119-120), entre cuyas propiedades se encuentra la de que pueden tener dimensiones no enteras, como 3/2 o $\log_n 2/\log_n 3$, algo realmente sorprendente habida cuenta de que estamos acostumbrados a entes geométricos de dimensiones 3 (volúmenes), 2 (áreas), 1 (líneas) o 0 (puntos). Más sorprendente aún es que los fractales realmente existan en la naturaleza, que sean necesarios para, por ejemplo, expresar la geometría de costas marítimas, de quesos Emmenthal o de estructuras como los denominados «helechos de Barnsley».

3
CEREBRO Y CONDUCTA: ENTRE EL SUEÑO DE VON NEUMANN Y LA REALIDAD DE FREUD

«Con... pasión he buscado conocimiento. He deseado comprender el corazón de los hombres. He deseado saber por qué brillan las estrellas. Y he tratado de comprender el poder pitagórico mediante el cual el número domina el cambio.»

BERTRAND RUSSELL,
Autobiography (1967)[1]

EL CEREBRO, UNO DE LOS OBJETOS MÁS COMPLEJOS DEL UNIVERSO

En los apartados finales del capítulo anterior nos han aparecido varias referencias al cerebro humano, el mayor desafío que tiene planteado la ciencia contemporánea. Mientras que en campos como la física que se ocupa de la estructura de la materia y de las interacciones fundamentales, la cosmología o, incluso, grandes apartados de la biología evolutiva, por poner algunos ejemplos, existen más que fundadas esperanzas para pensar que si no conocemos ahora, *conoceremos;* que los programas de investigación en

[1] B. Russell, *Autobiography,* George Allen and Unwin, Londres, 1967, «Prólogo».

curso están más o menos claramente formulados, y que aunque tengamos que recurrir a elementos (como teorías) nuevos, incluso acaso radicalmente nuevos, disponemos ya de ideas, que esperamos productivas, de los caminos a seguir, la situación es muy diferente en lo que se refiere al cerebro humano. No porque sea un dominio inexplorado, no. En la actualidad los neurocientíficos estudian los vínculos que hay entre el cerebro y la mente con un conjunto extraordinario de instrumentos y técnicas, «hijas de la física», más potentes que nunca. Pueden, por ejemplo, observar todo el cerebro, o partes determinadas de él, en acción con una tomografía de emisión de positrones y con imágenes de resonancia magnética, o seguir con microelectrodos los diminutos impulsos eléctricos que pasan entre las células nerviosas. También son capaces de rastrear los efectos que ejercen determinados genes y neurotransmisores en el funcionamiento del cerebro.

Los estudios de diagnóstico por imagen se centran a menudo en sujetos que están realizando alguna tarea: como resolver problemas matemáticos, clasificar imágenes según una categoría o memorizar listas de palabras. Karl Friston, especialista en resonancia magnética en el Instituto de Neurología de Londres, ha comparado esta manera de catalogar «manchas calientes» neuronales con la paciente recogida de datos de animales realizada por Darwin por todo el mundo. «Sin este catálogo de especialización funcional —declaró Friston al periodista y autor de libros de divulgación científica John Horgan— no creo que nadie pueda formular una teoría útil y fiable sobre la organización del cerebro»[2].

Ayudados por todo tipo de poderosas tecnologías, sabemos ya mucho acerca de las funciones en las que está especializada cada región del cerebro. Así, por ejemplo, el lenguaje de los humanos depende sobre todo del lado izquierdo de la cabeza para prácticamente todos los diestros y la mayoría de los zurdos (más concretamente, los lóbulos frontales controlan los movimientos y mecanismos del lenguaje oral y escrito); la región conocida como

[2] Cit. en J. Horgan, *La mente por descubrir,* Paidós, Barcelona, 2001, pág. 34; original en inglés de 1999.

hipotálamo, en el exterior del córtex, «el gran amo de las regulaciones vitales»[3], resulta esencial para funciones como la regulación de la sed, la temperatura o el comportamiento sexual; el cerebelo, situado en la parte posterior de la cabeza y altamente desarrollado en determinados peces, parece ocuparse del control del movimiento del cuerpo y, en particular, de la eficiencia de los movimientos especializados; los lóbulos temporales son los encargados de las funciones auditivas, neurovegetativas y olfativas, mientras que los lóbulos parietales reciben y elaboran las informaciones proporcionadas por los órganos de los sentidos (gusto y estímulos sensoriales), y los lóbulos occipitales se ocupan de la percepción visual; por otra parte, el hipocampo consolida las informaciones recientes, transformando la memoria a corto plazo en memoria a largo plazo[4].

Lejos están los tiempos en que un hombre en absoluto vulgar, una de las cimas intelectuales de su tiempo, René Descartes, ponía por escrito, en su última obra publicada (1649) en vida, ideas que hoy nos sonrojan por su candidez:

> También es necesario saber que, aunque el alma esté unida a todo el cuerpo, sin embargo hay en él una parte en la que ejerce sus funciones de forma más particular que en las demás. Habitualmente se cree que esa parte es el cerebro o, tal vez, el corazón: el cerebro, porque a él remiten los órganos de los sentidos; y el corazón, porque las pasiones se sienten como en él. Pero, examinando la cosa con cuidado, me parece haber reconocido con evidencia que la parte del cuerpo en la que el alma ejerce inmediatamente sus funciones no es de ningún modo el corazón, ni tampoco todo el cerebro, sino solamente su parte más interna, que es cierta glándula muy pequeña, situada en el centro de su sustancia y suspendida de tal manera por encima del conducto por donde los espíritus de sus cavidades anteriores se comunican

[3] Expresión de Jacques-Michel Robert, *El cerebro,* Debate, Madrid, 1995, pág. 28; original en francés de 1994.

[4] Sobre estas y otras funciones, véase, por ejemplo, Rita Levi Montalcini, *El as en la manga,* Crítica, Barcelona, 1999, pág. 48.

> con los de la posterior, que los menores movimientos que se producen en ella influyen mucho para cambiar el curso de esos espíritus; y, recíprocamente, que los menores cambios que acontecen en el curso de los espíritus influyen mucho para cambiar los movimientos de esta glándula[5].

En la actualidad el cerebro es investigado cada vez más extensa e intensamente. Muestra de ese creciente interés (resultado a su vez de las nuevas posibilidades que se ofrecen para su estudio) es que el número de miembros de la Society for Neuroscience (Sociedad para la Neurociencia) estadounidense ha pasado de 500 en 1970, el año en que se fundó (otro dato a tener en cuenta), a más de 25.000 en 1998. Continuamente se efectúan nuevos descubrimientos: nuevos, por ejemplo, tipos de neurotransmisores, los productos químicos mediante los cuales las neuronas se comunican entre sí; receptores neurales (manojos de proteína en la superficie de las neuronas en los que encajan los neurotransmisores), o factores neurotróficos (productos que guían el desarrollo del cerebro desde la fase embriónica hasta la edad adulta).

No es extraño que estén proliferando los avances, aunque no sea el cerebro un «sistema» recién llegado al mundo conceptual y observacional de los humanos. ¡Hay tanto que descubrir en él! Su complejidad casi desafía la imaginación: está formado por cien mil millones de células, las neuronas, las, como las denominó Santiago Ramón y Cajal, «células del pensamiento»[6], cada una conectada —por medio de las proyecciones ramificadas arborescentes llamadas axones y dentritas, la mayoría de las cuales terminan en unas estructuras diminutas, las sinapsis— a otras diez mil neuronas que, una vez estimuladas, crean influjos nerviosos que, a su vez, engendran mediadores químicos que atraviesan el espacio intercelular para llegar a otras neuronas. Cien mil millones de neuronas, cada una pudiendo tener de una a diez mil conexiones sinápticas con otras neuronas, dan lugar a un conjunto

[5] R. Descartes, *Las pasiones del alma,* Tecnos, Madrid, 1997, págs. 102-103.
[6] S. Ramón y Cajal, *Historia de mi labor científica,* Alianza, Madrid, 1981, pág. 53; 1.ª ed. de 1923.

de interconexiones de, aproximadamente, ¡mil billones! ¡En un solo cerebro! Desde esta perspectiva, es lícito considerar al cerebro como uno de los objetos más complejos —si no el que más— del Universo. ¿Sorprenderá en consecuencia que estemos lejos de comprenderlo, que no sepamos cómo eso que llamamos cerebro integra y coordina tanta actividad, tanto intercambio de información, tanta diversidad y tanta especialización?

«La cruda realidad —ha escrito John Maddox, durante mucho tiempo editor de *Nature* (junto a *Science,* la principal revista científica del mundo)— es que el objetivo central del gigantesco programa actual de investigación neurológica sigue fuera de nuestro alcance: solo poseemos un conocimiento absolutamente rudimentario del modo en que el cerebro —y en particular el cerebro humano— engendra la mente: la capacidad de reflexionar sobre los hechos pasados, de pensar y de imaginar» [7]. Por su parte, Torsten Wiesel, premio Nobel de Medicina de 1981 por sus trabajos sobre los procesos de información en el sistema visual, durante un tiempo presidente de la Universidad Rockefeller de Nueva York, proclamaba en una entrevista con John Horgan: «Necesitamos al menos un siglo, tal vez incluso un milenio, para comprender el cerebro. Aún no sabemos siquiera cómo funciona *C. elegans,* un pequeño gusano que sirve de objeto de experimentación a biólogos moleculares y celulares» [8]. Y Joseph LeDoux, neurocientífico de la Universidad de Nueva York: «No tenemos la menor idea de cómo nuestros cerebros hacen que seamos quienes somos. No existe todavía una neurociencia de la personalidad. Sabemos muy poco de la manera como el cerebro experimenta el arte y la historia. La manera como la vida mental se derrite, se funde, en la psicosis, sigue constituyendo un misterio. En una palabra, que aún no tenemos una teoría capaz de unificar todo esto. No tenemos todavía a un Darwin, un Einstein o un Newton» [9].

[7] J. Maddox, *Lo que queda por descubrir,* Debate, Madrid, 1999, pág. 267.

[8] Cit. en J. Horgan, *La mente por descubrir,* ob. cit., pág. 36.

[9] Ibídem, pág. 52.

El cerebro, testigo del pasado

No obstante, que no se haga nadie ilusiones y piense que, precisamente por su magnificencia, en número de elementos al igual que de funciones, y por la dificultad de reducirlo, como un todo, a términos científicos, el cerebro es la pieza que muestra nuestro —el de los humanos— origen singular, dirigido. Si algo está claro desde hace tiempo, y es tomado en cuenta por los investigadores, es que el cerebro se ha ido formando al hilo de la evolución que ha conducido al *Homo sapiens,* siguiendo las mismas leyes evolutivas que lo han «producido». En este sentido, Francis Crick, codescubridor de la estructura del ADN, señalaba en uno de sus libros, *La búsqueda científica del alma* (1994): «¿Cómo ha surgido esta extraordinaria máquina neuronal? Para comprender el cerebro, es importante entender que es el producto final de un largo proceso de evolución por selección natural. No ha sido diseñado por ningún ingeniero aunque... realiza una tarea fantástica en un reducido espacio y consumiendo una cantidad de energía relativamente escasa. Los genes recibidos de nuestros padres, a lo largo de muchos millones de años, se han visto influidos por la experiencia de nuestros lejanos ancestros. Estos genes, así como los procesos que ellos dirigen antes del nacimiento, son la base de buena parte de nuestra estructura cerebral. Hoy sabemos que el cerebro, al nacer, no es una *tabula rasa* sino una elaborada estructura con muchas de sus piezas ya instaladas» [10]. De manera análoga, el catedrático de Fisiología Humana de la Universidad Complutense de Madrid, Francisco J. Rubia, escribe en su reciente *El cerebro nos engaña* (2000): «El proceso de selección natural hace que se construya sobre lo ya existente. Por tanto, cuando una estructura cerebral, que va acompañada de una nueva función, surge, lo hace sobre otra ya existente y más primitiva. Esto quiere decir que la estructura antigua queda inhibida, sin ser eliminada; está ahí latente y solo se desinhibe en circunstancias determinadas como... las de enfermedad o lesión» [11]. El cerebro está compuesto,

[10] Debate, Madrid, 1994, pág. 12.

[11] Temas de Hoy, Madrid, 2000, pág. 20.

añade, «de un mosaico de estructuras cognitivas surgidas a lo largo de los años en respuesta a determinados requerimientos del entorno»[12].

Abrirse camino por ese mosaico, desentrañar su historia evolutiva, poner orden en la inmensa red de células que lo forman, y en los correspondientes sistemas de genes y nucleótidos, una red surcada por elementos que tal vez tuvieron alguna vez sentido, cumpliendo funciones ya perdidas, pero que sin embargo condicionaron y acaso continúan condicionando su funcionamiento actual, es la tarea de los neurocientíficos y neurociencias. Una tarea mucho más difícil que la de los paleontólogos que buscan desentrañar los orígenes de los humanos, ya que mientras que se conservan (o pueden conservar), aunque en fragmentos, los fósiles óseos del cráneo de los homínidos, las partes blandas han desaparecido para siempre. Afortunadamente, al igual que el ladrón que deja pistas, el neurocientífico, convertido en Sherlock Holmes improvisado, puede recurrir al análisis de los moldes (endocraneanos) que se forman con las paredes internas del cráneo, en los que han quedado las impresiones de las huellas de los lóbulos cerebrales, así como de las venas de las meninges, pudiendo inferir, al menos, el tamaño aproximado de los distintos lóbulos cerebrales. Algo es algo; pero, como es patente, la tarea neuropaleontológica se adivina larga, si no imposible, y lo peor es que es una labor que parece necesaria para comprender qué es el cerebro y por qué es como es.

Vemos, en definitiva, que el cerebro humano constituye una de las fronteras científicas más difíciles de atravesar, uno de los territorios más complejos en los que orientarse, de entre los que existen en la actualidad. Lejos de constituir una nota pesimista en lo que podría considerarse optimista tono general de este libro, que defiende que, dentro de los señalados límites (o naturaleza intrínseca) de la ciencia, *comprenderemos* y *conoceremos,* el desafío que plantea el cerebro humano (y, en general, de todas las demás especies) enriquece la empresa científica, dando origen a nuevas ideas, enfoques y consideraciones. En lo que resta del

[12] F. Rubia, *El cerebro nos engaña,* ob. cit., pág. 40.

presente capítulo voy a tratar una de esas «consideraciones»: la de en qué medida nuestros conocimientos científicos actuales nos inducen a pensar que la futura solución al problema del cerebro —de cómo organiza y controla sus elementos, de cómo somos conscientes—, sea esta la que sea, será de un tipo «reduccionista duro», esto es, si seguirá un patrón frecuente hasta la fecha en la ciencia: el de que de una forma más o menos directa se basará, o será reducible, a las teorías físicas y sistemas de organización y análisis matemático más fundamentales.

EL SUEÑO (REDUCCIONISTA) DE JOHN VON NEUMANN: EL CEREBRO COMO UN ORDENADOR

John von Neumann (1903-1957), un húngaro que terminó afincado en Estados Unidos, como miembro del Institute for Advanced Study de Princeton, fue uno de los mayores genios matemáticos del siglo XX, aunque calificarle simplemente de «genio matemático» sería desvirtuar la esencia y amplitud de su obra, ya que además de a la matemática «pura» (a ramas de esta como el álgebra, espacios funcionales o geometría continua) realizó contribuciones fundamentales a la matemática aplicada, física teórica y matemática, ciencias de la computación o economía (con su teoría de juegos; mencionaré en el capítulo 5 el libro que sobre este tema escribió con Oskar Morgenstein). Pues bien: hacia el final de su poco dilatada vida, a principios de 1955, von Neumann fue invitado por la Universidad de Yale a dictar las prestigiosas Conferencias Silliman, las correspondientes a la primavera de 1956. Aceptó, eligiendo como tema «El ordenador y el cerebro». Escasos meses después de haber aceptado la invitación, en agosto de 1955, le fue diagnosticado un cáncer. No abandonó, sin embargo, el proyecto de las conferencias, y continuó trabajando en el manuscrito. El cáncer, no obstante, siguió progresando y finalmente, confinado ya a una silla de ruedas desde enero de 1956, tuvo que desistir de la idea de dictar las conferencias. A pesar de ello, la Universidad de Yale no las suprimió, sugiriendo que si von Neumann podía entregar un manuscrito alguien lo leería en su lugar. Esto le animó a proseguir con su escritura, que, según dicen, continuó, aunque con escasa energía, incluso cuando en abril de 1956 ingresó en el hospital del que no saldría hasta su muerte, acaecida el 8 de febrero de 1957. No pudo, en cualquier caso, completar su manuscrito, pero incompleto fue publicado en 1958 con el título de *The Computer and the Brain (El ordenador y el cerebro).*

Incompleto como es, la lectura del texto de von Neumann no deja demasiado lugar a dudas de que su propósito era el que muchos otros, antes y después que él, se han planteado: valorar en qué medida se parece el cerebro humano a un ordenador, cuestión que conduce inevitablemente a la de si es posible, al menos en principio, construir un ordenador que reproduzca las principales características de los humanos, de la mente, del cerebro, de los humanos, claro [13]. Unas pocas citas extraídas del texto de von Neumann pueden servir para comprender que en última instancia tales eran las ideas del matemático magiar. Así, leemos:

> La observación más inmediata con respecto al sistema nervioso es que su funcionamiento es, *prima facie,* digital [digital debido a que los impulsos nerviosos pueden ser considerados como un marcador binario: la ausencia de un impulso representa, por ejemplo, el valor 0, y su presencia, el 1].
>
> El componente básico de este sistema es la célula nerviosa, la neurona, y la función normal de una neurona es generar y propagar un impulso nervioso. Este impulso es un proceso más bien complejo, con una variedad de aspectos eléctricos, químicos y mecánicos. Parece, sin embargo, que constituye un proceso definido, es decir, es casi el mismo bajo cualesquiera condicio-

[13] No ignoro que, como veremos más adelante, en otro trabajo suyo (el libro que dedicó a los fundamentos de la mecánica cuántica), von Neumann planteó dudas sobre la problemática relación de física y consciencia. En cualquier caso, ni von Neumann llegó a pronunciarse sobre estas cuestiones ni, en última instancia, importa demasiado que el papel que le otorgo aquí de adalid del reduccionismo acaso no se corresponda a sus opiniones más profundas. Siempre se le puede considerar como un tipo de metáfora. O que una vez, cuando su vida se apagaba, tuvo sueños reduccionistas.

> nes, y representa una respuesta unitaria, esencialmente reproducible, a una variedad amplia de estímulos [14].

Y más adelante añadía: «[Estas] observaciones muestran que el sistema nervioso, cuando se le considera como un autómata, debe tener tanto una parte aritmética como una parte lógica, y que las necesidades de aritmética son tan importantes como las de lógica. Esto significa que estamos de nuevo tratando con una máquina de calcular en el sentido estricto y que resulta apropiado un análisis en términos de los conceptos familiares de las máquinas de calcular» [15].

En el sueño, o programa, de von Neumann primaban fundamentalmente los aspectos matemáticos: eran la lógica (el dominio de las comunicaciones de órdenes) y la aritmética (el de las comunicaciones de números) los protagonistas principales de su análisis, que incluso aplicaba al lenguaje. Y aunque reconocía que «la lógica y las matemáticas en el sistema nervioso central, cuando se las considera como lenguajes, deben ser estructuralmente distintas de aquellos lenguajes a los que se refiere nuestra experiencia corriente» («idiomas como el griego o el sánscrito —afirmaba— son realidades históricas y no necesidades lógicas»), terminaba manifestando —así acaba de hecho el libro— que «las anteriores observaciones acerca de la fiabilidad y la profundidad lógica y aritmética, prueban que, de cualquier forma que esté configurado el sistema [nervioso central], no puede diferir considerablemente de lo que consciente y explícitamente consideramos como matemáticas» [16].

Parece claro que el sueño de von Neumann era reduccionista, un sueño, un programa, que buscaba explicar la realidad cerebral y mental en base a elementos específicos y a reglas de relaciones entre ellos claramente definidos. En ese sentido, no difería sustancialmente (aunque sí, como es evidente, en contenidos) de los programas científicos que, en la matemática, física, química y

---

[14] John von Neumann, *El ordenador y el cerebro,* Antoni Bosch Editor, Barcelona, 1980, págs. 59-60.

[15] Ibídem, págs. 82-83.

[16] Ibídem, págs. 86-87.

fisiología, habían ido estableciéndose desde Euclides (matemática), la Revolución Científica de los siglos XVI y XVII (física y química) o el siglo XIX (fisiología). Animado por los éxitos que había obtenido con computadores como ENIAC *(Electronic Numerical Integrator And Computer),* el primer computador electrónico digital (de cuyo diseño fueron responsables Presper Eckert y John Mauchly, pero a cuyo desarrollo el matemático húngaro prestó notables servicios), von Neumann se dispuso a adentrarse en los sin duda más complejos mundos del cerebro. No le dio tiempo —es dudoso en cualquier caso que hubiese sido capaz— de plantearse problemas del tipo de si su enfoque podría acoger manifestaciones cerebrales y mentales como son, por ejemplo, las emociones, los sueños o las fobias; si habría sido, en definitiva, capaz de preguntarse en qué medida su aproximación podría dar cabida a los subterráneos universos con los que médicos e investigadores pugnaban desde hacía bastante, intentando proporcionarles también un marco teórico.

El neurocientífico (reduccionista) Sigmund Freud

Pero si de sueños hablamos, de sueños reduccionistas, hay que reconocer, como ya he mencionado, que otros, además de von Neumann, también se los plantearon, aunque fuese desde ámbitos diferentes al de este, en el que la matemática desempeñaba un papel central. Uno de ellos fue nada más y nada menos que Sigmund Freud, antes de que se convirtiese en el fundador del psicoanálisis.

Una primera evidencia de que Freud también fue susceptible a sueños reduccionistas, aunque no se manifestasen estos en la todavía lejana idea de ordenadores, sino en las posibilidades de la fisiología (hoy hablaríamos de neurociencias), es lo que escribió el 20 de octubre de 1895 a su entonces íntimo amigo Wilhelm Fliess:

> En una activa noche de la semana pasada, con ese grado de molestia dolorosa que establece el óptimo para mi actividad cerebral, se alzaron de pronto las barreras, cayeron los velos y se

> pudo penetrar con la mirada desde los detalles de las neurosis hasta las condiciones de la conciencia. Todo parecía ensamblarse, el engranaje encajaba y se tenía la impresión de que ahora la cosa era en verdad una máquina, que pronto empezaría a andar por sí sola.
>
> Los tres sistemas de neuronas, el estado libre y ligado de cantidad, el proceso primario y el secundario, la tendencia principal y la de compromiso del sistema nervioso, las dos reglas biológicas de la atención y de la defensa, los signos de cualidad, realidad y pensamiento, el estado del grupo psicosexual —el condicionamiento de la represión por la sexualidad, finalmente las condiciones de la conciencia como función receptiva—, ¡todo esto concordaba y sigue concordando! [17].

En otras palabras, Freud estaba expresando su convencimiento de que creía posible entender la psique humana y sus distintos trastornos en términos puramente fisiológicos, que lo mental podía reducirse a lo físico, que los procesos psíquicos debían ser representados como estados de, en última instancia, «partículas» materiales. Era, en este sentido, un hombre de su tiempo: recordemos que la psicología de entonces estaba dominada por la llamada psicología fisiológica o experimental, con Wilhelm Wundt, Ernst Weber y Gustav T. Fechner como sus principales representantes. Era aquella psicología una que trataba de reducir los procesos mentales o psíquicos a procesos fisiológicos, concretamente de los órganos de los sentidos y del cerebro.

El mismo año en que escribía a Fliess, Freud esbozó su visión de la mente basada en la fisiología en un manuscrito que posteriormente se llamaría *Proyecto de una psicología científica,* y que comienza con las siguientes palabras: «La finalidad de este proyecto es la de estructurar una psicología que sea una ciencia natural; es decir, representar los procesos psíquicos como estados cuantitativamente determinados de partículas materiales especifi-

[17] Reproducida en Nicolás Caparrós Sánchez (comp.), *Edición crítica de la correspondencia de Freud*, tomo II: *1887-1909: El descubrimiento del inconsciente*, Quipu Ediciones, Madrid, 1995, pág. 144.

cables, dando así a esos procesos un carácter concreto e inequívoco»[18].

La realidad de Freud: conducta *versus* actividad

Su sueño fisiológico-reduccionista no duró, sin embargo, mucho, ya que cada vez se hizo más escéptico sobre la posibilidad de que la mente y sus trastornos se pudiesen explicar en términos fisiológicos. De hecho, no publicó el libro que estaba preparando, y cuando finalmente apareció, en 1950, con su autor ya hacía mucho tiempo muerto, lo hizo precedido por una «Advertencia a la edición alemana», añadida por los editores, en la que se lee: «Años después [Freud] aludió al fracaso de sus esfuerzos en este sentido [reducir la psiquiatría a la fisiología] con las siguientes palabras: "La investigación científica ha demostrado irrebatiblemente que la actividad psíquica está vinculada a la función del cerebro más que a la de ningún otro órgano. La comprobación de la desigual importancia que tienen las distintas partes del cerebro y de sus relaciones particulares con determinadas partes del cuerpo y con determinadas actividades psíquicas nos lleva un paso más adelante, aunque no podríamos decir si este paso es grande. Pero todos los intentos realizados para deducir de estos hechos una localización de los procesos psíquicos, es decir, todos los intentos de concebir las ideas como almacenadas en las células nerviosas y las excitaciones como siguiendo el curso de las fibras nerviosas, han fracasado por completo"»[19].

---

[18] Sigmund Freud, *Proyecto de una psicología para neurólogos* (1950). Incluido en Sigmund Freud, *Obras completas. Tomo I (1873-1899),* Biblioteca Nueva, Madrid, 1997, traducción de Luis López-Ballesteros y de Torres; cita en la pág. 211. Análisis específicos de esta obra de Freud, y su actualidad un siglo después, se encuentran en *Neuroscience of the Mind on the Centennial of Freud's «Project for a Scientific Psychology»,* Robert M. Bilder y F. Frank LeFeve (eds.), *Annals of the New York Academy of Sciences,* vol. 843 (15 de mayo de 1998).

[19] S. Freud, *Proyecto de una psicología para neurólogos,* ob. cit., págs. 209-210.

Por haber llegado a esta convicción, por terminar creyendo que la realidad psíquica no se dejaba englobar en teorías reduccionistas basadas en términos puramente fisiológicos, una realidad de la que él era maestro consumado, a pesar de todas las deformaciones y mentiras que, como se ha ido sabiendo durante los últimos años, introdujo frecuentemente en sus presentaciones y reconstrucciones[20]; por todo eso, digo, he incluido en el título de este capítulo la expresión «la realidad de Freud»: «El sueño de von Neumann», que fue también en cierto momento el de Freud, y «la realidad de Freud».

Los motivos por los que Freud abandonó un camino y tomó otro constituyen una larga, personal e idiosincrásica historia, que no me interesa especialmente ahora[21]. Lo que sí me interesan son las razones que pueden justificar abandonar un enfoque reduccionista para intentar explicar «la naturaleza humana», expresión con la que quiero significar no solo su fisiología, metabolismo y funciones similares, sino también su conducta, sana o enferma (si fuera únicamente lo primero —fisiología, metabolismo, etc.— sería una pobre «naturaleza humana»). Y para esta tarea de comprensión intelectual, que es al mismo tiempo combatir un reduccionismo grosero y primitivo, no he encontrado mejor ayuda que los escritos del psiquiatra andaluz Carlos Castilla del Pino.

Freud, como Castilla del Pino y tantos otros, buscaba comprender, sin duda, el —permítaseme utilizar por un momento este término tan oscuro— «alma» humana, pero esa alma, ese espíritu, ese «ser» no eran, no son, abstractos; se incardinaban, se incardinan, en personas concretas, con sus filias y sus fobias, sus virtudes y sus defectos, sus obsesiones o sus desprendimientos. El psiquiatra, en definitiva, utilizando la palabra de Castilla del Pino, «se encuentra, lo quiera o no, ante sujetos, ante individuos, a los cuales hay que diagnosticar, llegado el caso, una determina-

[20] Véase, en este sentido, por ejemplo, Louis Breger, *Freud, el genio y sus sombras,* Javier Vergara Editor, Barcelona, 2001.

[21] Algunos detalles se explican en Marck Solms, «Before and after Freud's *Project*», en *Neuroscience of the Mind,* ob. cit., págs. 1-10.

da enfermedad mental, pero a los cuales hay que atender en sus aspectos personales, en suma, biográficos. El propio Kräpelin, en su último trabajo, *Las formas de manifestación de las enfermedades mentales,* publicado poco antes de su muerte (1926), reconoce, en una rectificación que le honra, que la sintomatología de los enfermos mentales tiene tanto de perturbación funcional como de referencia biográfica, es decir, personal»[22].

Podemos pensar que el cerebro es el centro vital de los humanos, que toda actividad y decisión que les atañe pasa por ese universo de neuronas e interconexiones químicas y eléctricas, pero resulta que hay más, mucho más, desgraciada o afortunadamente (más esto que aquello: de nuevo, ¿qué humanos seríamos en caso contrario?). El cerebro rige —aceptemos esto en principio— nuestros movimientos, nuestras actividades, pero está también la conducta, que no es lo mismo. Recurramos, otra vez, a Castilla del Pino:

> La conducta, el conjunto de actos por antonomasia, particularizados en actuaciones de sentido, debe diferenciarse de la actividad. Una actividad tal como respirar, bostezar, digerir, etc., y desde luego las más elementales de la contracción muscular, el intercambio O/CO_2, la agregación plaquetaria, etc., no son conductas. Son actividades biológicas que mantienen el organismo en condiciones homeostáticas tales como para hacer posible, luego, la conducta por parte del sistema-sujeto. La actividad (biológica) tiene un carácter molecular, a diferencia de la conducta que la tiene molar. La actividad biológica, que no se diferencia de la fisicoquímica en general más que en el hecho de que es una fisicoquímica de lo viviente, es condición necesaria para que la conducta sea posible, de la misma manera que la actividad fisicoquímica es *condición necesaria* para la actividad biológica. Se ha hablado impropiamente de "biología de la conducta": con ello no pueden dilucidarse sino las actividades biológicas que hacen posible un acto, o muchos actos, de conducta; así, por ejemplo,

[22] C. Castilla del Pino, «Prólogo» a Sigmund Freud, *La interpretación de los sueños,* Círculo de Lectores, Barcelona, 1995, págs. 9-32; págs. 19-20.

> la contracción muscular y el juego de articulaciones del brazo, antebrazo y mano hace posible que con el brazo se haga la señal de detener el autobús o la del saludo fascista, pero sería no pertinente hablar aquí de biología de una u otra conducta por el hecho de que sepamos con detalle el mecanismo neuroosteomuscular que subyace. Lo que interesa aquí, para inteligir la conducta, es su carácter de signo y su pertenencia a un código de señales, lo cual concierne a la Semántica y a la Semiología. No se puede, pues, identificar el mecanismo que hace posible la conducta con la conducta en sí misma: ni las cuerdas vocales son el habla ni el circuito del fornix es la agresión, pero de ambos se infiere que podemos hablar y podemos agredir[23].

Los humanos son, ciertamente, biología, pero también cultura, relación con otros, y esto implica que no es posible establecer una frontera nítida entre la unidad biológica ser humano individual y el mundo. Por ello, como resalta Castilla (es la última cita que tomo de él, esta vez de su libro *Un estudio sobre la depresión):* «el planteamiento positivista es ciertamente útil, tiene su misión, su objeto epistemológico es la dilucidación de la naturaleza de los procesos mentales, normales o patológicos; pero no es suficiente para dar cuenta de los problemas que conciernen al objeto psiquiátrico en su vertiente no natural sino cultural, que es siempre un *sujeto*... Mientras por su naturaleza la alteración mental ofrece síntomas en la esfera natural, y son modificaciones patológicas de *actividades* fisiológicas, el hecho de que sean perturbaciones del sujeto da lugar a modificaciones de la conducta, esto es, de los *actos* (psicologicosociales, culturales) o, más precisamente, de las *actuaciones*. Los actos que denominamos mentales son actos de conducta, como decir algo a alguien, sumar o restar, o soñar, o fantasear, o pensar en un problema, o recordar un acontecimiento, etc.; en suma, lo que se denomina actos intencionales o significativos. Los conductistas sembraron la confu-

[23] C. Castilla del Pino, «Epistemología de la psico(pato)logía: la conducta, relación sujeto/objeto», en *Epistemología y práctica psiquiátrica,* Manuel Desviat (coord.), Asociación Española de Neuropsiquiatría, Madrid, 1990, págs. 105-134; págs. 114-115.

sión, al tiempo que se limitaron ostensiblemente pero voluntariamente como psicólogos, cuando consideraron sin más conductas tanto las actividades como los actos»[24]. Tras lo cual concluía:

> Ese reduccionismo a ultranza, disfrazado de ciencia actual, ha tenido sus seducciones, pero se agostó rápidamente, si bien representó en alguna medida una cierta disciplina, la disciplina de los hechos, a veces olvidados.

LÍMITES DEL REDUCCIONISMO

Poner límites al reduccionismo, reconocer sus limitaciones en la ciencia, es especialmente necesario en tiempos como los actuales, en los que, entusiasmados (justificadamente) con el nuevo mundo cognitivo y explicativo que está abriendo de forma constante la biología molecular, no es difícil terminar pensando que todo, absolutamente todo, se explicará basándose en genes, en cadenas de nucleótidos; creer, en particular, que cualquier característica de la especie humana, incluidas aquellas que forman el mundo profesional del psicólogo o el psiquiatra, se terminará explicando en función de un gen o complejo de genes. Ya no se trata solo de encontrar genes asociados a enfermedades como pueden ser la corea de Huntington, la fibrosis quística, la distrofia muscular, la enfermedad de Tay-Sachs o diversos tipos de cánceres; es que ya hay quienes hablan de, por ejemplo (el caso de Dean Hamer), «genes de la búsqueda de emociones», que asocian al receptor D4 de la dopamina, o los genes de «la infidelidad», «religiosidad», «inteligencia» u «homosexualidad»[25]. Y buscar genes que cumplan tales funciones explicativas es como cuando los físicos o los químicos pretenden explicar los fenómenos propios de sus disciplinas recurriendo a átomos o partículas

---

[24] C. Castilla del Pino, *Un estudio sobre la depresión,* Península, Barcelona, 2002; 1.ª ed. de 1966. La cita está tomada del Prefacio: «Este libro, hoy (o veinticinco años después). (Otoño de 1990)», págs. 15-16.

[25] Véase, en este sentido, Kevin Davies, *La conquista del genoma humano,* Paidós, Barcelona, 2001, págs. 312-313.

elementales. Tales genes serían algo así como «los átomos —o las partículas elementales— del alma». (Desde este punto de vista, el descubrimiento de la estructura del ADN de Watson y Crick no habría hecho sino reforzar el paradigma reduccionista en las ciencias de la vida, desde la biología a la psicología y psiquiatría.)

La interrelación existente entre humanos y su entorno (natural al igual que cultural), el que tengamos que distinguir, por ejemplo, entre actividades y conductas, recuerda aquello con lo que en el capítulo 2, a propósito de la relación entre vida y entorno físico, introduje la «no linealidad del mundo». Ahora nos encontramos con otra manifestación de esa no linealidad: cerebro, actividad fisicoquímica o fisiológica, entorno, conducta, propósitos, intenciones son factores indispensables para intentar comprender el comportamiento de los humanos. Somos un conglomerado de elementos. Lo que quiere decir que para entender a los humanos de una forma más completa y realista de lo que puede suministrar una mera neurociencia necesitaremos esquemas conceptuales no lineales. Utilizo de manera consciente un término tan poco preciso como «esquemas conceptuales», porque quiero recalcar que esa futura pretendida solución no será, no puede ser, exactamente igual a aquellas a las que estamos acostumbrados en la física: axiomas que se combinan formando nítidas leyes, de las que utilizando los recursos de la matemática obtenemos precisas predicciones deterministas, probabilistas o, incluso, caóticas. Ese modelo no puede servir para explicar científicamente el ser humano en su compleja y completa integridad.

Y como si la ciencia quisiera favorecer este tipo de ideas, sucede que sabemos de otro problema para el reduccionismo estricto, un problema que nace de los propios fundamentos de la más básica de las disciplinas científicas, la matemática.

Un problema añadido para el sueño reduccionista: Gödel, Turing y los límites de los algoritmos

Vimos antes que en los esfuerzos y planteamientos de John von Neumann ocupaba un lugar fundamental la matemática, la idea de que la lógica y la matemática son elementos básicos para entender el cerebro y sus múltiples funciones. Sin embargo, en los últimos años un resultado matemático (que sin duda conocía von Neumann, pero que nunca utilizó en el sentido que veremos) ha suscitado vivas discusiones acerca de si el «reduccionismo matemático» es viable en el estudio de la mente humana. Me estoy refiriendo al teorema de incompletud desarrollado por Kurt Gödel en 1931, según el cual una teoría aritmética no puede ser consistente, axiomatizable y completa a la vez. Más concretamente, lo que Gödel demostró es que sistemas formales como la aritmética elemental, al igual que cualquier otra teoría matemática que la incluya (lo que significa teorías como el análisis, cálculo vectorial o teoría de conjuntos), deben contener enunciados que no son demostrables ni indemostrables con los medios permitidos por el sistema[26].

Esta limitación lógica intrínseca fue tomada por el físico matemático Roger Penrose, en un libro de gran éxito, *The Emperor's New Mind (La nueva mente del emperador,* 1989), como evidencia de que «el concepto de verdad matemática no puede ser encapsulado en ningún esquema formalista», que la «noción de verdad matemática va más allá del concepto global de formalismo», que «hay algo absoluto e "infuso" en la verdad matemática», que «la verdad matemática real va más allá de las simples construcciones humanas»[27].

Si este punto de vista fuese correcto, las consecuencias para el reduccionismo científico serían dramáticas, al menos entendiendo por «reduccionismo científico» el basado en los enfoques, como el de von Neumann, en los que la matemática «tradicional» desempeña un papel central, más aún si tenemos en cuenta los límites (otra manifestación del resultado de Gödel) con los que se topan las máquinas de Turing, el «computador idealizado» en el que se basan los ordenadores actuales, introducido por Alan Tu-

---

[26] K. Gödel, «Über formal unentscheidbare Sätze per Principia Mathematica und verwandter Systeme I», *Monatsheftefür Mathematik und Physik 38,* 173-198 (1931). Existe version al castellano en K. Gödel, *Obras completas,* Alianza, Madrid, 1987.

[27] Roger Penrose, *La nueva mente del emperador,* Mondadori, Madrid, 1991, págs. 152-153.

ring en 1937[28]. Para explicar cuál es el problema en este caso, no resisto la tentación de utilizar lo que Jesús Mosterín escribió al respecto no hace mucho en su libro *Ciencia viva:* «Todos somos testigos de los enormes progresos de la computación en nuestro tiempo. Sin embargo, también esta se topa con límites infranqueables. Todo lo que pueda hacer un computador posible de cualquier tipo lo puede hacer una máquina de Turing... Pues bien, el mismo Turing probó que no es posible construir una máquina de Turing que decida si un programa cualquiera dado puede ser ejecutado en un número finito de pasos por una máquina de Turing cualquiera dada. En general, la prueba de que una máquina de Turing (que, como computadora real, siempre sería muy lenta e ineficiente) puede computar algo carece de interés. Sin embargo, probar que la máquina de Turing no puede hacer algo es sumamente interesante, pues implica que nunca computador alguno podrá hacerlo, por mucha tecnología, dinero e inteligencia de que dispongamos. La incomputabilidad de Turing es siempre incomputabilidad por principio, incomputabilidad insuperable»[29].

Decía que si fuese correcto el punto de vista de Penrose (y en última instancia, como acabamos de ver, del propio Turing, aunque este no llegase a formularlo así), según el cual «la verdad matemática va más allá de las simples construcciones humanas», entonces difícilmente podríamos evitar concluir que el reduccionismo matemático no permitirá acoger bajo su protector y acogedor manto a aquellas disciplinas que se ocupan de la mente humana, la psicología y la psiquiatría entre ellas, una conclusión que tal vez habría que tomar como constatación de la existencia de una barrera definida e infranqueable entre ambas y las neurociencias, conclusión que reforzaría las ideas expresadas en las dos secciones precedentes.

Como vemos, la incapacidad de una máquina de Turing para «computar todo» es una manifestación de los límites de los algo-

[28] A. Turing, «On computable numbers, with an application to the *Entscheidunsproblem*», *Proceedings of the London Mathematical Society 42,* 230-265 (1937).

[29] Jesús Mosterín, *Ciencia viva,* Espasa, Madrid, 2001, pág. 92.

ritmos. Parece obvio, en consecuencia, concluir que tal camino conduce directamente a pensar que una vía posible para encontrar una explicación, desde la ciencia, de cómo funciona la mente, de, por ejemplo, la conciencia, tendría que basarse en formulaciones no algorítmicas (sabemos que existen matemáticas no recursivas, esto es, matemáticas en las que aparecen problemas para los que no existe ningún algoritmo que permita contestar sí o no a una pregunta): «una buena parte de la razón —manifiesta Penrose— para creer que la consciencia es capaz de influir en los juicios de verdad de una manera *no*-algorítmica deriva de la consideración del teorema de Gödel. Si podemos ver que el papel de la consciencia es no-algorítmico cuando formamos juicios *matemáticos,* en los que el cálculo y la demostración rigurosa constituyen un factor tan importante, entonces ciertamente podemos persuadirnos de que un ingrediente no-algorítmico semejante podría ser también crucial para el papel de la consciencia en circunstancias más generales (no matemáticas)»[30]. ¿No será uno de esos «ingredientes no algorítmicos» la conducta?

No se limitó Penrose a las anteriores consideraciones, de carácter más o menos general, sino que intentó encontrar soluciones, en la mejor tradición reduccionista, aunque ahora con elementos diferentes, no algorítmicos, no, en este sentido, reduccionistas «clásicos»: su sugerencia es que la solución provendrá de la física. Ahora bien: un problema no menor es que sus argumentos se basan en un nuevo tipo de teoría física todavía sin desarrollar. Su propuesta es que la clave para la comprensión de la conciencia-consciencia podría encontrarse en una teoría que reconcilie la teoría cuántica con la teoría general de la relatividad, que efectos gravitatorios aún no comprendidos podrían ser responsables del colapso de la función de onda cuántica, lo que aportaría un elemento no algorítmico a las leyes de la naturaleza.

No es excesivamente sorprendente que un físico haga una sugerencia de este tipo: casi todas las propuestas que existen relativas a la utilización de la física para explicar la conciencia se

[30] R. Penrose, *La nueva mente del emperador,* ob. cit., pág. 516.

concentran en la mecánica cuántica, en la que, como vimos en el capítulo 1, se recurre a un mal definido «observador» como responsable del colapso de la función de onda. Es oportuno recordar en este punto que fue también von Neumann uno de los primeros en iniciar esta corriente de pensamiento, en su obra capital, *Fundamentos matemáticos de la mecánica cuántica* (1932), en la que escribió: «En primer lugar es en sí y de por sí absolutamente cierto que el medir y el proceso de la percepción subjetiva con él ligado son algo nuevo respecto del mundo físico en el que tiene lugar, irreducible a este. Es algo, en efecto, que nos lleva fuera de él, o más exactamente: nos conduce adentro de la vida intelectual íntima del individuo, incontrastable en cuanto supuesto previo de todo intento de contrastación»[31]; añadiendo poco después: «por lejos que llevemos los cálculos, hasta el depósito de mercurio, hasta la escala del termómetro, hasta la retina o el cerebro, llega un momento en que hay que decir: esto es percibido por el observador. Con otras palabras, siempre hemos de dividir el Universo en dos partes: una es el sistema observado, la otra el observador. En la primera podemos seguir todos los procesos físicos con tanta precisión como queramos (por lo menos en principio), en la última esto carece de sentido»[32].

Si nos fijamos, estas manifestaciones no son básicamente diferentes de las interpretaciones del teorema de Gödel en el sentido de que ponen un límite a la capacidad humana para interpretar en términos científicos la realidad de la naturaleza; lo que ocurre es que ahora el límite es uno impuesto por una teoría física, la mecánica cuántica, no por uno lógico.

El que Penrose proponga que puede existir una solución que debe proceder de una nueva teoría que combine la mecánica cuántica y la teoría de la relatividad general, es hasta cierto punto natural, ya que dentro de la interpretación de Copenhague de la teoría cuántica no parece existir salida al problema, por lo que es preciso ir más allá, y resulta que uno de los problemas abiertos

[31] John von Neumann, *Fundamentos matemáticos de la mecánica cuántica,* Consejo Superior de Investigaciones Científicas, Madrid, 1991, pág. 298.

[32] Ibídem, pág. 299.

clásicos de la física es construir una teoría cuántica de la relatividad general. El hecho de que exista un elemento no algorítmico, no reducible a cálculos, en el colapso de la función de onda podría —tal es la argumentación de Penrose— explicar ciertos aspectos de nuestra comprensión matemática, que, de nuevo según el físico matemático inglés, van más allá de la capacidad de cualquier sistema algorítmico, y en este sentido ayudarían a explicar algunos elementos del funcionamiento cognitivo humano.

Como es natural, las propuestas de Penrose han sido criticadas por muchos. Uno de sus críticos es David Chalmers, quien ha escrito en uno de sus últimos libros:

> La conexión más frecuentemente mencionada entre la conciencia y la mecánica cuántica se encuentra en el hecho de que en algunas interpretaciones de esta última se necesita la medición de un observador consciente para producir el colapso de la función de onda. En este tipo de interpretación, la conciencia tiene un papel central en la dinámica de la teoría física. Estas interpretaciones son sumamente controvertidas, pero de cualquier forma es notorio que no hacen nada para proporcionar una *explicación* de la conciencia. Más bien, simplemente *suponen* la existencia de la conciencia, y la utilizan para ayudar a explicar ciertos fenómenos físicos...
>
> No podemos descartar la posibilidad de que teorías físicas fundamentales como la mecánica cuántica desempeñen un papel clave en una teoría de la conciencia... Pero, de cualquier forma, hay pocas esperanzas de que este tipo de teorías proporcione una *explicación* totalmente física de la conciencia. Cuando se trata de explicación reductiva, las teorías físicas basadas en la física no están en una mejor situación que las teorías neurobiológicas o cognitivas[33].

Un intento de auxilio a las ideas de Penrose, desde la neurología, son los trabajos de Stuart Hameroff, del Departamento de Anestesiología y Psicología del Centro de Estudios de la Cons-

[33] David J. Chalmers, *La mente consciente,* Gedisa, Barcelona, 1999, pág. 163.

ciencia de la Universidad de Arizona, que ha propuesto que la cognición humana podría depender de colapsos cuánticos en microtúbulos, estructuras proteínicas que se encuentran en el sistema de sostén de una neurona. Ambos, Penrose y Hameroff, han colaborado, sugiriendo que el colapso cuántico en microtúbulos podría ser la base física de la experiencia consciente[34]. Pero no es preciso continuar por este camino: ni se ha probado nada, ni, como me he esforzado en argumentar en el presente capítulo, es de esperar que enfoques que tratan, de una forma u otra, de reducir la mente, la conciencia o consciencia, el, en definitiva, comportamiento humano, a la física tengan, puedan tener, alguna vez éxito. Se necesitará otro tipo de explicación científica.

[34] Véase, por ejemplo, Stuart R. Hameroff y Roger Penrose, «Orchestated reduction of quantum coherence in brain microtubules: a model of consciousness», en *Toward a Science of Consciousness,* S. R. Hameroff, A. W. Kaszniak y A. C. Scott (eds.), The MIT Press, Cambridge (Mass.), 1996, págs. 507-540.

PARTE II

SOBRE CIENTÍFICOS Y PROCEDIMIENTOS

4
LA NATURALEZA DE LA CREACIÓN CIENTÍFICA

> «La ciencia no es solo una colección de leyes, un catálogo de hechos sin relación mutua. Es una creación del espíritu humano con sus ideas y conceptos libremente inventados. Las teorías físicas tratan de dar una imagen de la realidad y de establecer su relación con el amplio mundo de las impresiones sensoriales. Luego, la única justificación de nuestras estructuras mentales está en el grado y en la forma en que las teorías logren dicha relación.»
>
> ALBERT EINSTEIN Y LEOPOLD INFELD,
> *The Evolution of Physics* (1938) [1]

¿EXISTE UN MÉTODO CIENTÍFICO?

La ciencia es ideas, experimentos y teorías, pero esas ideas, experimentos y teorías se deben a personas de carne y hueso, a *científicos*. En los tres capítulos precedentes nos hemos encontrado con algunas de esas ideas, teorías o experimentos; ahora es el momento de ocuparse de sus responsables, de los hombres y mujeres que realizan experimentos, tienen ideas o crean teorías, y de

[1] A. Einstein y L. Infeld, *La física, aventura del pensamiento,* Losada, Buenos Aires, 1982, pág. 250.

los procedimientos que emplean, incluyendo los valores o ilusiones que transmiten a la sociedad.

Y en este momento es preciso explicar varias cosas. La primera, que desde el punto de vista del análisis lógico, y para desgracia de todos aquellos filósofos de la ciencia que se han esforzado por construir una metodología de la ciencia definitiva, no es posible encontrar *definiciones* absolutamente seguras que permitan distinguir lo que es auténtica ciencia de la superchería, la impostura o el fraude consciente o inconsciente. El influyente filósofo austriaco (cuyo nombre ya nos ha aparecido en alguna ocasión), que finalmente encontró acomodo en la London School of Economics and Political Science de Londres, Karl Popper (1902-1994), pensaba que lo que distingue a los sistemas científicos es su capacidad de ser refutados; en este sentido, en la que muchos consideran su obra magna, *La lógica de la investigación científica* (1935, edición alemana, la mítica *Logik der Forschung;* 1959 edición inglesa), escribió: «ha de ser posible refutar por la experiencia un sistema científico empírico», y las «reglas del procedimiento científico han de ser tales que no protejan a ningún enunciado de la falsación»[2]. Es esta una receta ciertamente saludable, pero falsa desde el punto de vista de la lógica, como argumentaron otros filósofos, su sucesor en la cátedra de la London School of Economics, Imre Lakatos, entre ellos. Con una claridad y simplicidad difícilmente rebatible, Lakatos, que falleció prematuramente (en 1974) debido a un infarto, señaló que siempre es posible encontrar explicaciones a refutaciones aparentes. Supongamos (es uno de los ejemplos) que las medidas que realiza un astrónomo con su telescopio del movimiento de un planeta dan valores diferentes del que se deduce de la aplicación de la teoría universal de la gravitación y mecánica newtonianas (el caso, sin ir más lejos, durante décadas, del movimiento del perihelio de Mercurio). ¿Debe por ello considerarse refutadas a ambas teorías, o a una de las dos? No, por supuesto que no: nadie tira por la borda a la primera joyas del calibre de las construcciones newto-

[2] Karl Popper, *La lógica de la investigación científica,* Tecnos, Madrid, 1971, págs. 40, 53.

nianas. Se puede suponer, por ejemplo, que los datos teóricos y experimentales no encajan porque existe algún objeto planetario que afecta gravitacionalmente al planeta en cuestión, desviándolo de su supuesta órbita. Como es natural, se pueden efectuar los cálculos pertinentes para establecer cuál debe ser la trayectoria de ese hipotético objeto para que produzca tal efecto. Imaginemos que se toman las medidas para comprobar si es cierto que existe semejante cuerpo, dirigiendo nuestros telescopios a un punto del espacio por el que debe pasar en un momento determinado. E imaginemos, asimismo, que el resultado es negativo: ¿debemos concluir, ahora ya sí, que hemos refutado a la formulación newtoniana? No. Se puede, una vez más, introducir alguna nueva suposición: por ejemplo, que existe una nube de polvo interestelar que impide la visión del objeto planetario desde la Tierra. Está claro que este tipo de secuencia se puede continuar en principio ad infinitum. También parece claro que cada vez la explicación será más complicada, menos «natural», aunque este término es subjetivo. Solo entonces, tras un largo camino, es cuando se suele empezar a cuestionar el sistema teórico inicial, a pensar que tal vez aquella observación constituya en realidad una refutación de ese sistema; cuando se comienza seriamente a buscar otras alternativas teóricas. De hecho, puede ser peor: en algunos casos se acepta que el sistema teórico de partida se ve refutado por una observación únicamente cuando se dispone de una nueva teoría que predice el resultado medido (así ocurrió con el del movimiento del perihelio de Mercurio: solo se le consideró en serio como refutación de Newton cuando se dispuso de una alternativa a su teoría de la gravitación, la teoría de la relatividad general de Einstein).

Ciencia, científicos, lógica, psicología e historia

No quiero, sin embargo, continuar por esta dirección: este libro no es, ni pretende ser, un tratado de filosofía o metodología de la ciencia. Lo único que quería resaltar es que hay límites en la «seguridad lógica de los sistemas teóricos científicos». Ahora bien: de la misma manera que reconozco esto, también pienso que la historia nos demuestra que a pesar de semejante incertidumbre lógica, se termina distinguiendo —a veces tras largos, penosos y dolorosos procesos— entre explicaciones científicas mejores y peores; esto es, entre teorías que se aplican a un conjunto mayor de fenómenos que otras, y que en este sentido son «más ciertas» que ellas. Por supuesto, creo que asimismo es posible en última instancia distinguir entre sistemas realmente científicos y otros que de científicos no tienen nada. Si se me dice que cómo puedo efectuar semejante manifestación, cuando acabo de reconocer que no existen criterios seguros de demarcación entre ciencia y no ciencia, contestaré que no existen criterios *lógicos,* pero sí *históricos,* con toda la subjetividad que puedan implicar: un mínimo que debe cumplir toda teoría científica es (lo vengo repitiendo a lo largo de este libro) ser capaz de predecir algo de lo que va a ocurrir, *sin capacidad de predicción no hay ciencia,* y predecir en base a reglas definidas, que no sean tan borrosas que con facilidad se pueda convertir una refutación en una confirmación. En este sentido sí que tenía Popper razón cuando atacaba a las construcciones de Karl Marx y Sigmund Freud, dos de sus grandes bestias negras, señalando que la mayor parte de sus defensores siempre encontraban mecanismos para hacer de una refutación una confirmación. Pero su crítica era válida desde un punto de vista histórico y psicológico, no desde el lógico. Desde este último punto de vista, el lógico, es legítimo y comprensible, como he explicado, intentar salvar las teorías que uno favorece, sobre todo si han demostrado algún tipo de utilidad. Sin embargo, desde el punto de vista de la historia y psicología del comportamiento, hay que reconocer que en los procedimientos y tácticas empleados hay enormes diferencias entre muchos de los que pretendían salvar a Marx y a Freud, y los que intentaban hacer lo propio con Newton, por continuar con el ejemplo.

La lógica no es, por tanto, todo. La historia, la psicología, también son importantes en la ciencia. Y esto me lleva directamente al segundo punto que quería señalar: el de que hay muchos tipos de científicos, que no es suficiente con decir que la ciencia es el producto de la actividad de unos profesionales, los científicos, que comparten una serie de valores relativos a los procedimientos legítimos o eficaces para lograr que progrese su actividad. Y no es suficiente porque son muchos —y en principio legítimos— los intereses, personalidades y valores de los científicos, y estos intereses, personalidades y valores repercuten en la dirección que sigue la investigación científica así como en la visión que el público tiene de la ciencia. En la visión, en las esperanzas e, inevitablemente, en la construcción, adecuación o revisión de sus propios, personales, sistemas y escalas de valores, lo que en última instancia quiere decir también «en la construcción, adecuación o revisión de los sistemas y escalas de valores de las diferentes sociedades».

Si es cierto (y yo sostengo, insisto una vez más en este punto, que así es) que la ciencia constituye un elemento fundamental en las sociedades contemporáneas, que cada vez condiciona más las vidas de los humanos, entonces es imposible no concluir que las opiniones de los científicos, los programas de investigación que favorecen al igual que las interpretaciones que favorecen de las teorías y resultados que pueblan el extenso y complejo mundo de la ciencia, constituyen elementos determinantes, particularmente influyentes en la construcción del sistema (o de los sistemas) de valores sociales. Ocurre, no obstante, que una cosa son los resultados científicos y otra lo que un científico determinado puede pensar acerca de cuáles deben ser los temas de investigación preferentes o cuáles son lícitos (ética o moralmente) o no. Es preciso, asimismo, relativizar, o poner en un contexto crítico, las manifestaciones que muchos —si no todos— científicos realizan con respecto a la viabilidad, seguridad o proximidad de los resultados que esperan obtener de sus investigaciones; tengamos en cuenta que no es imposible que las manifestaciones que efectúan susciten en muchos individuos ilusiones de un futuro mejor (en ámbitos muy diferentes, desde el sanitario al meramente consumista, pasando por otros como el de las comunicaciones). No digo que los científicos mientan; simplemente, apunto que es evidente que las manifestaciones o esperanzas de alguien que es parte interesada no son en absoluto independientes, y que este hecho no se ve alterado porque él o ella sea «el experto», «el que sabe». Prácticamente todos los días somos testigos, a través de los medios de comunicación, de declaraciones de científicos que afirman que tal o cual resultado, que tendrá tal o cual beneficiosa consecuencia para los humanos, está al llegar, o, más aún, que los resultados que ese científico acaba de obtener representan la solución de un problema (grande o pequeño) que ha afectado a la humanidad desde tiempo inmemorial. ¿Y cuántas veces se confirman semejantes previsiones o interpretaciones, cuántas veces volvemos a oír de ellas? Y estoy aceptando, lo repito, que se trata de científicos, de profesionales honrados con el «método científico», no de falsarios, ni de «seudocientíficos».

CIENCIA *VERSUS* TECNOLOGÍA

Otro elemento muy importante a considerar es el de la relación entre ciencia y tecnología. No es cierto, en general, que sea válida la siguiente ecuación: primero está la ciencia *básica,* que luego, al aplicarse (ciencia *aplicada),* se convierte en *tecnología.* Es verdad que cuando se repasa la historia de la ciencia abundan los ejemplos en los que semejante ecuación tiene algún tipo de validez, pero no es menos cierto que se pueden encontrar muchos ejemplos en sentido contrario: uno de ellos, el de la máquina de vapor, que fue anterior a la creación de la ciencia que formalizó los principios en los que se basaba, la termodinámica, establecida en 1824 por el francés Sadi Carnot, después de reflexionar acerca del funcionamiento de esas máquinas. Podemos —y debemos— admirar el noble esfuerzo que realizan todos aquellos que buscan entender (esto es, establecer sistemas teóricos que los sistematicen y de los que se deriven predicciones verificables) los fenómenos naturales, y que lo hacen como un fin en sí mismo, independientemente de los beneficios (aplicaciones) materiales que pueda reportar tal conocimiento, pero si la ciencia solo sirviera y se construyera en relación con tal fin, no habría llegado a alcanzar la situación cognitiva e institucional que posee desde hace tiempo, y que es básica para que pueda cumplir sus fines. No es, por consiguiente, criticable que haya «científicos» para los que la dimensión tecnológica sea importante, científicos que la valoren de manera especial, bien porque es particularmente importante para sus propias investigaciones «científicas», bien porque les abra las puertas de un mundo, el industrial, que tal vez les termine reportando mayores beneficios económicos, sobre todo pero no exclusivamente; y también de otro tipo (políticos, fama social).

Nada de esto es criticable, como digo, pero no se debe pasar por alto el hecho de que se ha construido (con la activa intervención de los propios científicos) una imagen en la que la ciencia aparece como una actividad caracterizada sobre y por encima de todo por la búsqueda del conocimiento puro, básico, independiente de sus posibles aplicaciones. Históricamente semejante visión es, como he señalado, un estereotipo que tiene mucho de falso, pero el hecho es que posee una realidad social que se ha convertido en un valor cultural, incluso tal vez moral, y que muchos, es posible que una gran parte de la sociedad, valoran a la ciencia y a las opiniones de los científicos basándose en esa imagen. Estoy convencido de que esa misma sociedad, esos ciudadanos, juzgarían con más dureza a la ciencia y a los científicos si percibiesen la dimensión casi inevitablemente interesada del científico —de muchos, al menos, científicos—, sobre todo en la presentación de sus resultados y en los argumentos que emplean para atraer el interés (y la financiación) social; si supiesen que no todo en la ciencia es la búsqueda de conocimiento como un fin en sí mismo, algo que, insisto de nuevo, desde el punto de vista metodológico e histórico no tiene por qué ser malo para el desarrollo científico[3].

[3] No quiero implicar con lo que estoy diciendo que la ciudadanía no vea también, independientemente de los anteriores argumentos, en ciertas ocasiones o momentos, a la ciencia con ojos críticos. Es obvio que está muy extendida la imagen del científico que, en su búsqueda desenfrenada (en el sentido de que antepone esa búsqueda a cualquier otra consideración) de conocimiento, provoca catástrofes. Es el, podríamos denominarlo, «mito de Frankenstein», surgido de la famosa novela de Mary Shelley, que a lo largo del siglo XX encontró apoyo en, por ejemplo, las consecuencias del descubrimiento de la fisión del uranio (energía nuclear), o los avances en química que sin duda se pueden relacionar (pensemos en los plásticos) con deterioros medioambientales. No son pocos también los que resucitan el mito de Frankenstein con relación a los desarrollos recientes en biología molecular, en especial con los propiciados por el descubrimiento de las técnicas de ADN recombinante, que abrió la puerta a la biología de los transgénicos, y más recientemente a las técnicas de clonación (de las que me ocuparé en el próximo capítulo). Aun así, creo que esos sentimien-

Sucede, por otra parte, que desde hace algún tiempo cada vez es mayor la interrelación entre ciencia y tecnología, cada vez dependen más la una de la otra, formando con frecuencia un conjunto que es difícil desentrañar; no en vano se ha acuñado el término «tecnociencia». Es ahora, en el tiempo presente, por tanto, mayor el interés, la «sensibilidad», la dependencia de los científicos con respecto a «lo aplicado», y más necesario, por consiguiente, que todos sepamos de semejante vinculación y tratemos de reconocerla para hacernos una idea más realista de lo que sucede en el mundo de la ciencia contemporánea.

EINSTEIN Y LA IDEA-ESTEREOTIPO DE LO QUE ES (O DEBE SER) UN CIENTÍFICO

La imagen-estereotipo de respetabilidad y altura moral que todavía muchos asocian al científico, como si tales rasgos fuesen una condición sine qua non para ser eso, científicos, ha sido favorecida por manifestaciones de algunos personajes a los que honramos especialmente, y cuyas opiniones son, en consecuencia, muy respetadas. Uno de ellos es Albert Einstein, y precisamente por la posible influencia que pueden ejercer sus opiniones me detendré un momento en ellas.

En un discurso que pronunció durante la celebración del sexagésimo cumpleaños (1918) de Max Planck, en la Sociedad de Física de Berlín, Albert Einstein se refirió a los diversos tipos de científicos que existían en su opinión. «En el templo de la ciencia —señalaba el creador de las dos teorías de la relatividad— hay muchos tabernáculos y muy distintos entre sí, por cierto, quienes a ellos acuden, acuciados por motivos bien diver-

tos coexisten (aunque se pueda argumentar que es una situación esquizofrénica) con un profundo respeto por la ciencia y por los científicos, respeto que tiene mucho de sentimiento de inferioridad, de indefensión, por parte de los legos. En mi opinión, algo de esa ambivalencia aparece también en la propia novela de Shelley, que lleva el subtítulo de *El Prometeo moderno:* Frankenstein como monstruo, pero también, al mismo tiempo, como personaje admirable, *prometedor* y representativo de una época.

sos. Muchos obtienen de la ciencia un gozoso sentimiento de poderío y superioridad intelectual; la ciencia es su deporte favorito y en ella buscan experiencias vívidas y la satisfacción de sus ambiciones. En ese mismo templo, habrá otros que ofrecerán los productos de sus cerebros para sacrificarlos con propósitos utilitarios. Si un ángel del Señor llegara para arrojar del templo a todos los que pertenecen a esas dos categorías, quedarían solo unos pocos hombres, tanto del tiempo presente como del pasado»[4].

Es esta, ciertamente, una clasificación muy radical, que yo no comparto totalmente, una visión que tiende a considerar al *verdadero* científico como un ser extraordinario: si ese supuesto ángel expulsara a los científicos que «ofrecen los productos de sus cerebros para sacrificarlos con propósitos utilitarios», entonces el ángel en cuestión estaría contribuyendo a destruir la empresa científica; sería, en ese sentido, más un enviado del diablo que del Señor. Me parece que se ajusta más a la verdad, sobre todo en la actualidad, la idea que sostuvo Bertrand Russell en uno de sus ensayos («Naturaleza y origen del método científico»):

> Ahora que se ha desarrollado el método científico, mucho es lo que puede conseguirse sin el genio que necesitaron los pioneros. Hoy cualquier hombre dotado de paciencia, unas habilidades bastante buenas y el equipo necesario puede estar bastante seguro de que descubrirá *algo,* y es posible que sea algo de gran importancia.
>
> No creo que la obra de Mendel requiriese unos dones extraordinarios, y no obstante la teoría mendeliana de la herencia está transformando la agricultura científica y es probable que con el tiempo altere de una manera considerable el carácter congénito de los seres humanos.
>
> Cuanto más avanza la ciencia, más fácil resulta hacer nuevos descubrimientos. Por ello la rapidez del progreso científico ha ido en constante aumento desde el siglo XVII[5].

---

[4] Albert Einstein, «Principios de investigación», incluido en A. Einstein, *Ideas y opiniones,* Bon Ton, Barcelona, 2000, págs. 199-202.

[5] «Nature and origin of scientific method», en *The Western Tradition,* The Beacon Press, Boston, 1951. Cit. en Lee Eisler (ed.), *Bertrand Russell. Respuestas,* Península, Barcelona, 1997, págs. 71-72.

De hecho, el propio Einstein era consciente de que con la imagen de científico que presentaba había «expulsado a la ligera a muchos hombres excelentes que han sido responsables —importantes y hasta casi totales— de la construcción del templo de la ciencia. Y en muchos casos el ángel se encontraría con que le resulta muy difícil decidirse». Pero aun así, estaba seguro de que «si los tipos de científicos a los que hemos arrojado fueran los únicos existentes, el templo jamás habría llegado a existir, tal como no podría haber un bosque donde solo crecen enredaderas. Para estas personas cualquier esfera de la actividad humana sería válida, llegado el caso. Que se conviertan en ingenieros, militares, comerciantes o científicos solo dependerá de las circunstancias».

No es extraño que Einstein mantuviera semejante opinión: al fin y al cabo, en aquella misma ocasión en la que homenajeaban a Planck, había explicado cuál era su ideal de vida, de una vida dedicada a la ciencia: «En principio, creo, junto con Schopenhauer, que una de las más fuertes motivaciones de los hombres para entregarse al arte y a la ciencia es el ansia de huir de la vida de cada día, con su dolorosa crudeza y su horrible monotonía, el deseo de escapar de las cadenas con que nos atan nuestros deseos siempre cambiantes. Una naturaleza de temple fino anhela huir de la vida personal para refugiarse en el mundo de la percepción objetiva y el pensamiento».

Claro que su propia biografía muestra que ni siquiera él pudo escapar de «la vida de cada día, con su dolorosa crudeza» (otra cosa fue en su caso lo de «horrible monotonía»: en general poco monótona fue su existencia). Se vio, en efecto, sumergido en las tumultuosas corrientes de su tiempo, así como en las miserias de las que pocos humanos se libran: amargos enfrentamientos con su primera esposa, Mileva Marić, de la que finalmente se separó y divorció; esquizofrenia de uno de sus dos hijos, Eduard, que falleció en 1965 en un hospital psiquiátrico suizo en el que llevaba décadas recluido (su famoso padre, que vivió hasta 1955, le había visitado por última vez en 1932); conflictos políticos durante la Primera Guerra Mundial, debidos a su pacifismo, y la República de Weimar, que apoyó; participación en numerosas causas a favor de los judíos; persecución por el régimen de Hitler; emigración a Estados Unidos, en donde sus posturas políticas no siempre fueron bien aceptadas (llegó a ser controlado por el FBI)[6]. Y si el gran genio de la física, y de toda la ciencia, del siglo XX, si una persona de las convicciones morales y gustos personales de Einstein, no pudo huir del mundo que le rodeaba, y que a la postre condicionó muchos momentos de su biografía, que sin duda habría sido bastante diferente en otro contexto sociopolítico, ¿qué cabe esperar de otros científicos de convicciones, sensibilidades y creatividades diferentes? De hecho, comprobaremos en el capítulo próximo que hoy muchos, muchísimos, científicos en absoluto buscan «huir de la vida diaria»; que, todo lo contrario, orientan una parte significativa de sus esfuerzos investigadores en torno a esa «vida diaria», en la que ven, por ejemplo, una fuente de oportunidades materiales y no un escenario de «dolorosa crudeza y horrible monotonía».

EINSTEIN Y SU IDEA DE LO QUE ES LA CIENCIA

En cualquier caso, la división einsteniana entre científicos «puros» y «utilitaristas» puede servir para una primera agrupación; de hecho, en el capítulo siguiente comenzaré presentando a científicos que se encuentran más próximos a los «puros» que a los «aplicados», con los que continuaré después. Pero no debemos olvidar que dentro de esos grupos las diferencias son, o pueden ser, grandes. Así, no todos, en absoluto, los científicos «puros» se ajustan al modelo que Einstein tenía en mente, y que ejemplificó con Planck. Merece la pena, en consecuencia, detenerse un instante en cómo caracterizaba Einstein a Planck, no solo porque de esta manera comprenderemos mejor su idea de científico puro, sino porque aclara asimismo el concepto que aquel tenía de ciencia, cuestión esta que constituye uno de los temas del presente libro.

---

[6] Véase, en este sentido: Fred Jerome, *The Einstein File. J. Edgar Hoover's Secret War Against the World Most Famous Scientist,* St. Martin's Press, Nueva York, 2002.

Por supuesto, más que de «ciencia» en general, Einstein hablaba de «física», pero tampoco existen muchas dudas de que él asignaba un lugar muy importante a esta disciplina, ni de que compartía bastante del punto de vista reduccionista que sitúa a la física en los pilares de la comprensión científica de la naturaleza: «las leyes generales sobre las que se basa la estructura de la física teórica —manifestó en 1918— se definen como válidas para toda clase de fenómeno natural. Mediante esas leyes sería posible llegar a la descripción —o sea, a la teoría— de todo proceso natural, incluyendo la vida, a través de la pura deducción, si ese proceso de deducción no estuviera más allá de la capacidad del intelecto humano»[7].

Para Einstein, en su exigente y exclusivo modelo de lo que debía ser un verdadero científico, «la tarea fundamental del físico consiste en llegar hasta esas leyes elementales y universales que permiten construir el cosmos mediante pura deducción. No hay un camino lógico hacia esas leyes: solo la intuición, fundamentada en una comprensión de la experiencia, puede llevarnos a ellas. Ante esta incertidumbre metodológica, cualquiera podría suponer que existen un elevado número de sistemas posibles de física teórica, todos bien justificados por igual. Y, en teoría, esta opinión es correcta, sin duda. Pero el desarrollo de la física ha demostrado que en todo momento, más allá de todas las construcciones concebibles, un único sistema ha resultado ser superior a todos los demás. Ninguna persona que haya entrado en la materia con profundidad podrá negar que, en la práctica, el mundo de los fenómenos determina unívocamente el sistema teórico, a pesar de que no existe puente lógico entre los fenómenos y sus principios teóricos. Esto es lo que Leibniz, con una feliz expresión, ha definido como "armonía preestablecida"».

Y en este punto surgía, imponente, la figura de Max Planck: «El anhelo de abarcar esta armonía preestablecida es la fuente de una inagotable paciencia y perseverancia, que Planck ha puesto en su dedicación a los más generales problemas de nuestra ciencia, como bien sabemos, negándose a ser distraído hacia fines

[7] A. Einstein, «Principios de investigación», ob. cit., pág. 201.

más gratos y más fáciles de obtener. Muchas veces he oído que algunos colegas tratan de atribuir esta actitud a la extraordinaria fuerza de voluntad y a la gran disciplina de nuestro homenajeado. En mi opinión, se equivocan. El estado mental que capacita a un hombre para llevar a cabo una tarea de esa índole es similar al del que profesa una religión o al del hombre enamorado. El esfuerzo cotidiano no proviene de una intención deliberada, no de un programa, sino del corazón, en forma directa».

El científico *à la* Planck todavía existe (o eso, al menos, creo y espero), pero junto a los de su clase hay muchos otros (más, muchos más, seguramente) cuyo comportamiento como científicos no se ajusta a semejante credo, una expresión esta, *credo,* que a la vista de lo que Einstein decía, equiparando la actividad científica a una religión, podríamos emplear. Y ni es sorprendente ni desafortunado que sea así: la ciencia no es una actividad intemporal, y sus profesionales, los científicos, son, tienen que ser, hijos de su tiempo, coherentes con él, con el *Zeitgeist,* con el espíritu de la época que les ha tocado vivir. Si solo existiesen «Plancknes» o «Einsteines» seguramente la ciencia sería, hoy, más pobre, aunque sin duda también más noble.

La naturaleza de la creación científica, según Einstein

En el capítulo siguiente mostraré, vía ejemplos concretos, cómo son los científicos, algo que permite hacerse una idea de cuál es la naturaleza de la creación científica (del acto de creación científica). Sin embargo, es evidente que de esa manera no se afronta completa, ni muy directamente, la importante cuestión del proceso de creación científica. No, desde luego, en lo que se refiere a la expresión más extrema de creación científica, la asociada a los grandes nombres de la historia de la ciencia. Con el fin de disponer de una visión algo más completa de la ciencia y los procesos cognitivos que la rodean y caracterizan, y ya que en las últimas páginas he estado ocupándome de Einstein, añadiré algunos comentarios acerca de sus ideas a este respecto.

Son varios los lugares en los que el genial físico se refirió a la cuestión de la creatividad en ciencia. Uno bastante conocido se encuentra contenido en un libro dedicado a la psicología de la invención en matemáticas, que Einstein compuso a instancias del matemático francés Jacques Hadamard, autor de la obra [8]. Sin embargo, en mi opinión, donde se expresó con mayor claridad es en las «Notas autobiográficas» que escribió para el volumen ya citado en otro capítulo *Albert Einstein: Philosopher-Scientist* (1949).

«¿Qué es, en realidad, *pensar?»*, se preguntaba Einstein en lo que él mismo calificaba como «algo así como mi propio obituario» [9]. Y continuaba:

> Cuando, al recibir impresiones sensoriales, emergen imágenes de la memoria, no se trata aún de *pensamiento*. Cuando esas imágenes forman secuencias, cada uno de esos eslabones evocando otro, sigue sin poderse hablar de *pensamiento*. Pero cuando una determinada imagen reaparece en muchas de esas secuencias, se torna, precisamente en virtud de su recurrencia, en elemento ordenador de tales sucesiones, conectando secuencias que de suyo eran inconexas. Un elemento semejante se convierte en herramienta, en concepto. Tengo para mí que el paso de la asociación libre o del *soñar* al pensamiento se caracteriza por el papel más o menos dominante que desempeñe ahí el *concepto*. En rigor no es necesario que un concepto vaya unido a un signo sensorialmente perceptible y reproducible (palabra); pero si lo está, entonces el pensamiento se torna comunicable... todo nuestro pensamiento es de esta especie, la de un juego libre con conceptos; la justificación del juego reside en el grado de comprensión que con su ayuda podemos adquirir sobre las experiencias de los sentidos. El concepto de *verdad* no es aplicable aún a semejante estructura; a mi entender, este concepto solo entra en consideración cuando existe consenso general acerca de los elementos y reglas del juego.

[8] «A testimonial from Prof. Einstein», Apéndice II a Jacques Hadamard, *An Essay on the Psychology of Invention in the Mathematical Field,* Princeton University Press, Princeton, 1945. Reproducido en A. Einstein, *Mis ideas y opiniones,* ob. cit.: «Una inteligencia matemática», págs. 21-23.

[9] A. Einstein, *Notas autobiográficas,* Alianza, Madrid, 1979, pág. 13.

> No me cabe duda de que el pensamiento se desarrolla en su mayor parte sin el uso de signos (palabras), y además en gran medida inconscientemente. Porque ¿cómo se explica, si no, que a veces nos *asombremos* de modo completamente espontáneo de alguna experiencia? Este *asombro* parece surgir cuando una vivencia entra en conflicto con un mundo de conceptos muy fijado ya dentro de nosotros. Cuando ese conflicto es vivido dura e intensamente, repercute decisivamente sobre nuestro mundo de ideas. La evolución de este mundo es, en cierto sentido, una huida constante del *asombro*.

Para Einstein, en definitiva, el pensamiento —más bien la creación de nuevo pensamiento científico, de nuevas ideas científicas— constituía una especie de juego libre con conceptos, conceptos (teóricos) que cada vez están más alejados (según progresa la ciencia) de los datos primarios de la experiencia [10]. Pero el motivo, el disparadero de ese pensamiento, al menos en lo que a la investigación científica se refiere (seguramente para muchos otros tipos de pensamiento también), se encuentra en la experiencia de algún *«asombro»,* de algo que no encaja en el sistema conceptual, en la visión del mundo, que el «pensador», aquel que está pensando, posee.

Tal visión o sistema no tiene necesariamente que ser muy elaborado o refinado, como el propio Einstein reconocía (también en las «Notas autobiográficas») cuando señalaba el primer asombro, o uno de los primeros, que sintió: «Experimenté de niño un asombro de esa índole, a los cuatro o cinco años, cuando mi padre me enseñó una brújula. El que la aguja se comportara de manera tan determinada no cuadraba para nada con la clase de fenómenos que tenían cabida en el mundo inconsciente de mis

[10] En una carta que Einstein escribió a su viejo amigo Maurice Solovine el 7 de mayo de 1952, incluyó unos comentarios que son especialmente relevantes para este punto: «Psicológicamente los A [sistemas de axiomas] reposan sobre los E [los datos de las experiencias de los sentidos]. Pero no existe ningún camino lógico que lleve de los E a los A, sino únicamente una conexión intuitiva (psicológica) que es siempre "hasta nueva orden"» [Maurice Solovine (ed.), *Lettres à Maurice Solovine,* Gauthier-Villars, París, 1956, pág. 119].

conceptos (acción ligada al "contacto")» [11]. Por supuesto, para contribuir al desarrollo de la ciencia en la actualidad es necesario algo más que ese tipo de asombros elementales, comunes por otra parte a tantos y tantos humanos: ¿quién, por ejemplo, no se ha asombrado, cuando comienza a adentrarse en la vida consciente, al ver que los objetos caen? En este asombro se encuentra la explicación del comportamiento que muchos califican simplemente de travesura (puede, es evidente, serlo también) de la mayoría de los niños, que tiran una y otra vez un objeto, prestando en ese acto la mayor de las atenciones: se están asombrando de algo que es como magia, y que nosotros explicamos en términos de «fuerzas gravitacionales» y acomodamos en sistemas hipotético-deductivos denominados «teoría de la gravitación newtoniana» o «teoría general de la relatividad einsteniana». Es verdad que para aportar algo a la ciencia hace falta, desde hace mucho, más que esos asombros primarios, pero no es menos cierto que sin la capacidad de asombro a la que se refería Einstein es difícil, hoy al igual que ayer, convertirse en científico; en un, cuando menos, gran científico.

[11] A. Einstein, *Notas autobiográficas,* ob. cit., págs. 14 15.

5
Los científicos (actuales)

«Ninguna vida se desarrolla fuera de la historia o de la sociedad; tienen lugar en un tiempo humano. Ninguna biografía es completa a menos que revele lo individual dentro de la historia, dentro de un *ethos* y un complejo social. Al decir esto recordamos a Donne: ningún hombre es una isla en sí mismo.»

LEON EDEL,
Writing Lives. Principia Biographica (1987) [1]

En el capítulo precedente he hecho hincapié en la diversidad de científicos que existen. Y como la ciencia la hacen personas de carne y hueso, que imprimen algo, o mucho, de su personalidad en sus esfuerzos y productos a los que llegan, resulta obligado explorar algo el mundo en el que confluyen personajes concretos e investigación científica. No quiero decir que las teorías científicas no son sino el espejo de sus creadores, ni que, consecuentemente, la naturaleza pueda amoldarse a múltiples esquemas explicativos, cada uno hijo de la idiosincrasia de su autor. No necesito entrar en este viejo problema relacionado con el que algunos filósofos llaman «convencionalismo». Me basta con argumentar que la dirección de la investigación sí que depende —y mucho— de los individuos, que a su vez, por supuesto, son reflejo del

[1] L. Edel, *Writing Lives. Principia Biographica,* W. W. Norton, Nueva York, 1987, pág. 14.

mundo en el que viven, un mundo pleno (especialmente el que nos ha tocado vivir) de todo tipo de intereses, los económicos y políticos entre ellos.

Desde este punto de vista, una buena táctica para formarse una idea de la ciencia actual, mejor que la que utiliza para presentarla únicamente ideas, teorías y problemas (el enfoque que he empleado en la primera parte de este libro), es recurrir a algunos científicos concretos. Esto es lo que haré en el presente capítulo. Con la excepción de dos (Carl Sagan y Stephen Jay Gould), que fallecieron hace poco, todos los que he seleccionado están vivos, algo conveniente, si no necesario, para lograr la actualidad a la que me refiero. Los Copérnico, Vesalio, Galileo, Newton, Lavoisier, Euler, Lyell, Darwin, Faraday, Maxwell, Pasteur o Poincaré, por poner ejemplos sobre los que difícilmente existirá discrepancia, son figuras señeras del pensamiento científico, pero aunque es cierto que sería posible utilizarlos para mostrar características de la ciencia actual, se hallan demasiado alejados en el tiempo, e inevitablemente nos suscitan sentimientos de lejanía, la impresión de que son muchas más las cosas que nos separan de ellos que las que nos unen, algo que no deja de ser verdad: todos somos, de una manera u otra, es preciso repetirlo una vez más, hijos de nuestro tiempo, y aquellos científicos compartían algunos valores o ideas que hoy son anacrónicas, si no obsoletas, diferentes a las nuestras en cualquier caso. Incluso —a pesar de que es más complicado— se podría sostener que algo, o mucho, de esto también ocurre con científicos como Max Planck, Albert Einstein, Kurt Gödel, Alan Turing, Alexander Fleming, Linus Pauling, Werner Heisenberg o Erwin Schrödinger. Para evitar tal sensación de extrañamiento, al igual que para al mismo tiempo ayudar a los lectores a orientarse en el tiempo presente, en la época en la que viven, los personajes de los que me ocuparé son mucho más próximos en el tiempo.

Naturalmente, la selección que sigue es limitada y parcial. Está formada por científicos que son líderes de sus disciplinas, y en ese sentido en modo alguno son «científicos prototipo»; pero sucede que en general son los líderes los que mejor expresan el tiempo de una época, tanto por cómo intervienen en configurarlo como por lo sensibles que son —que *tienen que ser* para poder llevar adelante muchos de sus proyectos— al medio social en el que trabajan. De su mano, comprenderemos mejor los derroteros, las orientaciones, por las que transita la ciencia actual, algo que, como señaló el gran Ortega y Gasset en las primeras líneas del capítulo 1 de —otra vez nos aparece este libro— *El tema de nuestro tiempo* (1923), es especialmente importante. «Lo que más importa a un sistema científico —escribió allí el filósofo español— es que sea verdadero. Pero la exposición de un sistema científico impone a este una nueva necesidad: además de ser verdadero es preciso que sea comprendido. No me refiero ahora a las dificultades que el pensamiento abstracto, sobre todo si innova, opone a la mente, sino a la comprensión de su tendencia profunda, de su intención ideológica, pudiera decirse, de su fisionomía»[2].

La idea que hace casi ochenta años exponía Ortega es también la mía: debemos comprender la tendencia, mejor, las tendencias profundas, las intenciones ideológicas de la ciencia actual, porque aunque lo que más importe de un sistema científico es que sea verdadero, la historia no acaba ahí, existen muchos otros aspectos de la realidad científica que afectan, que intervienen, en el presente.

Antes de entrar, por fin, en materia, es necesario resaltar que los campos (y, claro, los científicos) que he seleccionado no cubren sino una mínima parte de la ciencia actual. Mínima, aunque, creo, muy importante. Comenzaré por un caso (Edward Witten) en el que confluyen la matemática y la física, para pasar después a la matemática en su sentido más estricto, continuar con la física y ciencia de la complejidad, meteorología, astrofísica y energía nuclear, y terminar, tras un interludio «socioeconómico», con la biología molecular y ciencias biomédicas. Como espero se haga patente, además de servir para presentar algunas características importantes de cómo son y proceden los científicos actuales, he organizado los perfiles biográficos que siguen para que cumplan también el propósito de completar la visión

[2] J. Ortega y Gasset, *El tema de nuestro tiempo,* Tecnos, Madrid, 2002, pág. 47.

de la ciencia contemporánea que busco presentar en este libro y que, por una razón u otra, no he podido hasta el momento comentar.

EDWARD WITTEN: EL TEÓRICO (FÍSICO Y MATEMÁTICO) PURO

Todavía es muy popular la imagen del científico como aquella persona que se esfuerza por comprender los «misterios» más profundos (esto es, más «básicos», aquellos que se encuentran en la base de «todo lo demás») de la naturaleza, utilizando recursos completamente alejados de las posibilidades de comprensión de la mayoría de los mortales, recursos que, en el caso más «puro», son matemáticas muy complicadas. Tal es, más o menos, la idea que muchas personas tienen de, por ejemplo, Einstein, el paradigma de científico, el, se supone, investigador ensimismado continuamente con la búsqueda de «las ecuaciones del Universo». He señalado ya en varias ocasiones, y lo comprobaremos con ejemplos concretos enseguida, que en el hogar de la ciencia caben (afortunadamente) muchos tipos de científicos, y que el anterior estereotipo es eso, un estereotipo, un modelo ideal, limitado y que no abunda demasiado, menos aún en los tiempos presentes. Pero por supuesto que hay científicos, físicos y matemáticos, sobre todo, que responden o se acercan a él. Y está bien que así sea. La ciencia, también lo he dicho ya, no habría llegado a existir si solo hubiese habido científicos de este tipo; pero no es menos cierto que tampoco habría llegado a existir, o cuando menos a ser lo que es, si no hubiesen existido personajes que se acercasen a ese estereotipo.

De entre los científicos en activo, uno de los que más se acerca al modelo de «científico puro», que persigue los secretos más profundos y básicos del funcionamiento del Universo, es un estadounidense, Edward Witten, nacido en 1951 e hijo de un destacado experto en relatividad general (Louis Witten), que tras licenciarse en 1971 en la Universidad de Brandais se doctoró en la de Princeton en 1976. Comenzó entonces una carrera académica que pronto le llevó (1980) a obtener una cátedra de Física en la Universidad de Princeton, puesto que abandonó por otra cátedra (esta sin obligaciones docentes) en el cercano y exclusivo Instituto de Estudio Avanzado de Princeton, la misma institución en la que luminarias como Albert Einstein, Kurt Gödel, Hermann-Weyl, John von Neumann o Robert Oppenheimer terminaron sus carreras. Y ahí continúa, en un lugar que desde luego favorece más que cualquier otro en el mundo la búsqueda del conocimiento por sí mismo, independientemente de cualquier otra consideración.

Un primer punto, fundamental, con relación a Witten es que aunque sea realmente un físico, un físico que necesita de la matemática y que hace contribuciones a ella, también podría calificársele en más de un sentido de matemático interesado en la física. En realidad, la anterior disyuntiva es en última instancia falaz, en la medida en que no hay duda de que Witten es, por encima de cualquier otra consideración, un físico, pero sirve bien para ilustrar el estereotipo de científico que quiero representar aquí a través de él; el estereotipo y una característica muy importante de la física (que ya nos ha aparecido): la de la íntima relación que mantiene con la matemática.

Que Witten es valorado por la comunidad matemática —lo que es tanto como decir que, sin apartarse de sus objetivos físicos, ha efectuado contribuciones notables a ella— es algo que se puede comprobar de manera muy sencilla: en 1990 recibió una de las medallas Fields.

¿Qué son las medallas Fields? Pues nada más y nada menos que el equivalente a los premios Nobel con los que sueñan físicos, químicos, científicos biomédicos, escritores, economistas y defensores de la paz. A pesar de la importancia que la matemática posee dentro del conjunto de la ciencia, no existe premio Nobel para la matemática. Las malas lenguas dicen que el motivo es que el fundador de los premios, Alfred Nobel, no se llevaba bien con su compatriota, el influyente matemático Gösta Mittag-Leffler; incluso a veces se sitúa la raíz del supuesto problema entre ambos en una cuestión de faldas. Sea cual sea el motivo de la inexistencia de un premio Nobel para la matemática, el hecho es que para remediar esta injusta situación en septiembre de 1932, durante el Congreso Internacional de Matemáticas que tuvo lugar en Zúrich, se aprobó una propuesta que había estado circulando desde hacía algunos años: la concesión, cada cuatro años, durante el Congreso Internacional, de dos «Medallas internacionales para descubrimientos notables en matemáticas» que llevarían el nombre de «Medallas Fields», en memoria del matemático canadiense John Charles Fields (1863-1932), que acababa de fallecer en agosto de aquel año, y que fue uno de los que más se distinguieron en propugnar tal idea, especialmente a raíz del Congreso Internacional de Matemáticas que se celebró en Toronto en 1924 y que él mismo presidió [3]. Las primeras medallas Fields se concedieron durante el congreso celebrado en Oslo en 1936 (Lars Ahlfors y Jesse Douglas fueron los galardonados en aquella ocasión), aunque debido a la Segunda Guerra Mundial solo se reanudó la concesión en 1950, en el congreso celebrado en Cambridge (Laurent Schwartz y Atle Selberg recibieron las medallas en esa ocasión). A partir de entonces la secuencia no se ha interrumpido, aunque con una novedad a partir de 1966 (Moscú): cuatro medallas en lugar de dos (los seleccionados en la capital rusa fueron Michael Atiyah, Paul Cohen, Alexander Grothendieck y Stephen Smale). Un aspecto importante de las medallas Fields, que no he mencionado todavía, es que, aunque no está recogido por escrito en ningún lugar, por tradición únicamente se conceden a personas que no hayan cumplido los cuarenta años. Es, ciertamente, una buena medida para evitar que influya en la concesión de los premios el deseo de reconocer la vida y obra de matemáticos importantes o influyentes que se encuentren al final de sus carreras.

Pues bien: Edward Witten es uno de los escogidos que han obtenido una medalla Fields, un hecho este que ya dice bastante de lo «puro» y «abstracto» de sus contribuciones. Y es que, como volveré a repetir enseguida, las aportaciones de Witten al conocimiento de la naturaleza pertenecen al dominio de la teoría física, pero de una teoría, además, que presumiblemente tendrá que esperar bastante para pasar la prueba de la experiencia.

---

[3] Los Congresos Internacionales de Matemáticas, las reuniones más importantes para los de esta disciplina, se celebran cada cuatro años; el primero tuvo lugar en 1873, en Zúrich.

En cuanto al galardón en sí, lo recibió, como dije, en 1990, durante el congreso celebrado en Kyoto, junto a Vladimir Drinfeld, Vaughan Jones y Shigefumi Mori. En la presentación pública del premio a Witten, Ludwig Faddeev se refirió al hecho que subyacía detrás de que un físico recibiese un premio matemático: «La física ha sido siempre una fuente de estímulo e inspiración para la matemática, de manera que la física matemática es una parte legítima de la matemática. En los tiempos clásicos, la conexión con la matemática pura era sobre todo a través del análisis, en particular de las ecuaciones en derivadas parciales. Sin embargo, la era cuántica dio gradualmente una nueva vida a esa relación. Ahora, el álgebra, la geometría y la topología, el análisis complejo y la geometría algebraica entran de forma natural en la física matemática y extraen nuevas enseñanzas de ella».

Por su parte, en el texto con el que contribuyó a la presentación de Witten en Kyoto, Michael Atiyah, del Trinity College de Cambridge, medalla Fields él mismo como hemos visto, y autor también de importantes contribuciones a la física teórica (por ejemplo, a la teoría de cuerdas, a la denominada «física de nudos» y a la teoría de los monopolos magnéticos), explotando sus habilidades matemáticas, señalaba que en ese campo de investigación que reúne a matemática y física, un campo «que involucra a muchos de los principales físicos y matemáticos del mundo, Edward Witten se distingue claramente como la figura más dominante e influyente. Aunque es definitivamente un físico (como muestra claramente su lista de publicaciones), su dominio de las matemáticas encuentra rival en pocos matemáticos, y su habilidad para interpretar ideas físicas en forma matemática es bastante única. Una y otra vez ha sorprendido a la comunidad matemática con una brillante aplicación de una idea física que lleva a nuevos y profundos teoremas matemáticos»[4].

---

[4] Los textos de las contribuciones de Faddeev y Atiyah se pueden consultar en la red, en, respectivamente, http://elib.zib.de/IUM/medals/1990/Witten y http://www.icm2002.org.cn/general/prize/medal/1990/Witten2, y también en *Proceedings of the International Congress of Mathematicians, Kyoto 1990,* Tokio, 1991.

En cuanto a cuáles son las principales aportaciones que Edward Witten ha realizado a la ciencia, para los propósitos del presente libro y capítulo, no es necesario entrar en detalles, ni tampoco mencionar las responsables de que recibiera la medalla Fields; solo hay que señalar que es uno de los grandes líderes de la teoría de las supercuerdas (a la que ya me referí en el capítulo 2), la formulación teórica, denominada a veces «Teoría del Todo», que pretende unificar las cuatro fuerzas identificadas en la naturaleza, al mismo tiempo que explicar el porqué existen las «partículas elementales» que existen y por qué tienen las propiedades que tienen. Fue él, en particular, quien argumentó, en 1995 e iniciando así lo que se denomina como «la segunda revolución de las cuerdas», que para que la teoría de cuerdas (o supercuerdas) pueda aspirar a ser realmente una «Teoría del Todo» debe tener diez dimensiones espaciales más una temporal, esto es, once (Witten denominó «Teoría M» a esa formulación, con la que también nos hemos encontrado ya, todavía por desarrollar completamente) [5].

En torno al tema de la teoría de cuerdas-supercuerdas giran la mayor parte de sus trabajos, los cuales, por otra parte, han hecho de él el científico más citado en la literatura profesional. En efecto, ateniéndose a la clasificación que se deriva del denominado «Índice de impacto», basado en el número de veces que los artículos publicados por un investigador son citados en las revistas científicas más prestigiosas, tenemos que Witten es el físico teórico de altas energías más citado de los últimos diez años, y muy destacado con respecto al segundo: sus trabajos aparecieron como referencia 14.407 veces, una media de 195 para cada uno de sus 89 artículos considerados (el segundo, Nathan Seiberg, tiene 10.487 citas, mientras que para el tercero, Cumrum Vafa, son 7.494) [6]. De hecho, Witten no es solo el físico teórico más citado de los últimos diez años, sino de ¡toda la historia!: 52.473 citas para 206 artículos; tras él aparecen el premio Nobel Steven

[5] No hay consenso acerca del por qué de la letra «M». Unos opinan que es por «Teoría Madre»; otros, «Teoría del Misterio», «Teoría de la Membrana» o «Teoría Matriz».

[6] SLSC Library Databases.

Weinberg (29.718 citas/117 artículos), John Ellis (28.221/446) y D. V. Nanopopoulos (24.031/393), con, por ejemplo, Stephen Hawking ocupando el lugar número 24 (12.706/105). Pero no hay que tomar esta lista de «los más citados de todos los tiempos» como significando que representa a los mejores físicos teóricos de toda la historia: en primer lugar hay que tener en cuenta que no se puede comparar el número de publicaciones y científicos (y por tanto oportunidades de ser citado) que existen en la actualidad con el que había en, por ejemplo, la primera mitad del siglo XX, cuando se estableció la disciplina de la física de altas energías (¡y qué decir de épocas anteriores!).

La imagen de Witten como el científico profundo, cuyos conocimientos se encuentran muy alejados del común de los mortales, está de hecho íntimamente unida a sus trabajos en la teoría de las supercuerdas. Es esta una formulación tan compleja —y tan atractiva— que en varios aspectos se halla fuera de las posibilidades de tratamiento científico existentes en la actualidad. Nadie mejor que Brian Greene para explicar a qué me refiero. Hace poco, Greene escribió un libro (que ya cité en el capítulo 2), *El universo elegante,* dedicado a explicar la teoría de las cuerdas, que fue un auténtico éxito de ventas en Estados Unidos, y en el que podemos leer: «Edward Witten, uno de los pioneros y más relevantes expertos en teoría de cuerdas, resume la situación diciendo que "la teoría de cuerdas es una parte de la física del siglo XXI, que, por azar, cayó en el siglo XX"... La observación de Witten y las de otros expertos en el mismo campo indica que podrían transcurrir décadas e incluso siglos antes de que la teoría de cuerdas se desarrolle y se comprenda de manera completa. Esto puede ser realmente cierto. De hecho, las matemáticas de la teoría de las cuerdas son tan complicadas que, hasta ahora, nadie conoce ni siquiera las ecuaciones de las fórmulas exactas de esa teoría. Lo que sí es cierto es que los físicos conocen únicamente unas aproximaciones de dichas ecuaciones, e incluso estas ecuaciones aproximadas resultan ser tan complicadas que hasta la fecha solo se han resuelto parcialmente»[7].

---

[7] Brian Greene, *El universo elegante,* Crítica/Planeta, Barcelona, 2001, pág. 34.

Con el caso de Witten se dispone, por tanto, de algunos de los ingredientes fundamentales para reforzar la imagen —muchas veces «mito»— de la ciencia pura, la ciencia empeñada en desvelar los secretos más profundos (y, por consiguiente, más inaccesibles) de la naturaleza. Con frecuencia esa imagen-mito ha ido acompañada de otras ideas, algunas de las cuales también se dan en el presente caso. Recurriendo de nuevo a Greene: «La amplitud y profundidad de la productividad de Witten es legendaria. Su esposa, Chiara Nappi, que es asimismo física en el Institute for Advanced Study, hace un retrato de Witten sentado a la mesa de la cocina, comprobando mentalmente alguna novedad de la teoría de cuerdas, recurriendo solo esporádicamente a tomar pluma y papel para verificar uno o dos detalles escurridizos. Hay otra historia que cuenta un becario posdoctoral que, durante un verano, tuvo su despacho contiguo al de Witten. Describe la yuxtaposición inquietante de una lucha laboriosa con complejos cálculos de teoría de cuerdas sentado a la mesa de su despacho, mientras oía el ritmo incesante del teclado de Witten, y cómo una publicación tras otra se introducían directamente desde la mente al archivo del ordenador»[8].

Andrew Wiles: la pureza y determinación en la matemática

El prestigio científico se basa en contribuciones específicas. Es mayor el reconocimiento que se obtiene cuanto más importantes (lo que significa también «más difíciles de resolver» o «más inesperados y fructíferos») sean los logros realizados. No debería haber dudas de que así tendría que ser, y así suele ser de hecho. Pero con ser verdad lo anterior, no constituye *toda* la verdad: la empresa científica es en la actualidad —crecientemente desde hace más o menos un siglo— tan grande e importante, de un tamaño tan descomunal, que es preciso introducir algunos criterios para otorgar créditos, para valorar, a los científicos, con

[8] Brian Greene, *El universo elegante*, ob. cit., pág. 300.

vistas a, sin ir más lejos, seleccionar a los aspirantes a un puesto académico o a una ayuda de investigación. Y como no siempre —rara vez, de hecho— es posible juzgar basándose en grandes, fructíferas, inesperadas, importantes contribuciones, una sola de las cuales justificaría cualquier cátedra, ayuda de investigación o premio, entonces es necesario ayudarse de otros «indicadores». Y entre esos indicadores, uno de los utilizados es el «índice de impacto», que ya mencioné a propósito de Witten. Ahora bien: está claro que ese índice se ve favorecido por el número de publicaciones: cuantos más artículos haya escrito un científico, más ocasiones tiene su autor de ser citado. Íntimamente relacionado con este hecho está el que se tienen más ocasiones de publicar si no se eligen problemas demasiado complicados, o fuera de los circuitos de «modas científicas». Naturalmente, si se es capaz de resolver un problema complicado, o introducir una nueva idea o campo de investigación, entonces el prestigio que se obtendrá será mayor; se trata, en definitiva, de un juego de probabilidades.

Por todo esto, no es frecuente encontrar a científicos (de prácticamente ningún campo, pero menos en las ciencias físico-químicas y matemáticas) que dedican años de su vida a intentar resolver un problema importante, pero que ha desafiado a otros científicos durante mucho tiempo. Es, simplemente, demasiado arriesgado.

Esto es, no obstante, lo que ha sucedido no hace mucho con un matemático de origen británico, Andrew Wiles (1953-), y uno de los grandes problemas históricos de la matemática, el denominado «Último Teorema de Fermat». Veamos primero en qué consiste ese famoso teorema.

Más que un teorema es —era, como veremos— una *conjetura,* que el matemático y jurista francés Pierre de Fermat (1601-1665) propuso en 1637, en el margen de su ejemplar del Libro II de la *Aritmética* escrita hacia el año 250 por Diofanto; por eso se la denomina «Último Teorema de Fermat». Lo que afirma esta conjetura es que si n es un entero mayor que 2, la ecuación $x^n + y^n = z^n$ no tiene solución si x, y, z son enteros positivos. Fermat sostenía que sabía demostrarlo, y escribió en su anotación que: «el margen [del libro] es demasiado pequeño para contenerla».

Muchos matemáticos, legiones de ellos, han intentado a lo largo de los años demostrar esta conjetura, pero sin éxito. En 1780, por ejemplo, uno de los grandes de la matemática, de los verdaderamente grandes, Leonhard Euler, demostró el teorema para $n = 3$; más tarde, otros demostraron lo propio para $n = 5$, 7 y 13, y con la introducción de los computadores se probó con exponentes hasta 4.000.000 sin encontrar ninguna violación en el supuesto teorema. Pero la demostración rigurosa, universal, teórica, absolutamente fiable, a la manera que distingue a los resultados matemáticos de los de cualquier otra disciplina científica, de hecho, de cualquier disciplina humana, eso era algo que nadie conseguía obtener. Y sin esa demostración no vale para mucho que se demuestre que el resultado es cierto en cualquier número de casos concretos, aunque ese número sea inimaginablemente grande: siempre existirá la posibilidad de que no se cumpla en el caso siguiente.

En septiembre de 1994, sin embargo, un matemático, afincado en Princeton, el mencionado Andrew Wiles, lograba demostrar el teorema.

Hay personas que parecen destinadas a conseguir un fin determinado desde pequeños. «Parecen», digo, porque semejantes juicios siempre se hacen a posteriori y llevan asociado un claro elemento subjetivo, si no celebratorio. En cualquier caso, algo de esto se puede decir de Wiles, que, como él mismo ha recordado: «Tenía diez años, y un día estaba en la biblioteca local y encontré un libro de matemáticas que contaba algo de la historia de este problema. Y yo, con diez años, podía entenderlo. Desde aquel momento intenté resolverlo por mí mismo. Era un desafío descomunal, un problema bellísimo. Se trataba del Último Teorema de Fermat»[9].

Hermosos deseos, pero ¡cuántos jóvenes no se habrán propuesto lo mismo a lo largo de los siglos! Para intentarlo con las imprescindibles, mínimas, garantías es preciso en primer lugar

---

[9] Cit. en J. J. O'Connor y E. F. Robertson, «Andrew J. Wiles», http://www-history.mcs.st-andrews.ac.uk/history/References/Wiles.html. Las citas que siguen proceden también de esta fuente.

formarse como matemático. Esto es lo que hizo Andrew Wiles, primero en Oxford (en el Merton College), donde entró en 1971. Una vez obtenida su licenciatura, en 1974, pasó a Cambridge, al Clare College, para doctorarse, especializándose en curvas elípticas, que años después desempeñarían un papel central en su demostración de la conjetura de Fermat. Pero no hubo en semejante circunstancia ningún tipo de presciencia, sino de mera casualidad. «El problema con trabajar en el teorema de Fermat —en sus propias palabras— es que uno puede pasarse años sin obtener nada, de manera que cuando fui a Cambridge mi supervisor, John Coates, estaba trabajando en la teoría de las curvas elípticas de Iwasawa y yo empecé a trabajar con él.»

El título de doctor lo consiguió en 1980, el mismo año que se trasladó a Bonn, para al final del año siguiente pasar a Estados Unidos, al Instituto de Estudio Avanzado de Princeton. Un año después era nombrado profesor de la Universidad de Princeton.

Podría continuar mencionando otros detalles de este estilo, haciendo referencia a hechos que muestran el reconocimiento que Wiles iba obteniendo según progresaba su carrera, pero no es necesario para mis propósitos. El mero hecho de que llegase a ser profesor de matemáticas en Princeton habla por sí solo.

Un momento trascendental en la carrera de Wiles tuvo lugar durante el curso 1985-1986, que pasó en París, en el Instituto de Altos Estudios Científicos y en la Escuela Normal Superior. Fue entonces cuando supo que Ken Ribet había demostrado, inspirado en una idea de otro matemático, Gerhard Frey, que el Último Teorema de Fermat se deducía de una conjetura (de nuevo algo propuesto, pero no demostrado) de Shimura y Taniyama, que tenía que ver con curvas elípticas, el viejo tema de Wiles.

A partir de entonces, Wiles decidió abandonar todos sus trabajos e intentar demostrar la conjetura de Shimura-Taniyama. Prácticamente desapareció de la vida profesional, excepto para dar sus clases en Princeton, o para cumplir con las mínimas obligaciones que tuvo que aceptar durante los dos años que pasó en Oxford (1988-1990) como *Royal Society Research Professor,* esto es, catedrático de investigación (sin, por tanto, obligaciones docentes), financiado por la Royal Society, institución que le acogió en sus selectas filas (como *Fellow)* por entonces, en 1989. Fueron siete años de reclusión en el ático de su casa de Nueva Jersey o en los lugares que ocupó en Oxford, sin que nadie —salvo un colega de Princeton, Nicholas Katz— supiese a qué se estaba dedicando. «Me di cuenta —explicaría más tarde— de que era imposible hablar de manera informal con la gente sobre Fermat, porque generaba demasiado interés y uno no podía centrarse durante años a menos de que tuviera esta clase de concentración total que demasiados espectadores destruirían.» Hasta su vida familiar se vio afectada: «Mi esposa solo me ha conocido mientras he estado trabajando en Fermat. Le informé unos pocos días después de que nos casásemos. Decidí que en realidad solamente tenía tiempo para mi problema y mi familia, y encontré que mientras estaba concentrado muy duramente lo mejor para relajarme eran los niños pequeños. Cuando uno está hablando con niños pequeños no está interesado en Fermat».

Pero disfrutó en aquella situación: «Amé todos los minutos de los primeros siete años que trabajé en este problema, a pesar de lo duro que fue. Hubo retrocesos, cosas que parecían insuperables, pero se trataba de una especie de batalla privada y muy personal en la que yo estaba involucrado». Precisamente por esa capacidad de, y disposición a, aislarse del mundo en una empresa gigantesca, arriesgada en grado sumo, he incluido a Wiles aquí. Representa una *rara avis* en el mundo de los investigadores; un mundo que busca publicar, resolver problemas cuanto más interesantes y difíciles mejor, sí, pero no a costa de aislarse del mundo, no refugiándose en un solitario ático. Si hay algo que merezca la pena llamar «pureza científica», el solitario esfuerzo de Wiles durante siete años pertenece a esa clase.

Desgraciadamente, no siempre la pureza es recompensada, pero en este caso sí lo fue. El 23 de junio de 1993, al final de la última de una serie de tres conferencias que pronunció en el Isaac Newton Institute de Cambridge, Wiles anunciaba a sus colegas que había completado la prueba de la conjetura de Shimura-Taniyama, esto es, que había logrado demostrar el Último Teorema de Fermat. Huidizo hasta el extremo, no había hecho público el tema del que se iba a ocupar en las conferencias. Sin embargo, una vez iniciadas estas, se fue propagando el rumor de que hablaría también de la conjetura de Fermat, y así en la última de sus charlas la sala estaba abarrotada. Era, o podría ser, una ocasión histórica, y la gente así lo entendió.

No hay duda, como vemos, de que Wiles cuidó con mimo la escenografía, hasta el último detalle. Estaba en su derecho, era su momento, por el que había pugnado y con el que había soñado desde aquel día en la biblioteca local en el que se encontró con el libro de matemáticas que hablaba de Fermat y de su propuesta [10]. Me recuerda la presentación de Wiles a lo que no lejos de las orillas del Cam, en Londres, en la sede (Burlington House) de la Royal Society, había sucedido setenta y cuatro años antes, en 1919. Aquel año, el 6 de noviembre, se celebró allí una reunión conjunta de la Royal Society y la Royal Astronomical Society, en la que se presentaron los resultados de una expedición astronómica británica planeada para comprobar, durante un eclipse de Sol que se produjo el 29 de mayo, si una de las predicciones (la de la curvatura de los rayos de luz en presencia de un campo gravitacional) de la teoría de la relatividad general que Einstein había propuesto menos de cuatro años antes, se verificaba. Alfred North Whitehead, el lógico matemático y filósofo, cuyo nombre será recordado durante mucho tiempo en el futuro por ser, junto a Bertrand Russell, el autor de aquel gigantesco y a la postre frustrado esfuerzo de reducir toda la matemática a la lógica que fueron los tres tomos de *Principia Mathematica* (1910-1913), asistió a la reunión en su calidad de *Fellow* de la Royal Society. Años después, recordó de la siguiente manera lo sucedido:

> Toda la atmósfera de tenso interés era exactamente la de un drama griego: nosotros éramos el coro comentando el decreto del destino revelado en el desarrollo de un incidente supremo. Había una cualidad dramática en la misma representación; el ce-

---

[10] Es apropiado en este punto recordar otra de las declaraciones de Wiles: «Ningún otro problema significará ya lo mismo para mí. He tenido el raro privilegio de ser capaz de perseguir en mi vida adulta lo que había sido mi sueño infantil. Sé que es un raro privilegio, y también que si uno puede hacer esto, representa la mayor recompensa que pueda imaginar».

> remonial tradicional, y en el trasfondo el retrato de Newton para recordarnos que la mayor de las generalizaciones científicas iba a recibir ahora, después de más de dos siglos, su primera modificación [11].

El día siguiente, 7 de noviembre, la noticia llegaba a los titulares del *Times* de Londres. A todo el mundo, un día después. Y así fue como Einstein ascendió a los dudosos altares de la popularidad mundial.

Pues bien: algo muy parecido se puede decir a propósito de Wiles y la presentación de su demostración (no completa, como enseguida veremos) del teorema de Fermat. El lugar elegido era imponente: la antigua y prestigiosa Universidad de Cambridge, y un instituto que llevaba por nombre el del más grande científico —físico y matemático— del que tiene conocimiento la historia, Isaac Newton. Asimismo, al igual que en el caso de Einstein y la relatividad general, la noticia se propagó como la pólvora, esta vez ayudada por nuevos medios y formatos: miles de *e-mails* inundaron los ordenadores de los matemáticos de todo el mundo con la buena nueva, más de trescientos cincuenta años esperada, y también los periódicos se hicieron eco de la noticia.

Pero la felicidad no fue completa: un manuscrito de su demostración circuló entre algunos colegas seleccionados, y pronto se descubrió un sutil error en la prueba. No obstante, Wiles no cejó: no había llegado hasta aquel punto, empleado siete años de su vida, para detenerse allí, para simplemente rozar la gloria inmortal. Trabajó muy duro durante el siguiente año, con la ayuda ahora de Richard Taylor. El 19 de septiembre de 1994 estaba a punto de abandonar cuando, utilizando sus propias palabras, «de repente, de forma totalmente inesperada, tuve esta increíble manifestación. Fue el momento más importante de mi vida laboral. Nada de lo que haga jamás [será parecido], fue tan indescriptiblemente bello, tan simple y elegante. Primero, durante veinte

---

[11] Alfred N. Whitehead, *Science and the Modern World,* Cambridge University Press, Cambridge, 1926, pág. 13.

minutos no lo creí; después durante el resto del día fui de un lado a otro por el departamento. Volvía a la mesa de mi despacho para ver si todavía seguía allí. Y aún estaba».

El resultado apareció finalmente publicado en dos artículos, el primero de ellos el más importante, el esencial: Andrew Wiles, «Modular elliptic curves and Fermat's Last Theorem», *Annals of Mathematics,* vol. 141, págs. 443-551 (1995). El otro: Andrew Wiles y Richard Taylor, «Ring-theoretic properties of certain Hecke algebras», *Annals of Mathematics,* vol. 141, págs. 552-572 (1995).

Aquellos que creen que los resultados matemáticos fundamentales que se pueden enunciar de forma sencilla, como ciertamente ocurre con el Último Teorema de Fermat, también se demuestran de igual manera, con simplicidad, se desengañarán sin más que estudiar la demostración de Wiles. Su artículo básico ocupa, como acabamos de ver, casi ciento veinte páginas de *Annals of Mathematics.* Ciento veinte páginas cuya comprensión no está al alcance de cualquiera, ni siquiera de cualquier matemático. Nada parecido a esas demostraciones, sencillas, simples y hermosas, que han servido durante siglos para iluminar a millones de espíritus; demostraciones como las del teorema de Pitágoras (el teorema de Fermat para $n = 2$) o la de la existencia de números irracionales, como la raíz cuadrada de 2, resultado que tanto perturbó a los matemáticos y filósofos griegos. Existe, parece, algo así como una esquizofrenia en el universo matemático (y acaso también en el de la física): por un lado, proposiciones que percibimos y entendemos nítidamente, como la luz que rompe la oscuridad y, por otro, la constatación de que la demostración de al menos algunas de esas verdades transparentes no son, en modo alguno, o no parecen ser, ni sencillas ni simples. En este sentido, no podemos decir que el universo de la matemática, de las verdades matemáticas, sea sencillo o simple. En cierta ocasión, Albert Einstein pronunció una frase que se haría famosa: «Raffiniert ist der Herrgott aber boshaft ist er nicht», que se puede traducir como «El Señor es sutil, pero malicioso ciertamente Él no es». No estoy seguro de que Wiles, o todos aquellos que han siquiera intentado comprender su demostración del ahora ya sí Teorema y no Conjetura de Fermat, piensen lo mismo. Que no piensen, en términos metafóricos, por supuesto, que el Señor también es malicioso [12]. Y acaso no falte quien intente utilizar todo esto como munición para argumentar en contra de la existencia del Dios de algunas religiones, en cuya idea la «simplicidad fundamental» desempeña un cierto papel.

Pero dejemos ya todas estas cosas, y completemos esta sección mencionando que el éxito de Wiles le reportó (antes incluso de que fuese final) el nombramiento de *Eugene Higgins Professor* de Matemáticas en la Universidad de Princeton; esto es, una cátedra con nombre propio, uno de los bienes académicos más preciados en el mundo universitario estadounidense (suelen estar mejor dotadas y representan a veces una distinción especial). También llegaron otros honores: en 1995 recibió el premio Schock de Matemáticas de la Real Academia de Ciencias Sueca y el premio Fermat de la Universidad Paul Sabatier, y en 1996 el premio Wolf. Falta uno en esta lista, claro; el más preciado para los matemáticos, la medalla Fields. Pero es que para cuando logró demostrar el Último Teorema de Fermat, Wiles tenía más de cuarenta años: cuarenta y dos, concretamente. Aun así, en 1998, durante el Congreso Internacional de Matemáticas que se celebró en Berlín, la ocasión, cada cuatro años como ya vimos, en la que se conceden las medallas Fields, la asociación organizadora, la International Mathematical Union, le honró con una placa especial de plata que le fue entregada en la sesión inaugural, el 18 de agosto [13]. Se quería reconocer de esta manera tanto lo injusto de que no pudiese recibir el gran galardón Fields, que nadie como él merecía, como la grandeza de su logro. Al día siguiente pronunció una conferencia plenaria titulada «Veinte años de teoría de números», a la que asistieron 1.500 congresistas; alrededor

[12] Parece que el propio Einstein cambió de opinión posteriormente, y que dijo a uno de sus colaboradores en Princeton: «He tenido segundos pensamientos. Tal vez Dios es malicioso». Cit. *The Quotable Einstein,* Alice Calaprice (ed.), Princeton University Press, Princeton, 1996, pág. 169.

[13] Los medallistas Fields de ese año fueron: Richard Borcherds y Timothy Gowers, ambos de la Universidad de Cambridge; Curtis McMullen, de Harvard, y Maxim Kontsevich, del Institut des Hautes Études Scientifiques de París.

de otros setecientos más que no cabían en la sala tuvieron que seguirla a través de un circuito de televisión [14].

JOHN NASH: EL GENIO MATEMÁTICO AL QUE LA LOCURA Y LA ECONOMÍA HAN HECHO CÉLEBRE

Andrew Wiles obtuvo fama una vez hubo resuelto uno de los problemas matemáticos más famosos, y lo hizo, como acabamos de ver, con una dedicación no habitual. Por eso lo he seleccionado como uno de los modelos de científico que merece la pena conocer. El caso que voy a tratar ahora es muy diferente. Es el de un matemático, John Nash (1928-), que se hizo famoso mucho después de haber logrado los resultados por los que ahora es honrado.

Cuando se habla de matemáticos que se han hecho famosos, es normal que nos preguntemos acerca de los motivos últimos del porqué de esa fama social, más aún si, como en el presente caso, tal fama es súbita. Se trata de un matemático, esto es, de una persona que se ha dedicado a una disciplina que a pesar de su importancia, de que es casi consustancial con nuestra especie, no posee demasiada buena fama social. La pregunta de cómo *un matemático,* precisamente un matemático, se ha hecho tan famoso, surge entonces de manera natural. Un matemático, en este caso, que realizó muy pronto importantes contribuciones a su ciencia: la primera en su tesis doctoral (1950), en la que estudió los juegos no cooperativos (aquellos en los que se producen ganancias o pérdidas), mostrando que bajo ciertas condiciones existen estrategias o situaciones estables para los jugadores, dando origen a lo que terminaría conociéndose como «equilibrio de Nash» [15]. No fue él quien inventó, es cierto, la teoría de juegos, honor que hay

[14] El texto de esta conferencia se encuentra reproducido en V. Arnold, M. Atiyah, P. Lax y B. Mazur (eds.), *Mathematics: Frontiers and Perspectives,* American Mathematical Society, 2000, págs. 329-342.

[15] Las principales publicaciones de Nash, incluyendo un facsímil de su tesis doctoral y una autobiografía, se encuentran reproducidas en Harold W. Jun y Sylvia Nasar (eds.), *The Essential John Nash,* Princeton University Press, Princeton, 2002.

que adjudicar a nuestro viejo conocido John von Neumann y al economista Oskar Morgenstein, y al libro que ambos escribieron, *The Theory of Games and Economic Behavior* (1944), pero al abandonar el limitado, aunque más sencillo de explicar teóricamente, universo de los juegos cooperativos, en los que se habían centrado von Neumann y Morgenstein, Nash proporcionó a dicha teoría un grado de realidad que la hizo relevante y aplicable a todo tipo de mundos: a la economía, por supuesto, pero también a, por ejemplo, la biología evolutiva, la sociología o la teoría política; a, en general, cualquier situación en la que seres, humanos o no, entran en conflicto y compiten. Si en 1995 el Gobierno estadounidense logró recaudar más de 10.000 millones de dólares subastando espacios radioeléctricos, frente a los meros 37 que se lograron en Nueva Zelanda, y no digamos comparado con lo que ocurrió en España, fue porque los expertos que diseñaron la subasta emplearon técnicas de teoría de juegos, deudoras de ideas creadas casi medio siglo antes por Nash.

Al contrario que tantos científicos, cuyas carreras posteriores vienen marcadas por sus primeros intereses, Nash pronto abandonó la teoría de juegos. Su genialidad —porque enseguida se fue haciendo evidente a sus colegas que era un genio; un genio intratable, insolente, egoísta, tacaño, vanidoso, infantilmente pretencioso— fue de un tipo peculiar: sus contribuciones no surgían de programas de investigación más o menos coherentes, que obedecieran a un programa propio, a una idea, por ejemplo, de lo que era más importante dentro de la matemática, sino que florecía, impetuoso, ante estímulos no infrecuentemente mezquinos, como el deseo de mostrar que él era capaz de resolver aquello en lo que otros fracasaban, un hecho este instructivo para quienes buscan comprender las a la postre múltiples vertientes de la creación científica. Para él la matemática no era una gran estructura, sino una colección de problemas desafiantes. «Lo hice por una apuesta», comenzó una conferencia que pronunció en 1955 en la Universidad de Chicago, en la que presentó uno de sus resultados más importantes, el de si es posible «sumergir» variedades riemannianas en espacios euclidianos, un problema, formulado explícitamente por primera vez por Ludwig Schläfli en la década de 1870, que había desafiado a matemáticos del calibre de Bernhard Riemann, David Hilbert, Hermann Weyl y Elie Cartan [16]. Nash nos proporciona, en definitiva, un ejemplo de matemático cuya aproximación a su disciplina fue completamente diferente a la de Wiles.

Genialidad, insolencia, egoísmo y oportunismo científico son buenos ingredientes para destacar popularmente en un mundo como el presente, que no siempre da preferencia a valores más solidarios y coherentes; pero no es por esto por lo que John Forbes Nash ha llegado a ser famoso, ni siquiera porque en 1994 recibiese, compartido con Richard Selten y John Harsanyi, el premio Nobel de Economía en reconocimiento a sus por entonces ya viejas aportaciones a la teoría de juegos. El motivo que explica esa fama tardía es que durante una buena parte de su vida fue un enfermo mental, incapacitado para la investigación: a la edad de treinta años, habiendo ya mostrado indicios de que algo funcionaba mal en su mente, se le diagnosticó esquizofrenia paranoica. En este hecho se encuentra la clave de que su historia se haya convertido en libro y película de éxito [17]; en que pasase la mayor parte de su vida productiva bien internado —sometido a veces a tratamientos tan duros como el que se le aplicó en el Hospital Estatal de Trenton en 1961: provocarle comas insulínicos, en la esperanza de que si se privaba a su cerebro de azúcar las neuronas que trabajan defectuosamente morirían—, bien vagando, mudo, absorto y aparentemente ajeno a lo que le rodeaba, por las calles y centros matemáticos de, sobre todo, Princeton, alternando periodos de remisión con otros en los que le corroía la demencia, oyendo voces internas, considerándose paladín de grandes movimientos mundiales por la paz o alertando ante conspiraciones de líderes militares para dominar el mundo.

---

16 Se trata de J. Nash, «The imbedding problem for Riemannian manifolds», *Annals of Mathematics 63,* 20-63 (1956); reimpr. en *The Essential John Nash,* ob. cit., págs. 151-208.

17 Sylvia Nasar, *Una mente prodigiosa,* Mondadori, Barcelona, 2001. La película, protagonizada por Russell Crowe (que recibió el Oscar a la mejor interpretación) en el papel de Nash y dirigida por Ron Howard, es *Una mente maravillosa.*

La historia de John Nash posee, en efecto, ingredientes casi irresistibles para atraer la atención popular. Con la poderosa ayuda de libro y película, millones —seguramente cientos de millones— de personas en el mundo se han familiarizado y sentido, casi, en sí mismas, su esquizofrenia, además de vibrado o sentido curiosidad malsana con otros aspectos de su vida: sus complejas y difíciles relaciones con colegas e instituciones, con hombres por los que se sintió atraído, con Eleanor, la enfermera con quien tuvo un hijo y a la que nunca ayudó ni intentó comprender; con su madre y hermana y, en especial, con la salvadoreña Alicia Larde, dotada estudiante en el Massachusetts Institute of Technology, con la que se casó, tuvo un hijo e hizo su vida miserable. De hecho, en una medida significativa, la historia de Nash es la historia de Alicia. Fue ella la que tomó decisiones que muchos criticaron: la de internarle (a la fuerza) en centros psiquiátricos; la decisión de internar a un genio en lugares en los que le podrían aplicar tratamientos que destruirían su mayor, su —para muchos— único, tesoro: su capacidad creativa. Ella, la que durante mucho tiempo le siguió en sus locas peregrinaciones por el mundo, dejando tras de sí al hijo de ambos. Fue ella también la que después de no poder más y divorciarse de él, le acogió en 1970 en su pequeña y destartalada casa de Princeton Junction, frente a la estación de ferrocarril, cuando ya no era un peligro ni para él mismo ni para nadie, cuando se aproximaba más a un vegetal que a un ser humano. Ella, asimismo, la que soportó no solo la incapacidad de John, sino, peor aún, el que el hijo de ambos, John Charles, extraordinariamente dotado, una promesa para la matemática, también sucumbiese a la esquizofrenia, confrontándola de nuevo con una para ella vieja historia, esta vez sin escapatoria posible. Fuese o no por su paciencia y comprensión —nadie lo sabe—, el hecho es que Nash fue saliendo poco a poco de su locura y recuperando —un hecho muy raro entre esquizofrénicos— el juicio, situación en la que recibió la noticia de la concesión del premio Nobel (¿le habría concedido la Academia Sueca ese galardón de no haber recuperado la salud mental?: muy probablemente, no).

Pero la historia de Nash es interesante no solo por hechos como los anteriores, sino también por otras cuestiones que suscita. Viejas cuestiones que no pierden su actualidad: como la de si existen relaciones entre la locura y el genio, entre, cuando menos, el genio explosivo, abstracto, fugaz, radical y cambiante que exhibió Nash y su excitable cerebro, un cerebro con características no comunes entre la mayor parte de los humanos, características que denominamos «esquizofrenia».

Es interesante también saber cómo se veía o ve el propio Nash. Un documento muy ilustrativo en este sentido es la breve autobiografía que preparó para acompañar en la publicación de su conferencia Nobel. Merece la pena leer cuidadosamente las palabras que utilizó entonces; reflejan, en mi opinión, algo de su carácter y también de la precisión que uno supone acompaña a muchas mentalidades matemáticas:

«Ahora debo llegar a la época —escribía Nash— de mi cambio de un pensamiento de racionalidad científica a un pensamiento imaginario *[delusional]* característico de personas que son diagnosticadas psiquiátricamente como "esquizofrénicas" o "esquizofrénicos paranoicos". Las perturbaciones mentales comenzaron en los primeros meses de 1959, en una época en la que Alicia [con quien se había casado poco antes] estaba embarazada. Como consecuencia, dimití de mi puesto de miembro de la Facultad del MIT [Massachusetts Institute of Technology] y, finalmente, tras permanecer cincuenta días bajo "observación" en el Hospital McLean, viajé a Europa para intentar lograr el estatus de refugiado» [18]. Y continuaba:

> Después estuve varias veces del orden de cinco a ocho meses en hospitales de Nueva Jersey, siempre involuntariamente y siempre intentando encontrar un argumento legal para que me dejasen salir.
>
> Y sucedía que cuando había estado suficiente tiempo hospitalizado terminaba renunciando a mis hipótesis imaginarias y regresaba a pensar en mí como un humano de circunstancias más convencionales y volvía a la investigación matemáti-

[18] John F. Nash, «Autobiography», en *Les Prix Nobel 1994,* Norstedts Tryckeri, Estocolmo, 1995, págs. 275-279. Reimpr. en *The Essential John Nash,* ob. cit., págs. 5-11. Las citas que siguen proceden de las páginas 9 y 10 de esta última referencia.

> ca. En estos interludios de, como si dijésemos, racionalidad forzosa, conseguí realizar alguna investigación matemática respetable...
>
> Tras mi regreso a las hipótesis imaginarias del tipo de sueños a finales de los sesenta, me convertí en una persona de pensamiento influida por imaginaciones pero de un comportamiento relativamente moderado y así tendí a evitar hospitalizaciones y la atención directa de los psiquiatras.
>
> De esta manera transcurrió el tiempo. Entonces comencé de forma gradual a rechazar intelectualmente algunas de las líneas de pensamiento influidas por imaginaciones que habían sido características de mi orientación. Esto comenzó, de manera más reconocible, con el rechazo del pensamiento orientado políticamente y en esencia como una pérdida sin esperanza de esfuerzo intelectual.

Hasta qué punto este Nash redivivo racionalmente comparte por completo los valores y puntos de vista intelectuales de la mayoría (de sus colegas matemáticos cuando menos) es algo que no está muy claro. Véase si no lo que añadía a continuación: «Así, en la actualidad parece que estoy de nuevo pensando racionalmente en el estilo que es característico de los científicos. Sin embargo, esto no significa una alegría completa, como si alguien regresase de una incapacidad física a una buena salud física. Un aspecto de esto es que la racionalidad de pensamiento impone un límite sobre el concepto que una persona tiene de su relación con el cosmos. Por ejemplo, una persona no zaratustriana podría pensar en Zaratustra como simplemente un loco que condujo a millones de ingenuos seguidores a adoptar un culto de ritual adoración al fuego. Pero sin su "locura", Zaratustra habría sido necesariamente solo uno más de los millones o miles de millones de individuos humanos que han vivido y después han sido olvidados».

Leyendo estas palabras no está claro en absoluto, insisto, que Nash considere el pensamiento racional tradicional el mejor o el único aceptable para comprender el mundo.

MURRAY GELL-MANN: QUARKS, JAGUARES Y COMPLEJIDAD

Murray Gell-Mann es uno de los físicos vivos más conocidos y respetados. Ya no es joven (nació en 1929), con lo que se puede decir, fuera de toda duda, que sus mejores días como científico creativo han pasado. Han pasado, sí, pero, como veremos enseguida, no del todo, o no en lo que se refiere a otras contribuciones a la ciencia, aunque no sean en la forma habitual. Pero antes de llegar a eso, merece la pena recordar brevemente cómo fueron aquellos «días» (décadas más bien) en los que produjo trabajos que le llevaron a lograr el premio Nobel de Física correspondiente a 1969, «por sus contribuciones y descubrimientos relativos a la clasificación de las partículas elementales y sus interacciones».

Natural de Nueva York, la carrera profesional de Gell-Mann ha estado marcada por una larga secuencia de éxitos. Después de asistir a una escuela privada de Manhattan, la Columbia Grammar, entró, ¡recién cumplidos los quince años!, en la Universidad de Yale, desde donde pasó, en 1948, al Massachusetts Institute of Technology, institución en la que obtuvo, en enero de 1951, su doctorado. El año siguiente lo pasó en el Institute for Advanced Study de Princeton, la elitista institución que acogía todavía a Albert Einstein, y a la que regresaría en múltiples ocasiones en años sucesivos. Entre 1952 y 1954 estuvo en la Universidad de Chicago, con el grupo de Enrico Fermi, pasando de allí al California Institute of Technology, que sería su hogar académico permanente (en la actualidad es profesor emérito de Física Teórica, puesto que comparte con uno en el Instituto de Santa Fe, centro que él mismo ayudó a fundar y del que volveré a hablar). Entre los atractivos de estar en Caltech, como se suele llamar a esa institución, figuraba la de que así tuvo la oportunidad de interaccionar —científica y humanamente— con Richard Feynman, uno de los auténticos genios de la física del siglo XX (juntos, por ejemplo, escribieron un importante artículo, casi un clásico: «Theory of the Fermi interaction», *Physical Review* [1958], en el que propusieron una ambiciosa extensión de los principios que gobiernan la desintegración beta a otros tipos de interacciones entre partículas).

La primera gran contribución de Gell-Mann a la física se produjo en los mismos inicios de su carrera, mientras trabajaba en Chicago. Inicialmente se interesó sobre todo por la teoría de campos, que era muy popular entonces. Con Marvin Goldberger se dedicó a estudiar cómo se podrían realizar cálculos no perturbativos (es decir, no basados en desarrollos aproximados) en esa teoría. Como tema colateral se interesó también por unas partículas que se habían descubierto en los rayos cósmicos, y cuyo comportamiento no respondía a lo que se esperaba de ellas. Se las denominaba «partículas V» y era posible producirlas abundantemente en los grandes aceleradores. En agosto de 1953, Gell-Mann explicó su comportamiento. Para ello propuso la existencia de una nueva propiedad de la materia, a la que denominó «extrañeza», y para la que supuso su conservación en las interacciones de los hadrones, las partículas que «sienten» la interacción fuerte (la que tiene lugar en el ámbito del núcleo atómico). Con el término «extrañeza», Gell-Mann inauguraba la costumbre de dotar de nombres curiosos a propiedades de las partículas elementales. En esta costumbre suya, al igual que en su interés —y dominio— de varios idiomas, se observa la influencia de su padre, un austriaco que logró hablar inglés sin ningún acento y que fundó una escuela de idiomas para inmigrantes.

El segundo gran éxito de Gell-Mann se produjo en 1961 (otro físico teórico, el israelí Yuval Ne'eman, llegó a un resultado similar de manera prácticamente simultánea), cuando introdujo un esquema teórico para clasificar los hadrones de igual espín y paridad, pero diferente isospín y extrañeza: el *Eightfold Way (Camino óctuplo),* o, para los matemáticos, grupo SU(3). De nuevo, fue él mismo quien introdujo el nombre, en una referencia a la filosofía budista.

Con ser importantes estas contribuciones, no fueron tan concluyentes y espectaculares como su propuesta de que existen partículas más fundamentales que neutrones o protones. A comienzos de 1964, Gell-Mann publicó en la revista *Physics Letters* un artículo, muy breve, titulado «A schematic model of baryons and mesons» («Un modelo esquemático de bariones y mesones»), que ha pasado a la historia de la física contemporánea. En él proponía que los hadrones podrían ser considerados como partículas compuestas, construidas a partir de «entidades más fundamentales». Las posibilidades que consideraba para tales entidades eran dos. En la primera utilizaba cuatro entidades elementales, cada una de las cuales transportaba una carga entera, 0 o 1 (en unidades de la carga del electrón), pero existían problemas con esa elección y Gell-Mann prefirió la otra posibilidad, no importa que implicara «entidades fundamentales» con valores no enteros para sus cargas, una idea ciertamente revolucionaria. Eran los quarks (otra terminología *gell-manniana)*[19]. También en esta ocasión, Gell-Mann llegó a esta idea un «instante» antes que otro físico; en este caso, George Zweig, un graduado de Caltech que entonces se encontraba en Ginebra, en el CERN, el centro europeo de investigación en altas energías (Zweig denominó a sus constituyentes *aces,* la unidad que se maneja en los dados y cartas).

En la actualidad, cuando los quarks no solo están plenamente aceptados en el mundo de la física, sino que han entrado a formar parte de nuestra cultura, puede sorprender saber que en su momento fueron recibidos con escepticismo. Es ilustrativa en este sentido la siguiente anécdota, narrada por el propio Gell-Mann: «Mi único intento de transmitir la noción de los quarks al

[19] He aquí cómo describió el origen de la palabra en un libro del que me ocuparé más adelante, *El quark y el jaguar* (Tusquets, Barcelona, 1995; edición original en inglés de 1994), pág. 198: «En 1963, cuando bauticé con el nombre de "quark" a los constituyentes elementales de los nucleones, partí de un sonido que no se escribía de esa forma, algo parecido a "cuorc". Entonces, en una de mis lecturas ocasionales de *Finnegan's Wake,* de James Joyce, descubrí la palabra "quark" en la frase "Tres quarks para Muster Mark". Dado que "quark" (que se aplica más que nada al grito de una gaviota) estaba para rimar con "Mark", tenía que buscar alguna excusa para pronunciarlo como "cuorc". Pero el libro narra los sueños de un tabernero llamado Humphrey Chipmden Earwicker. Las palabras del texto suelen proceder simultáneamente de varias fuentes, como las "palabras híbridas" en *A través del espejo,* de Lewis Carroll. De vez en cuando aparecen frases parcialmente determinadas por la jerga de los bares. Razoné, por tanto, que tal vez una de las fuentes de la expresión "Tres quarks para Muster Mark" podría ser "Tres cuartos para Mister Mark" (cuarto en inglés es *quart),* en cuyo caso la pronunciación "cuorc" no estaría totalmente injustificada. En cualquier caso, el número tres encajaba perfectamente con el número de quarks presentes en la naturaleza».

CERN durante aquel otoño [1963] fue en una llamada telefónica [desde Caltech] a mi viejo maestro, Vicki Weisskoft, que era el director general del CERN entonces. Después de que le hubiese explicado que había estado trabajando desde hacía unos meses en una idea excitante, según la cual cada barión estaba formado por tres cargas fraccionarias, Weisskoft dijo: "Por favor, Murray, seamos serios, esto es una llamada internacional"»[20].

Una vez, hace ya bastantes años, en Bogotá, una ciudad mucho menos turbulenta y peligrosa de lo que parece es ahora, un físico francés me contó la siguiente anécdota (que estoy seguro es apócrifa, pero, ¿qué importa eso?, podría haber sido cierta). En 1923, Einstein visitó París, como parte de una de las giras triunfales que el ya celebérrimo científico realizó por aquellos años. Pues bien: un día paseaba —me explicó mi amigo— por la ciudad en compañía del filósofo Henri Bergson (esto no es imposible: Bergson se interesó por las teorías einstenianas de la relatividad y escribió sobre ellas). En un momento determinado, el filósofo le explicó a Einstein que él siempre llevaba consigo un pequeño cuaderno para anotar las ideas que se le ocurrían. «¿Y usted, profesor Einstein —le preguntó entonces el francés—, qué hace cuando se le ocurre una idea?» A lo cual el famoso físico contestó: «¡Una idea! ¡Es algo tan raro!». Tan raro (una idea fructífera, original, claro) que no necesitaba de ninguna agenda para escribirla y recordarla.

Pues bien: adoptando la categorización einsteniana, podríamos decir que al introducir la idea de los quarks, idea que ha mostrado desde entonces su fecundidad, continuando hasta la fecha adornando a la física (aunque, para algunos, como hemos visto, subsumida dentro del marco de la teoría de cuerdas), Murray Gell-Mann cumplió con su lote: tuvo una idea, una gran idea (también otras más que respetables; ya mencioné algunas). Sería, en este sentido, lógico pensar que a partir de entonces la

[20] M. Gell-Mann, «Particle theory from S-matrix to quarks», en M. G. Doncel, A. Hermann, L. Michel y A. Pais (eds.), *Symmetries in Physics (1600-1980)*, Universitat Autònoma de Barcelona, Bellaterra, 1987, págs. 473-497; pág. 495.

carrera de Gell-Mann habría comenzado a declinar (declinar con respecto a sus contribuciones previas), a dejar de servir de faro cuya luz guía a muchos otros. Existen, no obstante, argumentos de sobra para defender que no ha sido este el caso: aunque es verdad que no volviese a brillar con igual intensidad en la investigación en física teórica, las últimas décadas han contemplado a un Murray Gell-Mann que se ha convertido en un apóstol de la ciencia de la complejidad, de la ciencia que pretende explorar la mezcla de simplicidad y complejidad, regularidad y aleatoriedad, orden y desorden, que va desde la física de partículas y la cosmología hasta el reino de los sistemas complejos adaptativos.

Para promover ese tipo de ciencia, muy relacionada con la ciencia de lo no lineal, de la que me ocupé en el capítulo 2 (los sistemas complejos —en el sentido de Gell-Mann— suelen ser no lineales), Gell-Mann fue una de las personas que más activamente colaboró en la creación de una institución (de carácter privado) que todavía existe: el Instituto de Santa Fe, ubicado en esa ciudad del estado de Nuevo México, en Estados Unidos. Fundado en 1984, el Instituto de Santa Fe tiene como fin primordial crear un nuevo tipo de comunidad investigadora, dedicada a la ciencia de lo complejo, la ciencia «de lo emergente», promoviendo proyectos de investigación multidisciplinar que rompan barreras entre las disciplinas tradicionales. «Propagación de la epidemia del sida», «Sistemas complejos en genómica y proteómica», «Propagación de innovaciones en sistemas sociales», «Patrones de distribución y abundancia de especies», «Estrategias de recolección de las colonias de hormigas», «Predicción de cambio climático en una biosfera compleja», «Aspectos no aleatorios de las fluctuaciones de precios en los mercados financieros» o «Pequeños sistemas pero no pequeños mundos: aspectos únicos de la estructura de las redes de alimentación» son algunos de los títulos de trabajos que se están llevando a cabo en la actualidad en Santa Fe, cuyas áreas de interés incluyen, básicamente, la informática, física, química, biología de poblaciones, biología del desarrollo, inmunología, arqueología, lingüística, ciencias políticas, economía e historia.

En cuanto a qué quiere decir, con precisión, para Gell-Mann el término «complejidad», ni siquiera él ha sido capaz de ofrecer una única definición. En la línea de los intereses que acabo de mencionar, ayuda a hacerse una idea de cuál es ese significado lo que ha manifestado en algunos de sus escritos, como cuando señalaba:

> La investigación en las ciencias de la complejidad, tal y como se desarrolla en el Instituto de Santa Fe y en cualquier parte del mundo, no solo intenta desentrañar el significado de lo simple y lo complejo, sino también las semejanzas y diferencias entre los sistemas complejos adaptativos implicados en procesos tan diversos como el origen de la vida, la evolución biológica, la dinámica de los ecosistemas, el sistema inmunitario de los mamíferos, el aprendizaje y los procesos mentales en los animales (incluido el hombre), la evolución de las sociedades humanas, el comportamiento de los inversores en los mercados financieros y el empleo de programas y/o equipos informáticos diseñados para desarrollar estrategias o hacer predicciones basadas en observaciones previas.
>
> Lo que tienen en común todos estos procesos es la existencia de un sistema complejo adaptativo que adquiere información acerca tanto de su entorno como de la interacción entre el propio sistema y dicho entorno, identificando regularidades, condensándolas en una especie de "esquema" o modelo y actuando en el mundo real sobre la base de dicho esquema. En cada caso hay diversos esquemas en competencia, y los resultados de la acción en el mundo real influyen de modo retroactivo en dicha competencia[21].

Está claro que frente al exclusivismo y reduccionismo primitivo, vulgar, tan frecuente entre los físicos, para los que «la física explica la química, esta la biología, y esta la naturaleza; por tanto, todo es física», Gell-Mann nos enseña a valorar los diferentes niveles que construimos para intentar comprender la naturaleza. Y para reforzar sus puntos de vista, en 1994 publicó un libro magnífico, que alcanzó bastante popularidad, *El quark y el ja-*

[21] M. Gell-Mann, *El quark y el jaguar,* ob. cit., págs. 34-35.

guar, del que ya he utilizado algunas citas. El porqué del título lo explica el propio Gell-Mann en sus páginas: «Los quarks son los ladrillos básicos que componen toda la materia. Todo objeto que vemos está constituido de quarks y electrones. Incluso el jaguar, ese antiguo símbolo de fuerza y ferocidad, es un manojo de quarks y electrones, ¡pero qué manojo! Exhibe una enorme complejidad, resultado de miles de millones de años de evolución biológica... El jaguar representa la complejidad del mundo que nos rodea, especialmente tal como se manifiesta en los sistemas complejos adaptativos. La imagen... del quark y el jaguar transmite perfectamente mi idea de lo simple y lo complejo: de un lado, las leyes físicas subyacentes de la materia y el Universo, y del otro, el rico entramado del mundo que percibimos directamente y del que formamos parte. Así como el quark es un símbolo de las leyes físicas que, una vez descubiertas, aparecen diáfanas ante el ojo analítico de la mente, el jaguar es, al menos para mí, una metáfora de los esquivos sistemas complejos adaptativos que continúan eludiendo una visión analítica clara, aunque su olor acre puede sentirse en la espesura»[22].

Es, efectivamente, la del quark y el jaguar, una excelente metáfora, una poderosa imagen que transmite mejor que muchas definiciones la intención de su autor, el mundo que pretende explorar. Y así, a través de las páginas de esta obra, casi un manifiesto programático de la ciencia de la complejidad, Gell-Mann nos recuerda, por ejemplo, que para que de las teorías físicas fundamentales se deriven propiedades químicas es preciso formular preguntas de química a la física. «De todo esto se desprende una lección útil, y es que, aunque las diferentes ciencias residen efectivamente en diferentes niveles, forman parte de una única estructura conexa. La unicidad de esta estructura está basada en las relaciones entre las partes. Una ciencia perteneciente a un nivel determinado abarca las leyes de otra ciencia menos fundamental, situada en un nivel superior. Pero esta última, al ser especial, precisa de información adicional además de las leyes del nivel inferior. En cada nivel hay leyes por descubrir, importantes

[22] M. Gell-Mann, *El quark y el jaguar,* ob. cit., págs. 12 y 29.

por sí mismas»[23]. Nos enseña, en definitiva, que todavía queda una enorme cantidad de complejidad efectiva dentro de la biología y de la vida, mucha más que en la química o en la física de la materia condensada.

Es curioso —¡y aleccionador!— que el científico que introdujo la idea de los quarks, constituyentes fundamentales de la materia, defienda posturas como la siguiente: «Aunque yo estuviera de acuerdo en que disciplinas como la psicología no son todavía lo suficientemente científicas, mis preferencias se decantarían por abordarlas y disfrutar así del placer de hacerlas más científicas. Además de favorecer, como regla general, la construcción de escaleras interdisciplinarias —partiendo de lo más fundamental hacia lo menos fundamental—, yo me mostraría, en el caso de la psicología y en otros muchos, partidario de una aproximación de arriba abajo, que comenzase con la identificación de las principales regularidades en el nivel menos fundamental y dejase para más tarde el conocimiento de los mecanismos fundamentales subyacentes»[24].

Vivimos tiempos arriesgados. Es la nuestra una época en la que se observa con nitidez el deterioro medioambiental que sufre nuestro planeta, la desaparición, constante y creciente, de especies. Al mismo tiempo, nos encontramos con posibilidades —instaladas ya incluso en nuestros hogares— que nuestros padres ni siquiera soñaron. La ciencia y la tecnología se encuentran, nadie lo negará, detrás de la mayoría de esas nuevas posibilidades (realidades, más bien). Y dentro de la ciencia, la física muy en particular. Gracias a esta disciplina, y a sus maestros, los físicos, nuestros horizontes se han ampliado radicalmente. Podemos incluso (aunque yo mismo haya planteado límites a este tipo de programa en el capítulo 3), como hace Gell-Mann en su libro, plantearnos explicaciones físicas con visos de realidad del libre albedrío (recurriendo a las fluctuaciones de la mecánica cuántica, realzadas por fenómenos clásicos como el caos). Pero pocos han sido los físicos que se han preocupado por el problema más urgente

[23] M. Gell-Mann, *El quark y el jaguar,* ob. cit., pág. 130.
[24] Ibídem, pág. 137.

que tenemos planteado en la actualidad: el citado de la conservación de la naturaleza. No es este el caso de Gell-Mann, que utiliza los últimos capítulos de *El quark y el jaguar* para abordar algunos de los problemas y dilemas que presenta la preservación de al menos una buena parte de la biodiversidad. «La conservación de la diversidad biológica —escribe— es una de las tareas más importantes que afronta la humanidad cuando se acerca el final del siglo XX. En la empresa están comprometidas gentes de toda condición y de todo el mundo, aplicando diversos métodos para decidir qué hay que hacer y sobre todo qué hay que hacer primero.»

Debería ser evidente que se trata de un problema que solamente se podrá abordar con esperanzas de éxito desde esa ciencia de la complejidad, lo que es tanto como decir «desde la interdisciplinariedad». Ahora bien: no menos evidente debería ser que esos enfoques interdisciplinares no se afincarán con la suficiente fuerza en nuestros modos de pensamiento y en nuestras actividades de investigación si no modificamos aspectos básicos de nuestros sistemas educativos, más próximos en múltiples aspectos al *trivium* y al *quadrivium* medievales que al mundo actual.

Hace unos años, el 7 de septiembre de 1994, Gell-Mann recibía un doctorado honoris causa por la Drexel University. En aquella ocasión, reflexionó sobre el valor —escaso en su opinión— de la educación universitaria convencional. «En nuestras grandes universidades e institutos de tecnología [...] y en el conjunto de nuestra sociedad, las disciplinas están separadas por barreras bastante rígidas. Nuestro sistema de medir la excelencia se basa en las disciplinas separadas; separadas mediante el sistema de departamentos, títulos, revistas, sociedades profesionales, y secciones de agencias que proveen fondos. Es cierto que ese sistema nos protege contra algunos peligros reales. Incompetentes y charlatanes encuentran acomodo a menudo en las grietas que existen entre disciplinas. Todos conocemos ese tipo de persona que es considerado por algunos físicos como un gran matemático y por algunos matemáticos como un gran físico. Sin embargo, hoy día muchos de los temas más atractivos involucran cinco o diez campos, o incluso más. Nuestras instituciones harían bien adaptándose más rápidamente a esas nuevas circunstancias. Especialización, incluso especialización creciente, es necesaria e importante, pero necesita ser suplementada por pensamiento y aprendizaje integrador.»

Si se me preguntara cuál, o cómo, pienso yo será la ciencia del futuro, no tendría duda en contestar: una ciencia interdisciplinar; una ciencia, si se puede emplear este término, mestiza, fruto y combinación de múltiples estirpes; una ciencia que unirá lo que antes fueron disciplinas en general separadas. Esa será en mi opinión la ciencia del futuro, y Murray Gell-Mann habrá sido uno de sus primeros y más distinguidos profetas.

EDWARD LORENZ: DE LA METEOROLOGÍA AL CAOS

Acabo de hablar, a propósito de Gell-Mann, de complejidad, y si se buscan ejemplos concretos, ¿hay algo más complejo que el tiempo atmosférico? Muy probablemente sí (¿nuestro cerebro?), pero para el común de los mortales seguramente el clima representa el paradigma de la complejidad, de aquello cuyo comportamiento es casi imposible de predecir con seguridad. En realidad, sin embargo, lo que es el tiempo atmosférico es un fenómeno caótico, del tipo de los que mencioné en el capítulo 2, esto es, un fenómeno fuertemente sensible a las condiciones iniciales. De hecho, el clima se ha constituido en algo así como un representante de esa complejidad caótica en la cultura a través de una frase que ya es célebre: «El aleteo de una mariposa en Brasil puede producir un tornado en Tejas».

Mas la frase original es algo diferente: «Predictibilidad. ¿El aleteo de una mariposa en Brasil produce un tornado en Tejas?». Apareció como el título de la primera sección de una conferencia dictada el 29 de diciembre de 1972 en una sesión dedicada al Programa de Investigación Atmosférica Global dentro de la 139.ª Reunión de la American Association for the Advancement of Science. Se distribuyó en una nota de prensa y solo se publicó bastantes años más tarde, en 1993, como un apéndice a un libro que su autor escribió, titulado *The Essence of Chaos (La esencia del caos).* Antes, sin embargo, había adquirido ya celebridad, a través, sobre todo, de un libro que fue un éxito de ventas: *Chaos: Making a New Science* (*Caos: La creación de una nueva ciencia;* 1987), de James Gleick, cuyo primer capítulo se titula «El efecto de la mariposa». A partir de entonces, el «efecto mariposa» se convirtió en un visitante frecuente en todo tipo de escenarios culturales: desde las explicaciones del matemático de *Parque Jurásico,* hasta el relato de Antonio Tabucchi titulado «¿El aleteo de una mariposa en Nueva York puede provocar un tifón en Pekín?»[25]. Si hay formas de difundir la ciencia y su espíritu en la sociedad, la del caos y la mariposa es ciertamente una de las más eficaces.

Pero no he dicho todavía quién es el científico responsable de todo esto: Edward Norton Lorenz.

Edward Lorenz nació en mayo de 1917 en West Hartford (Connecticut, Estados Unidos). Se graduó en matemáticas en el Dartmouth College en 1938. Dos años más tarde obtuvo un máster en la Universidad de Harvard, en donde permaneció el curso 1941-1942, colaborando en tareas docentes matemáticas. La Segunda Guerra Mundial interrumpió sus relaciones con Harvard, al servir en el departamento de predicción del tiempo de las Fuerzas Aéreas. Aquel trabajo marcó un punto de inflexión en su carrera, ya que nunca abandonaría la investigación de los fenómenos atmosféricos, aunque en modo alguno desapareciese el matemático que hay en él.

A pesar de que la esencia de lo que le sucedió en sus primeros tiempos como persona y como científico queda recogida en las escuetas líneas anteriores, no resisto la tentación de citar otras, más literarias y que incluyen algún detalle más, debidas al citado James Gleick en su libro *Caos,* en el que escribió: «Era [E. Lorenz] un meteorólogo de especie singular. De faz cansada como la de un agricultor yanqui, el notable brillo de sus pupilas le daba el aire de estar riendo aun cuando no lo hiciera. En contadas ocasiones hablaba de sí y de su trabajo, pues prefería escuchar. A menudo se perdía en el reino de cálculos o de ensoñación, en que sus colegas no lograban penetrar. Sus amigos más íntimos pensaban que la mayor parte de sus horas discurrían en

[25] Incluido en A. Tabucchi, *El ángel negro,* Anagrama, Barcelona, 1993.

un espacio exterior remoto. De muchacho había sido entusiasta del tiempo, hasta el extremo de que no perdía de vista el termómetro de máxima y mínima, con el fin de registrar los altibajos de la temperatura exterior de la casa paterna, en West Hartford. Pero, en el interior de ella, dedicaba aún más horas a la solución de problemas y pasatiempos matemáticos, a veces con la colaboración de su padre. En cierta ocasión, toparon con uno muy complicado, que, como comprobaron, no tenía solución. Aquello era admisible, le explicó el autor de sus días: uno puede siempre resolver un problema demostrando que no puede solventarse. El juicio agradó a Lorenz, como le agradaba la pureza de las matemáticas, y cuando se graduó en Dartmouth College, en 1938, pensó que su porvenir estaba en ellas. No obstante, mediaron las circunstancias en forma de Segunda Guerra Mundial, y le llevaron a trabajar como diagnosticador del tiempo para el cuerpo aéreo del ejército. Finalizada la contienda, decidió atenerse a la meteorología, investigar su teoría y abrirse camino en sus matemáticas. Cobró renombre con la publicación de una obra sobre cuestiones ortodoxas, tales como la circulación general de la atmósfera. Y, en el ínterin, siguió meditando sobre el pronóstico del tiempo»[26].

Inmediatamente después de finalizada la guerra y de ser licenciado, Lorenz se centró, en efecto, en la meteorología. En 1946, ingresó, como estudiante de doctorado, en el Massachusetts Institute of Technology, doctorándose dos años después. Comenzó entonces su carrera académica, siempre vinculado al MIT. Primero como investigador posdoctoral, ocupándose de la dinámica de las estructuras atmosféricas de tamaño global y continental. En 1955 pasó a ser profesor ayudante de Meteorología, encargado de la dirección de un proyecto sobre predicción numérica estadística, campo que se veía favorecido por la aparición de potentes ordenadores (aunque poco menos que insignificantes comparados con los actuales). «El esfuerzo calculístico que hay que poner para establecer una fórmula —escribió Lorenz— se incrementa rápidamente con el número de predictores y, como

[26] James Gleick, *Caos,* Seix Barral, Barcelona, 1988, pág. 20.

en el caso de la predicción meteorológica numérica, este trabajo solo proliferó una vez que los ordenadores se hicieron razonablemente accesibles»[27]. Y es que el avance de la ciencia constituye un delicado juego, en el que participan todo tipo de elementos, uno de los más importantes el desarrollo de nuevos instrumentos (de nuevas tecnologías) que permiten hacer o «ver» cosas que antes no se podían hacer o ver.

En 1956 ya era profesor asociado. Finalmente, en 1962, fue nombrado *Professor*. Fue precisamente por entonces cuando Lorenz logró su mayor triunfo científico, un triunfo que hará que su nombre sea recordado durante mucho tiempo.

Estaba continuando con sus investigaciones sobre el tiempo atmosférico, desarrollando modelos matemáticos simples cuyas propiedades exploraba con la ayuda de ordenadores, cuando, en 1960, observó que algo raro ocurría cuando repetía cálculos anteriores pero sin comenzar por el mismo punto en el que lo había hecho antes. He aquí cómo él mismo reconstruyó los acontecimientos y su reacción en *La esencia del caos:*

> En un momento dado, decidí repetir algunos de los cálculos con el fin de examinar con mayor detalle lo que estaba ocurriendo. Detuve el ordenador, tecleé una línea de números que había salido por la impresora un rato antes y lo puse en marcha otra vez. Me fui al vestíbulo a tomarme una taza de café y regresé al cabo de una hora, tiempo durante el cual el ordenador había simulado unos dos meses de tiempo meteorológico. Los números que salían por la impresora no tenían nada que ver con los anteriores. Inmediatamente pensé que se había estropeado alguna válvula o que el ordenador tenía alguna otra avería, cosa nada infrecuente, pero antes de llamar a los técnicos decidí comprobar dónde se encontraba la dificultad, sabiendo que de esa forma podría acelerar la reparación. En lugar de una interrupción brusca, me encontré con que los

[27] E. Lorenz, *La esencia del caos,* Debate, Madrid, 1995, págs. 133-134; edición original en inglés de 1993.

> nuevos valores repetían los anteriores en un principio, pero que enseguida empezaban a diferir, en una, en varias unidades, en la última cifra decimal, luego en la anterior y luego en la anterior. La verdad es que las diferencias se duplicaban en tamaño más o menos constantemente cada cuatro días, hasta que cualquier parecido con las cifras originales desaparecía en algún momento del segundo mes. Con eso me bastó para comprender lo que ocurría: los números que yo había tecleado no eran los números originales exactos, sino los valores redondeados que había dado a la impresora en un principio. Los errores redondeados iniciales eran los culpables: se iban amplificando constantemente hasta dominar la solución. Dicho con terminología de hoy: se trataba del caos[28].

Lo que Lorenz había observado empíricamente, ayudado por su ordenador, es que existen sistemas, incluso bastante sencillos, con solo unas pocas variables, que pueden desplegar un comportamiento altamente complicado, impredecible (lo que no quiere decir «no sujeto a leyes»): pequeñas diferencias en una sola variable tienen efectos profundos en la historia posterior del sistema.

Enfrentado con tal situación, pronto cayó en la cuenta de que «si la atmósfera auténtica se comportaba como ese sencillo modelo, la predicción a largo plazo sería imposible. Temperaturas, vientos y demás magnitudes que conforman nuestra estimación del tiempo actual desde luego no se miden con precisión de hasta con tres decimales y, aunque pudieran medirse, las interpolaciones entre los observatorios no presentarían parecida precisión. Me puse nerviosísimo y no perdí tiempo en hacer correr la voz entre algunos de mis colegas. Más adelante llegué al convencimiento de que la amplificación de esas pequeñas diferencias era la *causa* de la falta de periodicidad».

El artículo («Deterministic nonperiodic flow», *Journal of the Atmospheric Sciences 20,* 130-141) en el que Lorenz resumía sus hallazgos no aparecería hasta 1963. Por entonces po-

[28] E. Lorenz, *La esencia del caos,* ob. cit., págs. 137-139.

cos científicos que no fueran meteorólogos repararon en él, una situación que cambiaría dramáticamente a lo largo de la década siguiente. Sin embargo, no es esto lo que me interesa ahora, sino un par de aspectos que ayudan a hacerse una idea mejor de lo que es la ciencia, en particular la ciencia contemporánea.

El primero es que el ejemplo de Edward Lorenz permite darse cuenta de que los avances científicos revolucionarios no están limitados únicamente a científicos del tipo de los Newton, Planck, Einstein o Heisenberg, por poner algunos ejemplos de científicos «fundamentales», «puros», cualquiera que sea, insisto de nuevo en este punto, lo que «puro» quiera decir. Lorenz era, y continúa siendo, un científico de un tipo diferente: un matemático aplicado que decidió estudiar los fenómenos meteorológicos. No es la suya, evidentemente, una imagen que se corresponda al estereotipo de científico que busca los secretos del Universo. Y, sin embargo, encontró una clave muy importante para poder llegar a comprender esos secretos.

El segundo punto que quiero comentar tiene que ver con el modo en que llegó a su descubrimiento. Como hemos visto, fue trabajando numéricamente con un ordenador y reflexionando sobre resultados que encontró con él. No halló el caos estudiando en toda su profundidad las propiedades de las ecuaciones diferenciales que estaba manejando en sus modelos del tiempo climatológico. Desde este punto de vista, su caso representa uno de los primeros ejemplos (si no el primero) de lo que la disponibilidad de los ordenadores supondrá —supone ya— para el desarrollo de la ciencia: física, química, biología, las ciencias más básicas se están beneficiando desde hace mucho de los ordenadores, y no solo en lo que a capacidad de cálculo se refiere, sino también para descubrir, para crear nuevas ideas. Y lo mismo sucede, como ya apunté, con la propia matemática, una parte considerable de la cual muy probablemente cambiará en gran medida gracias a disponer de ordenadores.

De hecho, la importancia que los ordenadores tuvieron en el hallazgo de Lorenz, lo mucho que significaron, es mayor de lo que puede parecer en un principio, ya que estrictamente no fue él quien descubrió el caos, o quien se dio cuenta de su existencia.

Semejante honor (un honor que pasó desapercibido para todos, incluso acaso, en lo que a sus profundas implicaciones se refiere, hasta para su autor), debe ser asignado a un matemático «clásico», un gran matemático de hecho, que trabajaba de acuerdo con los procedimientos más o menos canónicos (y sin disponer de ordenadores): Henri Poincaré (1854-1912).

El genio científico de Poincaré no se limitó a la matemática, aunque fuese en esta disciplina en la que mostrase toda la fuerza de su creatividad: dejó también su huella en la física teórica al igual que en la filosofía de la ciencia. En esta última materia, que con frecuencia mezclaba en sus escritos con exposiciones o comentarios que podríamos calificar como divulgativos, históricos o «meramente» ensayísticos, Poincaré mostró una gran imaginación y poder narrativo, que explican el éxito que obtuvieron libros suyos como *La ciencia y la hipótesis* (1902), *Ciencia y método* (1908) o *Últimos pensamientos* (1913).

Esa misma capacidad expositiva se encuentra también asociada al caos, que sin llegar a descubrir realmente, en su sentido más técnico y actual, imaginó. A través de algunas de sus investigaciones matemáticas, imaginó, en efecto, la posibilidad de su existencia, así como algunas de sus propiedades, como se comprueba leyendo uno de esos libros de ensayo y divulgación que acabo de mencionar, *Ciencia y método*. Encontramos allí:

> Una causa muy pequeña, que se nos escapa, determina un efecto considerable que no podemos ignorar; decimos entonces que este efecto es debido al azar. Si conociésemos las leyes de la naturaleza y la situación del Universo en el instante inicial, podríamos predecir con exactitud la situación de este Universo en un instante ulterior. Pero aun cuando las leyes naturales no tuvieran más secretos para nosotros, no podríamos conocer la situación inicial más que *aproximadamente*. Si esto nos permite prever la situación ulterior *con la misma aproximación,* que es todo lo que necesitamos, decimos entonces que el fenómeno ha sido previsto, que está regido por leyes. Pero no acaece siempre así; puede suceder que pequeñas diferencias en las condiciones iniciales las engendren muy grandes en los fenómenos finales; un pequeño error sobre los primeros produciría un error enorme

> sobre los últimos. La predicción entonces se vuelve imposible y nos encontramos con un fenómeno fortuito[29].

Poincaré se había dado cuenta de que si se cambia ligeramente el estado inicial de algunos sistemas, la nueva evolución temporal diferirá rápidamente de la trayectoria original hasta que ambas se hagan totalmente diferentes; se había dado cuenta, en definitiva, del fenómeno de «la sensibilidad a las condiciones iniciales» en algunos sistemas dinámicos, esto es, del caos, cuyo descubrimiento, como hemos visto, asignamos a Lorenz, y con justicia, porque fue él, y no Poincaré, el que lo estudió con el detalle y la constancia imprescindibles.

Estuvo, sin embargo, tan cerca que incluso relacionó las ideas anteriores con el tiempo atmosférico: «¿Por qué —se preguntaba— los meteorólogos tienen tantas dificultades para predecir el tiempo con alguna exactitud? ¿Por qué las lluvias y las tempestades nos parecen frutos del azar, hasta tal punto que mucha gente encuentra lógico rogar para que llueva o para que haga buen tiempo, mientras juzgarían ridículo pedir un eclipse mediante una oración? Vemos que generalmente las grandes perturbaciones se producen en las regiones en que la atmósfera es inestable. Los meteorólogos ven que este equilibrio no es constante, que se va a producir un ciclón en alguna parte; pero dónde, son incapaces de decirlo; una décima de segundo más o menos en un punto cualquiera y el ciclón estalla aquí y no allá y extiende sus estragos sobre comarcas que hubiera evitado de otro modo. Si se hubiera conocido esa décima de grado, se hubiera podido prever, pero las observaciones no eran lo bastante seguras ni precisas, por esto es por lo que todo parece debido a la intervención del azar. Aquí encontramos el mismo contraste entre una causa mínima, inapreciable para el observador, y los efectos considerables que algunas veces se convierten en espantosos desastres»[30].

¿Qué conclusión podemos extraer de semejante historia, del hecho de que Lorenz y Poincaré explorasen y explotasen de ma-

---

[29] H. Poincaré, *Ciencia y método,* Espasa Calpe, Madrid, 1963, págs. 55-56.
[30] Ibídem, pág. 56.

nera tan diferente la idea del caos? ¿Que los descubrimientos rara vez se adelantan a la época en la que pueden ser realmente apreciados, en la que la situación del conjunto de la ciencia permite a los que se acercan a ellos contemplarlos en toda su radical e innovadora individualidad? ¿Que pequeños detalles —como, en este caso, disponer de ordenadores o estar dedicado a investigar los fenómenos meteorológicos— marcan la diferencia? Es lo más probable que, efectivamente, la diferencia radique en última instancia en pequeños detalles. Al fin y al cabo, ello sería consistente con la propia esencia de los sistemas caóticos: pequeñas variaciones producen grandes diferencias.

Ciencia y fama (I): Carl Sagan

La fama, la verdadera fama, la que trasciende las fronteras de la propia profesión, al igual que las nacionales, es un atributo que acompaña (o ha acompañado) a pocos científicos. Y cuando les acompaña en vida, no siempre es como consecuencia directa de alguno de sus logros científicos. La fama universal que, por ejemplo, Albert Einstein adquirió no fue el resultado, más o menos rápido, de que la sociedad, o algunos sectores sociales, comprendieran sus trabajos de 1905 sobre la relatividad especial o la teoría cuántica, o el de 1915 en el que completó con la relatividad general su larga búsqueda de una teoría relativista de la gravitación, sino el efecto mediático —efecto cuyos mecanismos realmente no comprendemos— del anuncio en 1919 de que una de las consecuencias (la curvatura de los rayos de luz en presencia de un campo gravitacional) de esta última teoría había sido comprobada durante un eclipse de Sol y anunciada en una ceremonia ritual, que ya mencioné, en Londres.

De manera, si no idéntica, sí parecida, adecuada a las posibilidades de transmisión de información de nuestra época, dos científicos de los que me voy a ocupar en lo que sigue —Carl Sagan en el presente epígrafe, y un poco después Stephen Hawking— gozaron (el segundo aún goza) de fama universal debido a circunstancias que, aunque relacionadas con el hecho de ser científicos, no fueron la consecuencia directa o exclusiva de sus investigaciones, sino del uso mediático que hicieron de alguna de sus habilidades profesionales, más alguna que otra circunstancia especial. En cualquier caso, de lo que no hay duda es de que han sido hasta la fecha personas que han influido en la cultura, en su sentido más amplio y ambicioso, mundial.

Desgraciadamente, Carl Sagan ya no nos acompaña: falleció el 20 de diciembre de 1996, víctima de una neumonía producto de un mal poco común, la mielodisplasia, que le fue diagnosticada poco después de su sexagésimo cumpleaños.

Había nacido en 1934, en uno de los barrios más conocidos de Nueva York, Brooklyn, hijo de un inmigrante ruso que trabajaba como cortador en una fábrica de trajes. Desde niño le fascinaron las estrellas y las novelas de ciencia ficción, marcando las pautas que guiarían su vida adulta. «Yo fui niño en una época de esperanza», escribió en uno de los capítulos («Ciencia y esperanza») de su libro *El mundo y sus demonios* (1995)[31]. «Quise ser científico desde mis primeros días de escuela. El momento en que cristalizó mi deseo llegó cuando capté por primera vez que las estrellas eran soles poderosos, cuando constaté lo increíblemente lejos que debían de estar para aparecer como simples puntos de luz en el cielo. No estoy seguro de que entonces supiera siquiera el significado de la palabra "ciencia", pero de alguna manera quería sumergirme en toda su grandeza. Me llamaba la atención el esplendor del Universo, me fascinaba la perspectiva de comprender cómo funcionan realmente las cosas, de ayudar a descubrir misterios profundos, de explorar nuevos mundos... quizá incluso literalmente.» Haría realidad la mayor parte de sus sueños.

Para ello tuvo, claro, que ir a la universidad, a la de Chicago, en la que obtuvo todos sus títulos académicos: licenciado en 1954, máster en física en 1956, doctor en astronomía y astrofísica en 1960, con una tesis titulada «Estudios físicos de los planetas» dedicada principalmente a estudiar el efecto invernadero en Ve-

[31] Planeta, Barcelona, 1997, pág. 43.

nus[32]. Fue mientras estudiaba en Chicago cuando conoció a una joven bióloga que también alcanzaría la fama como científica y como escritora, Lynn Margulis, con la que se casó en 1957: seis años después, y con dos hijos comunes, se divorciarían.

Tras doctorarse, Sagan estuvo en la Universidad de California, en Berkeley (1960-1962), y en la Universidad de Harvard (1962-1968), antes de pasar a la Universidad de Cornell, en la que pasaría el resto de su vida, a partir de 1977 como titular de la cátedra David Duncan y director del Laboratorio de Estudios Planetarios.

Sería difícil —e inapropiado— intentar repasar aquí, siquiera someramente, el amplio rango de sus actividades científicas. Unos pocos ejemplos, de entre los más espectaculares, bastarán. Así, tenemos que, cumpliendo sus sueños infantiles, participó en numerosos experimentos llevados a cabo durante las misiones planetarias Mariner, Viking, Voyager y Galileo de la NASA, contribuyendo (además de a desvelar el ya citado misterio de la elevada temperatura que reina en Venus) a explicar que los cambios estacionales en Marte son provocados por polvo arrastrado por el viento, o que la neblina rojiza de Titán se debe a las moléculas orgánicas presentes en su atmósfera.

Explorar el Universo, participar en programas de investigación en los que artilugios tecnológicos suministran cantidades ingentes de datos, es maravilloso para todo aquel que alguna vez soñó con dedicarse a la astrofísica. ¿Quién de esas personas no habrá sentido que sus sueños se han cumplido cuando forma parte de grupos de investigadores cuyos trabajos permiten averiguar cómo son mundos planetarios como Titán, satélite que orbita en torno a Saturno, que posee una atmósfera formada en su 80 por 100 de nitrógeno y está rodeado por una densa capa de nie-

[32] Los radiotelescopios habían mostrado por entonces que Venus emitía una cantidad muy alta de radioondas. En su tesis, Sagan defendió la idea de que ello se debía a que la superficie de ese planeta estaba muy caliente, argumentando que un efecto invernadero que implicase masivas cantidades de dióxido de carbono y pequeñas de vapor de agua explicaría semejantes temperaturas. El vehículo espacial soviético *Venera IV* en 1967 y las sondas estadounidenses *Pioneer-Venus* confirmaron sus ideas.

bla opaca, formada por polímeros orgánicos complejos? Pero, aun siendo todo esto prácticamente lo máximo que cualquier astrofísico puede desear, es posible imaginar otro deseo para los más ambiciosos, para los más soñadores: investigar si estamos o no, los humanos, solos en el Universo, si existe vida inteligente (en un sentido no demasiado diferente al nuestro) en él. Para mí, esta es una de las preguntas científicas más atractivas que se pueden plantear hoy los humanos.

Es cierto que Sagan no puede presumir de haber sido el fundador de este campo, honor que mayoritariamente (y dejando al margen precursores que se movieron más en el ámbito de las especulaciones y de los sueños que en el de los experimentos) se adjudica a Frank Drake, autor de una célebre ecuación que proporciona una estimación de cuántas civilizaciones puede haber dentro de una galaxia[33], que en 1960 puso en marcha en el Observatorio Nacional de Radioastronomía de Greenbank, en West Virginia, un proyecto de «Búsqueda de inteligencia extraterrestre», conocido por sus siglas inglesas: SETI *(Search for Extra-Terrestrial Intelligence),* proyecto en cuyo establecimiento también tuvo bastante que ver un artículo que en 1959 publicaron en la revista *Nature* Giuseppe Cocconi y Philip Morrison titulado «Buscando comunicaciones interestelares»[34]. Sin embargo, Sagan pronto se sumó a este esfuerzo, distinguiéndose en él. En 1966, por ejemplo, publicó, en colaboración con Iosef Shklovskii, un libro que durante mucho tiempo fue «la Biblia» de la especialidad:

---

[33] La ecuación de Drake pretende determinar el número (N) de civilizaciones inteligentes existentes en una galaxia; su fórmula es la siguiente: $N = R \cdot f_p \cdot n_e \cdot f_l \cdot f_i \cdot f_c \cdot L$; donde R representa el ritmo de formación de estrellas, f_p la proporción de estrellas con planetas, n_e el número de planetas por estrella con medios ambientes adecuados para la vida, f_l la fracción de planetas en los que se ha desarrollado vida, f_i la proporción de planetas que albergan vida en los que se ha desarrollado inteligencia, f_c la fracción de culturas que envían señales, a lo largo de distancias interestelares, para intentar comunicarse con otras civilizaciones, y L el tiempo que viven esas civilizaciones. Se pueden encontrar más detalles de esta ecuación en Bruce Jakosky, *La búsqueda de vida en otros planetas,* Cambridge University Press, Madrid, 1999, págs. 300-303.

[34] G. Cocconi y P. Morrison, «Searching for interstellar communications», *Nature 184,* 844-846 (1959).

Intelligent Life in the Universe (Vida inteligente en el Universo). Pero no solo ha sido su aportación en el ámbito de lo teórico: fue uno de los científicos clave en la concepción y organización de los programas para la búsqueda de inteligencia extraterrestre. Así, junto a Drake, participó en varios programas SETI, uno de ellos, en 1975, utilizando el gran radiotelescopio de Arecibo, en Puerto Rico, dirigido por la Universidad de Cornell. Aquel mismo año, Sagan y Drake firmaban un artículo conjunto en la popular revista de alta divulgación científica *Scientific American,* titulado «La búsqueda de inteligencia extraterrestre»[35], en el que hacían profesión pública de su fe en que sus esfuerzos, o los de aquellos que los continuarían después de ellos, tendrían finalmente éxito: «apenas puede dudarse de que existan civilizaciones más avanzadas que la de la Tierra en algún lugar del Universo»[36]. En el capítulo 2 ya mencioné que en mi opinión fue demasiado optimista acerca de sus esperanzas de que se encuentre en el futuro vida inteligente (de alguna manera similar a la humana) extraterrestre, aunque esto no disminuya en modo alguno el interés, científico y cultural, del problema.

Pero la búsqueda de vida extraterrestre es cara, y han sido y son numerosas las voces que se alzan en su contra, argumentando en términos económicos. Es este un ejemplo, entre otros (el caso de la física de altas energías y la construcción de acelerado-

[35] C. Sagan y F. Drake, «The search for extraterrestrial intelligence», *Scientific American 232,* 80-89 (1975).

[36] El descubrimiento en los últimos años de planetas en las órbitas de estrellas está reforzando la impresión de que deben de existir sistemas muy parecidos al sistema solar, aunque en la nota 49 del capítulo 2 ya expuse dudas sobre este punto. Sagan fue de los que pensaba que se encontrarán muchos planetas que pueden acoger vida; así, en una conferencia que pronunció en 1994, señalaba: «La tecnología continúa perfeccionándose, por lo que en los próximos diez, veinte o treinta años, o sea, en vida de los estudiantes presentes en este auditorio, habremos completado el estudio exhaustivo de los pocos centenares de estrellas más próximas, tal vez muchas más, que nos permita pormenorizar sus sistemas planetarios. Creo que podemos tener la completa seguridad de que alrededor de ellas giran otras Tierras». C. Sagan, «La era de la exploración», en Yervant Tercian y Elizabeth Bilson (eds.), *El universo de Carl Sagan,* Cambridge University Press, Madrid, 1999, págs. 181-202; pág. 189.

res de partículas es uno de los más conocidos), de la compleja relación que existe entre la ciencia «fundamental», «básica» —sobre todo la denominada *Big Science* [*Gran Ciencia*]—, y la sociedad (el poder político, especialmente): ¿está justificado gastar grandes cantidades de dinero —que podrían ser empleadas en otras causas más directamente relevantes al bienestar de la ciudadanía— en proyectos de investigación que intentan contestar algunas de las grandes preguntas que plantea la naturaleza, del tipo de cuáles son los componentes últimos de la materia, o si existe vida en otros lugares del Universo? No pretendo que sea posible contestar a esta cuestión en bloque, independientemente del caso concreto considerado, o del momento histórico, ni siquiera deseo abordarla ahora; solo pretendo aquí señalar que Sagan se enfrentó a esta dificultad que surgió en el camino de la búsqueda de vida extraterrestre, uno de los no escasos momentos en los que se implicó en el mundanal universo de la lucha política, aunque en su caso utilizando sobre todo armas mediáticas, a las que me referiré enseguida[37]. Él mismo narró en uno de sus libros *(Un punto azul pálido)* algunas de las dificultades a que aludo, expresando con rotundidad sus opiniones: «El 12 de octubre de 1992 —para bien o para mal, fecha del quingentésimo aniversario del "descubrimiento" de América por Cristóbal Colón— la NASA puso en marcha un nuevo proyecto SETI... Pero casi exactamente un año después de ser autorizado, el Congreso "desenchufó" el programa SETI de la NASA. Salía demasiado caro, según se dijo. No obstante, el presupuesto de defensa de Estados Unidos para la época de la posguerra fría era unas treinta mil veces mayor. El... oponente más importante al programa SETI [era] el senador Richard Bryan, de Nevada»[38]. Y en este punto Sagan citaba (tomándolas del Registro del Congreso correspondiente al 22 de septiembre de 1993) las manifestaciones del senador:

[37] Aunque no es este el lugar de explorar tales cuestiones, mencionaré que Sagan participó bastante en política. Así, por ejemplo, siendo estudiante graduado fue detenido en Wisconsin por pedir fondos para el Partido Demócrata, y también se implicó en las protestas en contra de la guerra de Vietnam.

[38] C. Sagan, *Un punto azul pálido,* Planeta, Barcelona, 1995, págs. 362-363; original en inglés de 1994.

> Hasta ahora, el programa SETI de la NASA no ha encontrado nada. En realidad, todas las décadas de investigación SETI no han logrado dar con indicios confirmables de vida extraterrestre.
>
> Incluso con la versión SETI actual de la NASA, no creo que muchos de sus científicos estuvieran dispuestos a garantizar que tenemos posibilidades de ver resultados tangibles en un futuro (previsible).
>
> La investigación científica raras veces, por no decir nunca, ofrece garantías de éxito —y yo lo comprendo—, y el verdadero alcance de los beneficios de este tipo de investigaciones suele desconocerse hasta muy entrado el proceso. Y acepto eso también.
>
> Sin embargo, en el caso del programa SETI las posibilidades de éxito son tan remotas y los potenciales beneficios tan limitados, que existe escasa justificación para invertir doce millones de dólares de los contribuyentes en este programa.

Ante estas declaraciones, Sagan clamaba: «Pero ¿cómo podemos "garantizar", antes de descubrir inteligencia extraterrestre, que vamos a dar con ella? Y, por otra parte, ¿cómo podemos saber que las posibilidades de éxito son "remotas"? Y si encontráramos inteligencia extraterrestre, ¿pueden ser los beneficios realmente "tan limitados"? Como sucede en todas las aventuras de exploración, no sabemos lo que vamos a encontrar, ni tampoco la probabilidad que tenemos de dar con ello. Si lo supiéramos, ya no sería necesario que buscáramos».

Como decía, Sagan no dudó en emplear instrumentos mediáticos para luchar contra aquellos que se oponían o simplemente ignoraban las investigaciones en busca de inteligencia extraterrestre. Su novela *Contact* (1985), que dio origen, en 1997, cuando él ya había fallecido, a una película de éxito, protagonizada por Jodie Foster y dirigida por Robert Zemeckis, es el ejemplo más reciente y concreto en tal sentido, pero en muchos otros de sus libros aparece también el tema de la vida extraterrestre. Libros como *Los dragones del Edén,* por el que recibió en 1978 el premio Pulitzer y en el que repasaba el desarrollo de la inteligencia humana, especulando al mismo tiempo sobre las posibilidades de su evolución.

Con los libros de divulgación científica o de, simplemente, ensayo llegamos a una de las facetas imprescindibles para comprender a Carl Sagan. Y es que si logró ser un científico mundialmente famoso es por esos libros (además de los ya citados, es preciso recordar *El cerebro de Broca* [1979]), y, muy especialmente, por la serie de televisión que presentó en 1980: *Cosmos*. Esta serie fue seguida por cientos de millones de espectadores en todo el mundo (500 millones en sesenta países, según la estimación oficial); en ella explicaba cómo surgió la vida, la civilización y la ciencia sobre la Tierra. El libro subsiguiente, también titulado *Cosmos,* se mantuvo en la lista de los libros más vendidos de *The New York Times* durante setenta semanas.

Mejor y seguramente antes que nadie, Sagan comprendió que el mundo en el que vivía estaba dirigido en buena medida por periódicos, radios, televisiones o por libros de éxito, por *best sellers*. Comprendió que no era, que no es, posible influir realmente en el mundo sin abandonar los estrechos márgenes de la ciencia; que si los científicos pensaban que la actividad y producto al que dedicaban la mayor parte de sus vidas representaba realmente un instrumento y conjunto de saberes que la sociedad, la ciudadanía, debía conocer, entonces no se debían contentar con producirlos, esperando (en vano) a que esa ciudadanía viniese humilde y agradecidamente a recoger los frutos que de manera tan penosa habían producido, sino que los propios científicos tenían, tienen, que luchar por difundirlos en la dura arena de los medios de comunicación de masas. En esa lucha tampoco era o es suficiente con poseer conocimientos científicos y una cierta habilidad expositiva; hacía y hace falta más. Hace falta más que «una cierta habilidad expositiva»: salvo excepciones, no se trata solo, ni siquiera principalmente, de informar sobre la ciencia a los legos; hay que hacer esto, sí, pero dando vida y emoción a las cuestiones, problemas o mundos científicos que se desea tratar, combinando rigor y racionalidad con sensibilidad y humanidad. Si los lectores no vibran, no se emocionan, no sienten que sus almas se conmueven, por el motivo que sea, con un libro de ensayo o divulgación científica, entonces libro y autor terminarán por pasar al olvido, por representar únicamente un episodio insignificante en sus vidas, lo que quiere decir que no habrán ejercido el efecto saludable, liberador intelectual y humanamente, que deberían desempeñar. Y, hasta cierto punto, está bien que así sea. Ciencia sí, pero no ciencia fría, sino ciencia a la que nada de lo humano le sea ajeno.

Sagan fue un maestro en todo esto, imponiendo un modelo que muchos otros científicos han intentado seguir, aunque pocos lo hayan alcanzado. Y así, a través de sus libros, programas de televisión, al igual que en innumerables apariciones en los medios de comunicación, no solo ayudó a causas científicas como la de la búsqueda de inteligencia extraterrestre, sino que contribuyó a que se considerase, como reza el subtítulo que puso a su último libro *(El mundo y sus demonios,* 1995), a la ciencia «como una luz en la oscuridad». En su defensa apasionada de las virtudes de la ciencia había también un fuerte elemento de compasión por sus semejantes (un hecho este que muy probablemente explica parte de su éxito: la gente termina por darse cuenta de quiénes se acercan a ella por mero interés o por amor). «En todo el mundo —escribió en ese último libro suyo que acabo de citar— hay una enorme cantidad de personas inteligentes, incluso con un talento especial, que se apasionan por la ciencia. Pero no es una pasión correspondida. Los estudios sugieren que un noventa y cinco por ciento de los americanos son "analfabetos científicos". Es exactamente la misma fracción de afroamericanos analfabetos, casi todos esclavos, justo antes de la guerra civil, cuando se aplicaban severos castigos a quien enseñara a leer a un esclavo»[39]. ¿Quién no reconocerá en estas líneas un sentimiento de piedad —y de indignación— por unas personas, la mayor parte de la población, a la que se despoja, incluso a los más dotados, de un bien, la ciencia, que tanto les reportaría?

Aquí podría perfectamente finalizar este epígrafe dedicado a Carl Sagan, pero he dejado sin mencionar una contribución suya tremendamente importante e influyente. Y lo he hecho tan solo porque así puedo enlazar de forma continua con el siguiente apartado, en el que el físico Edward Teller es el protagonista. En cualquier caso, se trata, como digo, de una contribución particu-

[39] C. Sagan, *El mundo y sus demonios,* ob. cit., pág. 22.

larmente importante, que acaso, solo acaso, justificaría calificar a Sagan de la misma forma, «el hombre que salvó al mundo», que se hizo con el químico estadounidense Sherwood Rowland, el principal responsable, ayudado por Paul Crutzen y Mario Molina, de la demostración de que los compuestos de cloro formados por la descomposición fotoquímica de clorofluorocarbonos eran los responsables de la destrucción del ozono atmosférico y, en consecuencia, de la aparición de agujeros en la capa de ozono [40].

La contribución de Sagan a la que me estoy refiriendo es la posibilidad de un invierno nuclear.

En diciembre de 1983 publicó, junto a Richard Turco, Brian Toon, Thomas Ackerman y James Pollack, un artículo en el que se analizaban las posibles consecuencias de una guerra nuclear. Sugerían que incluso un número no demasiado grande de explosiones nucleares podrían cambiar drásticamente el clima mundial iniciando miles de fuegos intensos que lanzarían a la atmósfera cientos de miles de toneladas de humo, lo que daría lugar a una disminución de la temperatura media mundial en diez o veinte grados, produciendo lo que denominaron «invierno nuclear» [41]. Llegaron a esta idea de manera accidental unos años antes, mientras observaban las tormentas que se producían sobre Marte, y que, aparentemente, enfriaban su superficie, calentando la atmósfera.

Sagan fue muy pronto consciente de todas las implicaciones que este resultado implicaba, y procuró darle toda la difusión posible. Escribió, por ejemplo, un libro con Richard Turco, uno de los firmantes del artículo, titulado *Un efecto imprevisto: el invierno nuclear* (1990), en el que insistían sobre las terribles consecuencias de una guerra nuclear: «En 1982 ya había quedado claro para los autores de este libro —y para algunos más— que las consecuencias de una guerra nuclear podrían ser mucho peores

[40] Esta denominación para Rowland se cita en Sian Griffiths y Ayala Ochert, «Sherwood Rowland», en *Predicciones,* S. Griffiths (ed.), Taurus, Madrid, 2000, págs. 249-256; pág. 250.

[41] R. P. Turco, O. B. Toon, T. P. Ackerman, J. B. Pollack y C. Sagan, «Nuclear winter: Global consequences of multiple nuclear explosions», *Science 222,* 1283-1297 (1983).

que cuanto sabían o comprendían los dirigentes civiles y militares de las naciones-Estado en contienda. Habíamos emprendido la investigación de lo que, más tarde, llamamos invierno nuclear, con muy pocas ideas preconcebidas; y, de haberlas, se trataba más bien de que la guerra nuclear, como mucho, provocaría una pequeña oscilación en el clima local. Y esta era seguramente la opinión predominante desde el descubrimiento de las armas nucleares. Pero, en la actualidad, nuestros cálculos han revelado la posibilidad de una catástrofe climática a nivel general»[42]. Y algo más adelante, con evidente satisfacción, manifestaban:

> Hoy, la gente y los líderes del mundo parecen mucho más conscientes de los peligros de una guerra nuclear de lo que eran al iniciarse los años ochenta, en el momento en el que se descubrió el invierno nuclear. Creemos que resulta posible... que el invierno nuclear tenga algo que ver con este cambio en las actitudes y en la conciencia, que la «pura y simple amenaza del fin del mundo» —o algo semejante— había al fin comenzado a cambiar las cosas[43].

Es difícil estimar en qué medida las enseñanzas de un trabajo científico y las manifestaciones posteriores de sus autores (aunque uno de ellos fuese tan conocido como Carl Sagan) influyen en la opinión mundial y, sobre todo, en las actitudes de los políticos, pero no parece exagerado suponer que en esta ocasión lo que Sagan y Turco decían en su libro era verdad: que el descubrimiento de la posibilidad de un invierno nuclear hubiese tenido algo que ver con algunos cambios de actitudes que se produjeron en la política internacional relativa al armamento atómico. Precisamente por ello, mencionaba antes que en algún sentido, exagerando un tanto, se podría denominar a Sagan, por este trabajo y la energía que desplegó en hacer públicas sus principales consecuencias, «el hombre que salvó al mundo».

[42] C. Sagan y R. Turco, *Un efecto imprevisto: el invierno nuclear,* Plaza y Janés, Barcelona, 1991, pág. 19.

[43] Ibídem, pág. 21.

No todos, sin embargo, compartieron sus ideas. Y entre los que se opusieron a ellas, o las ignoraron, destaca un hombre: Edward Teller.

Edward Teller: ¿vestigios de un pasado (nuclear)?

El descubrimiento, en diciembre de 1938, de la fisión del uranio, debido a Otto Hahn y Fritz Strassmann, que trabajaban en el Instituto de Química de la Asociación Káiser Guillermo situado en Dahlem, en las afueras de Berlín, marcó en buena medida la historia política internacional de la segunda mitad del siglo XX. Fue, efectivamente, gracias al conocimiento de que neutrones lentos podían romper *(fisionar)* el núcleo del isótopo 235 del uranio, por lo que se estableció en Estados Unidos, poco después de que este país entrase en la Segunda Guerra Mundial, un gran programa de investigación destinado a producir armamento nuclear: el Proyecto Manhattan. El éxito de aquel proyecto fue innegable: fabricó las dos bombas nucleares que en agosto de 1945, al ser lanzadas sobre las ciudades japonesas de Hiroshima y Nagasaki, pusieron término a la guerra.

A partir de entonces, la disponibilidad de armamento atómico —un bien perseguido por numerosas naciones y alcanzado únicamente por unas pocas (como la antigua Unión Soviética, ahora Rusia, y seguramente Ucrania, Kazajstán y Bielorrusia, además de Gran Bretaña, Francia, Canadá, China, India, Pakistán e Israel)— marcó las relaciones internacionales, produciéndose una carrera armamentística que solo recientemente, una vez caído el Muro de Berlín y desintegrada la Unión Soviética, parece estar disminuyendo.

El porqué de esa carrera siempre puede adjudicarse a los gobernantes políticos, escudados en eso tan definido como difuso que es la responsabilidad política ante su propio país y ante los ciudadanos a los que representan. Pero también existen individuos, personas que nunca han pasado por el control de los votos y cuyo predicamento se basa sobre todo en sus credenciales profesionales, que influyen en el desarrollo de los acontecimientos, y a través de estos en eso que llamamos Historia. En lo que al mundo nuclear del siglo XX se refiere, Edward Teller fue uno de esos individuos.

Nacido en Budapest en 1908, Teller estudió, además de en su ciudad natal (que vio nacer también por aquellos años a otros científicos extraordinarios que como él terminarían trasladándose a Estados Unidos: John von Neumann, Eugene Wigner y Leo Szilard), en Karlsruhe, Múnich (con Arnold Sommerfeld) y Leipzig (con Werner Heisenberg, bajo cuya dirección se doctoró). En 1930 obtuvo un puesto de ayudante en la Universidad de Gotinga, en donde estaba uno de los padres de la mecánica cuántica, Max Born, permaneciendo allí dos años, tras los cuales pasó breves periodos en Roma (con Enrico Fermi) y Copenhague (con Niels Bohr). En 1933 emigró a Estados Unidos, en donde su buen amigo George Gamow le consiguió un puesto en la Universidad George Washington de la capital federal. Desde entonces, Estados Unidos ha sido su hogar y patria (se nacionalizó estadounidense en 1941).

Durante la Segunda Guerra Mundial, Teller fue un activo miembro del Proyecto Manhattan, trabajando desde 1943 en la División de Física Teórica del Laboratorio de Los Álamos, en Nuevo México, dirigido por el mítico Robert Oppenheimer. Un proyecto que, de hecho, él había ayudado en cierto sentido a fundar: junto a Szilard y Wigner fue uno de los que convenció a Einstein para que escribiese su famosa carta del 2 de agosto de 1939 a Roosevelt, en la que el antiguo pacifista de la Primera Guerra Mundial estimulaba al Presidente a que estableciese algún tipo de proyecto atómico militar.

Teller fue un miembro importante de Los Álamos, pero sin el poder e influencia que otros de sus colegas, un hecho que aceptó con dificultad. Su relativa influencia se manifestó en uno de sus proyectos más queridos, que empezó a defender prácticamente desde su llegada a Nuevo México: el de la posibilidad y necesidad de fabricar una bomba más potente que la de fisión, una «superbomba», basada en los procesos de fusión de isótopos de hidrógeno, una «bomba de hidrógeno». De hecho, la insistencia de Teller sobre este punto constituyó una fuente de desacuerdo entre él y Oppenheimer, al igual que con otros como Hans Bethe e Isidor Rabi. Después de la guerra, Teller continuó con sus esfuerzos, logrando el apoyo político necesario, tarea en la que se vio favorecido al saberse que el 29 de agosto de 1949 la Unión Soviética había hecho explotar una bomba atómica de fisión. El argumento, que una figura tan influyente como Ernest Lawrence, director de los laboratorios de Berkeley, apoyó, era que había que contraatacar desarrollando una bomba más potente.

Para comprender las actitudes «antibomba H», hay que tener en cuenta los sentimientos que afectaron a muchos de los científicos que durante la guerra habían colaborado —más que colaborado, *sido esenciales*— en la fabricación de las bombas atómicas que se hicieron estallar sobre Japón. Conscientes ya del efecto (en muertes, destrucción y radiaciones con una carga letal de futuro para miles o cientos de miles de personas) que esas bombas habían provocado, y de lo que significaba la disponibilidad de tal armamento, que hacía posible pensar en una futura guerra mundial que aniquilase a una gran parte de la humanidad, algunos de aquellos científicos cambiaron de forma de pensar. En 1947, Oppenheimer declaró que «los físicos habían conocido el pecado», y que ello representaba «un conocimiento que no podían perder» [44]. Lawrence, menos sensible que su colega, contestó diciendo que él «era un físico y no tenía ningún conocimiento que perder en el que la física [le hubiera] causado conocer el pecado» [45].

El hecho es, en cualquier caso, que a pesar de la oposición de algunos científicos importantes, el 31 de enero de 1950 el presidente Truman ordenó que se estableciese un programa de investigación y desarrollo destinado a fabricar bombas de hidrógeno. «Es parte de mi responsabilidad como Comandante en Jefe de las Fuerzas Armadas —manifestó Truman en una declaración pública— el asegurar que nuestra nación sea capaz de defenderse

---

[44] J. R. Oppenheimer, «Physics in the contemporary world», *Bulletin of Atomic Scientists 4,* 66 (marzo de 1948); copia de un discurso que Oppenheimer pronunció el 25 de noviembre de 1947.

[45] Cit. en Barton J. Bernstein, «Four physicists and the bomb: the early years, 1945-1950», *Historical Studies in the Physical and Biological Sciences 18,* 231-263 (1988); pág. 263.

frente a cualquier posible agresión. En consecuencia, he dado instrucciones a la Comisión de Energía Atómica para que continúe sus trabajos en todas las formas de armas atómicas, incluyendo la denominada de hidrógeno o superbomba.»

Teller sería la pieza clave de este esfuerzo, que de entrada se encontró con la dificultad de que muchos físicos no mostraban el interés que les había llevado tiempo atrás, plenos de fervor patriótico o de odio-temor a Hitler, a trabajar para el Proyecto Manhattan. Para intentar solucionar este problema, poco después del anuncio de Truman realizó un agresivo llamamiento a sus colegas con el título de «Regresar a los laboratorios», en el que comparaba la situación internacional producida por la bomba soviética con la existente en 1939[46]. En su opinión, la decisión de emplear o no una bomba como la de hidrógeno era responsabilidad de los políticos, no de los científicos. Pensaba que el científico no era «responsable de las leyes naturales. Su trabajo consiste en averiguar cómo operan estas leyes y encontrar la manera como estas leyes pueden servir a la voluntad del hombre. En cambio no es su tarea determinar si una bomba de hidrógeno debe construirse, ni cuándo o cómo debe usarse». En una clara alusión a las actividades teóricas en las que se ocupaban entonces algunos físicos (como Wolfgang Pauli, por ejemplo), Teller añadía que «nuestra comunidad científica ha estado en luna de miel con los mesones [un tipo de partículas elementales]. Las vacaciones han terminado. Las bombas de hidrógeno no se construyen por sí solas».

Por su parte, la reacción de Bethe al anuncio del Presidente fue muy diferente, como manifestó en un artículo que publicó en el número de abril de 1950 de *Scientific American:* «La decisión de proceder con el desarrollo de la bomba de hidrógeno se ha tomado. Creo que esta decisión resuelve solamente una pregunta y suscita en su lugar cientos. ¿Cómo afectará la bomba a nuestra posición estratégica? ¿Restablecerá la superioridad armamentística que poseíamos antes de que los rusos obtuvieran la bomba atómica? ¿Mejorará nuestras probabilidades de ganar

[46] E. Teller, «Back to the laboratories», *Bulletin of the Atomic Scientists 6,* 71-72 (1950).

la próxima guerra si llegase una? ¿Disminuirá la posibilidad de ver nuestras ciudades destruidas en esa guerra? ¿Servirá para evitar o posponer la propia guerra? ¿Cómo será el mundo después de una guerra librada con bombas de hidrógeno?» [47]. Y añadía: «Creemos en la paz basada en el respeto mutuo. ¿Lo obtendremos utilizando bombas de hidrógeno? ¿Convenceremos a los soviéticos del valor del individuo matando a millones de ellos? Si libramos una guerra y la ganamos con bombas H, lo que la historia recordará no son los ideales por los que estábamos luchando, sino los métodos que utilizamos para alcanzarlos. Estos métodos serán comparados al modo de guerra de Gengis Khan, que sin ninguna consideración mató hasta el último habitante de Persia».

Teller nunca supo, pudo o quiso utilizar argumentos de este tipo. Le bastaba con su fiero y visceral anticomunismo, cuyos orígenes podemos datar en 1919, cuando asistió en Budapest al levantamiento comunista de Bela Kun. Y se manejó muy bien, ayudado por la conservadora y fieramente anticomunista sociedad estadounidense. La bomba de hidrógeno se construyó, probó (el 8 de mayo de 1951, en una isla del Pacífico, que fue borrada del mapa), dispuso de artefactos realmente operativos (a partir de mediados de la década de 1950; la bomba de 1951 era un enorme depósito refrigerado) y, afortunadamente, nunca ha sido empleada en una confrontación real.

En su constante lucha por desarrollar nuevas armas nucleares o termonucleares, Teller no mostró demasiados escrúpulos. Aunque tras el final de la guerra inicialmente dejó Los Álamos para ocupar una cátedra en Chicago, pronto (1946) regresó, siendo nombrado director ayudante de Desarrollo de Armamento, dedicado preferentemente a estudiar la posibilidad de diseñar una bomba de hidrógeno, tarea a la que contribuyó con la idea de utilizar como detonante una bomba de fisión. De hecho, la idea y detalles técnicos los desarrolló junto al extraordinario

[47] H. Bethe, «The hydrogen bomb», reimp. en H. Bethe, *The Road from Los Alamos,* The American Institute of Physics, Nueva York, 1991, págs. 12-22; págs. 16-17.

matemático de origen polaco Stanislaw Ulam; sin embargo, Teller se las apañó para reclamar el crédito. Como también se las apañó para superar sus malas relaciones con el director de Los Álamos, Norris Bradbury, quien, por ejemplo, nombró como director del programa termonuclear a Marshall Holloway, un nombramiento que Teller consideraba debía haber recaído en él. Abandonó Nuevo México entonces, regresó a Chicago, se movió con acierto en círculos políticos, y logró que se crease un segundo laboratorio para desarrollo de armamentos, el después famoso Lawrence Livermore Weapons Laboratory, situado en las proximidades del campus de la Universidad de California, en Berkeley, laboratorio que él mismo dirigió a partir de 1958, después de haber dejado Chicago por Berkeley en 1953.

Fue por entonces cuando colaboró en destruir políticamente a Oppenheimer, su enemigo en el programa de construir la superbomba. Lo hizo cuando declaró en una célebre audiencia que tuvo lugar entre el 12 de abril y 6 de mayo de 1954 en el Congreso, en la que se pretendía decidir si el antiguo director de Los Álamos era un riesgo para la seguridad nacional, acusándosele, con escasas o nulas pruebas, de posible complicidad con los soviéticos. Ante la pregunta de «si creía o no que el Dr. Oppenheimer es un riesgo de seguridad», Teller respondió, mostrándose un maestro en el uso preciso, ambivalente pero al mismo tiempo ideológicamente inequívoco, de las palabras: «En un gran número de casos he visto al Dr. Oppenheimer actuar —entiendo que el Dr. Oppenheimer actuó— de una forma que para mí era extraordinariamente difícil de comprender. Estuve en desacuerdo radical con él en numerosas cuestiones y, francamente, sus acciones me parecieron complicadas y confusas. En esta medida, creo que me gustaría ver los intereses vitales de este país en manos que comprendiese mejor, y en las que por consiguiente pudiese confiar más» [48]. Como consecuencia de aquella investigación, a Oppenheimer le fueron retirados los permisos para acceder a in-

[48] La transcripción de estas declaraciones ha sido publicada en varias obras. El propio Teller las ha incluido en su recientemente aparecida autobiografía: E. Teller, *Memoirs,* Perseus Publishing, Cambridge (Mass.), 2001, pág. 572.

formación nuclear reservada, lo que significó que hubo de abandonar este campo de investigación y desarrollo, perdiendo prácticamente toda influencia política.

En cuanto al comportamiento de Teller cuando se descubrió la posibilidad del invierno nuclear, no fue muy ecuánime. Carl Sagan, a quien como apunté en el epígrafe anterior Teller se opuso, reconstruyó la actitud de este en los términos siguientes:

> Cuando se descubrió el invierno nuclear en 1983, Teller se apresuró a argumentar: 1) que la física estaba equivocada, y 2) que el descubrimiento se había hecho años antes bajo su tutela en el Laboratorio Nacional Lawrence de Livermore. En realidad no hay ninguna prueba de este descubrimiento previo y hay una cantidad considerable de pruebas de que los encargados en todas las naciones de informar a los líderes nacionales de los efectos de las armas nucleares pasaron casi siempre por alto el invierno nuclear. Pero, si lo que decía Teller era verdad, fue una falta de conciencia flagrante por su parte no haber revelado el supuesto descubrimiento a las partes afectadas: los ciudadanos y jefes de la nación y del mundo...
>
> Me parece imposible que un ser humano normal colabore sin reparos en un invento así, aun dejando de lado el invierno nuclear... Sea cual fuere su contribución real, se ha descrito a Edward Teller como el «padre» de la bomba de hidrógeno. La revista *Life* publicaba en 1954 un artículo escrito con admiración que describía su «determinación casi fanática» de construir la bomba de hidrógeno. Creo que gran parte de su carrera posterior puede entenderse como un intento de justificar lo que engendró. Teller ha afirmado, y no es inverosímil, que las bombas de hidrógeno sirven para mantener la paz, o al menos impedir la guerra termonuclear, porque hacen demasiado peligrosas las consecuencias de la guerra entre potencias nucleares. Todavía no se ha producido una guerra nuclear, ¿no es así? Pero en todos esos argumentos se asume que las naciones con armas nucleares son y serán siempre, sin excepción, actores racionales, y que sus líderes (u oficiales militares o de la policía secreta) nunca se verán afectados por ataques de rabia, venganza y locura. En el siglo de Hitler y Stalin, esta idea parece cuando menos ingenua.

> Teller ha tenido una influencia decisiva para impedir la firma de un tratado que prohibiera las pruebas de armas nucleares. Dificultó en gran manera la consecución de un tratado de limitación de pruebas (en superficie)... También ha sido un defensor vigoroso de la seguridad y efectividad de coste de las plantas de energía de fisión... Teller defendía la explosión de armas nucleares desde Alaska hasta Sudáfrica, para dragar puertos y canales, para eliminar montañas molestas y efectuar grandes traslados de tierra... ¿Queremos entender la composición química de la Luna? Pues enviemos una bomba de hidrógeno a la Luna, hagámosla explotar y examinemos el espectro del destello y la bola de fuego.
>
> También en la década de los ochenta, Teller vendió al presidente Ronald Reagan la idea de la guerra de las galaxias, llamada por ellos «Iniciativa de Defensa Estratégica» [49].

Como señalaba Sagan, Teller se ha esforzado a lo largo de su carrera en obstaculizar el establecimiento de tratados para el control del armamento nuclear. Los ejemplos en este sentido son demasiado numerosos como para poder citarlos todos. Baste con uno solo: su oposición en 1963 a la renovación de un Tratado de Limitación de Pruebas Nucleares firmado con la Unión Soviética. Ya en enero de ese año, cuando comenzó a debatirse en el Congreso la conveniencia de tal acuerdo, Teller presentó un informe en el que argumentaba en contra de las propuestas de los soviéticos y a favor de que Estados Unidos continuase con sus pruebas. En agosto volvió a la carga, esta vez con mayor batería. He aquí lo que escribió al respecto el químico nuclear (premio Nobel), miembro destacado él mismo del equipo de Lawrence durante la Segunda Guerra Mundial, Glenn T. Seaborg, que entonces era director de la Atomic Energy Commission: «En opinión del [senador] Fulbright [que dirigía las discusiones y que favorecía la idea de un acuerdo], el testimonio más efectivo en contra de la ratificación fue presentado el 20 de agosto por Edward Teller, entonces director del Laboratorio de Livermore...

[49] C. Sagan, *El mundo y sus demonios,* ob. cit., págs. 315-316.

Teller presentó su testimonio sin ningún texto preparado o notas, y lo expuso con su habitual gran fuerza y convicción. Sobre todo por esta razón, recibió mucha más atención de la prensa y la televisión, especialmente de esta, que cualquier otro testigo»[50]. «Estas expresiones de oposición en el Congreso —manifestó también Seaborg— sirvieron de constante recordatorio a Kennedy de que existían límites en lo lejos que podría ir para llegar a acuerdos con los rusos sobre los términos de un tratado de prohibición de pruebas»[51].

Como también señalaba Sagan, fue asimismo Teller el principal responsable de que el presidente Ronald Reagan estableciese en 1983 la denominada «Iniciativa de Defensa Estratégica», o, como fue también conocida, «Guerra de las Galaxias». Explicado muy brevemente, la idea era la siguiente.

Desde al menos 1945, Teller había insistido en la necesidad de ocuparse de la defensa frente a armas nucleares. Cuando, a mediados de la década de 1970, unos científicos del Laboratorio de Livermore propusieron la idea de un láser de rayos X que podría ser desarrollado para que produjese emisiones de energías descomunales, perfectamente concentradas y dirigidas (como buen láser), pensó que se encontraba ante la gran solución a su viejo problema: establecer una red de satélites cargados con tales láseres, que pudiesen destruir cualquier misil enemigo cargado con bombas nucleares, dirigido hacia territorio estadounidense. Pronto la ocasión se hizo perfecta: Reagan, un viejo amigo de Teller (que hizo campaña en su favor en 1980, dando mítines por todo el país, en calidad de responsable de los «húngaros-americanos a favor de Reagan»), tan fieramente anticomunista como el físico, llegó a la Casa Blanca. Y Teller le convenció de las posibilidades de su idea, que fue aprobada, con la subsiguiente división de opiniones en la sociedad (científica al igual que social) estadounidense y mundial, división no solo acerca de su viabilidad (que muchos negaban), sino también sobre sus

[50] G. T. Seaborg y Benjamin S. Loeb, *Kennedy, Khrushchev, Test Ban,* University of California Press, Berkeley, 1981, págs. 271-272.

[51] Ibídem, pág. 187.

consecuencias políticas y la presumible intensificación que produciría en la carrera armamentística, y el enorme gasto de inversiones que habría que realizar, un gasto que a la postre no condujo a nada[52].

¿Qué lecciones podemos obtener de esta historia, de la historia de la vida e ideas (que todavía mantiene y se esfuerza en defender) de Edward Teller? Muchas, desde luego, no las menores la importancia que ha tenido en la historia reciente la energía (y especialmente el armamento) nuclear, y los numerosos debates y diferencias de opinión que se han producido en torno a él. Pero también existe otra lección, con la que quiero terminar este apartado. La lección del papel tan influyente y determinante que pueden llegar a alcanzar individuos concretos. No es necesario que sean los más capaces de su disciplina (Teller ha sido, sin duda, un físico muy distinguido, pero lejos de la creatividad e importancia que mostraron a través de sus trabajos un Fermi, un Bethe o un Feynman, por no citar los Einstein, Heisenberg o Bohr), pero sí que sean persistentes, que estén absolutamente convencidos de sus ideas, determinados a llevarlas adelante y sabedores de que para ello deben buscar apoyos en los lugares en donde se toman realmente las decisiones. Naturalmente, también es necesario que posean la cualidad de saber moverse en ese mundo, y ser capaces de una cierta rudeza.

Teller poseyó todos estos conocimientos, convicciones y características, y por ello, nos guste o no, es preciso reconocer que ha dejado su marca en la historia de la segunda mitad del siglo XX, contribuyendo a hacerla más difícil, más tensa y más peligrosa, aunque él ciertamente siempre ha estado convencido de que la ha hecho más segura. ¿Habría sido diferente esa historia si él no hubiese existido, o no hubiese abandonado, por la razón que fuese, su Hungría natal? Eso, por supuesto, nadie lo sabe.

---

[52] El propio Teller ha contado la historia de cómo convenció a Reagan en el capítulo 10 de su autobiografía: *Memoirs,* ob. cit.

Ciencia y fama (II): Stephen Hawking

Son pocas las personas con algún grado no ya de formación, sino de información, de cultura, aunque sea superficial, que no han oído hablar de Stephen Hawking, el físico teórico que ocupa en Cambridge la cátedra (Lucasiana) universitaria que una vez fue de Isaac Newton.

Hawking ha dedicado su carrera científica a un campo singular, con enorme atractivo pero con no demasiadas conexiones con la realidad más directa: la estructura del espacio-tiempo, tal como este es descrito por la teoría de la relatividad general, la teoría de la interacción gravitacional formulada, como ya he mencionado en más de una ocasión, por Albert Einstein en 1915. Más concretamente, en lo que Hawking se ha distinguido es en el estudio de las singularidades (los puntos que la teoría no es capaz de incluir en su seno) de ese espacio-tiempo, y todavía más específicamente en lo que, siguiendo el término introducido por el físico norteamericano John A. Wheeler, se conoce como «agujeros negros».

Los agujeros negros, esas regiones espaciotemporales previstas por la relatividad general, producidas por masas normalmente de un orden de magnitud varias veces la masa del Sol, concentradas en un volumen pequeño, que atraen con una fuerza enorme todo lo que llega a sus alrededores, pero de las que nada sale (por eso, lo de «negros»)[53], han atraído la atención popular, no importa que las evidencias que poseemos de su realidad sean escasas y no definitivas[54]. Se comprende el atractivo: lugares en los que el espacio(-tiempo) desaparece y que engullen lo que llega a su centro (¿para reaparecer en alguna otra parte del Universo, a través de esos no menos populares «agujeros de gusano» a los que se recurre en novelas de ciencia ficción y en películas de éxito como la mencionada *Contact?).* Si el Universo, su inmensi-

[53] No estoy tomando en cuenta la denominada «radiación de Hawking», prevista en formulaciones semiclásicas de la relatividad general.

[54] Como mencioné en el capítulo 2, uno de los candidatos más seguros a agujero negro es Cygnus X-1.

dad y oscuridad, ha sido siempre algo así como un atavismo que atrae irresistiblemente a los humanos, entonces los agujeros negros, las singularidades de las que se ha ocupado Stephen Hawking, no pueden faltar en el repertorio de sus, de nuestros, intereses.

Sucede, sin embargo, que Hawking no es el único científico que se ha dedicado a ese campo, o que ha hecho contribuciones notables a él. El propio John Wheeler también realizó notables aportaciones (y no solo a ese dominio científico, sino también a otros muchos, especialmente en la física nuclear). Kip Thorne, Yakov Borisovich Zel'dovich, George F. R. Ellis, Werner Israel y Robert Wald son otros, y, sobre todo, Roger Penrose. De hecho, las primeras aportaciones importantes de Hawking a las singularidades espaciotemporales las realizó en colaboración con Penrose[55]. Fueron las contribuciones de ambos las que dieron un gran empuje a estos estudios en la segunda mitad de la década de los sesenta y principios de los setenta. Más que darles empuje, se podría decir que crearon el campo, que a partir de entonces ha constituido una parte esencial, aunque problemática, de la física.

Si tenemos en cuenta además que Penrose ha mostrado a lo largo de toda su carrera científica una creatividad, versatilidad, imaginación y profundidad que no desmerecen (se puede argumentar que de hecho superan) de la que ha exhibido Hawking, y que como este también ha escrito libros de divulgación-ensayo científico que han alcanzado un notable éxito (aunque desde luego no como el libro de Hawking al que enseguida me referiré), sobre todo, *La nueva mente del emperador,* que ya mencioné en el capítulo 3, entonces la pregunta de por qué ha sido Hawking, precisamente él, quien se ha hecho tan famoso y no otros como Penrose o Wheeler, adquiere especial relevancia, en particular por lo que nos pueda decir acerca de la percepción por parte del público de la ciencia y los científicos.

La respuesta, o al menos una parte importante de esa respuesta, es, en mi opinión, bastante fácil.

[55] Véase, en este sentido, S. W. Hawking y R. Penrose, «The singularities of gravitational collapse and cosmology», *Proceedings of the Royal Society of London* A*314,* 529-548 (1969).

Hawking nació en Oxford el 8 de enero de 1942, hijo de un médico y biólogo especializado en enfermedades tropicales. En 1958 fue admitido en la Universidad de su ciudad natal con una beca. Por entonces ya daba muestras de poseer capacidades (sobre todo matemáticas) por encima de lo normal. En 1962, después de graduarse en Oxford, se trasladó a Cambridge, con el propósito de hacer una tesis doctoral en cosmología. Sin embargo, poco después, en 1963, se le detectó una gravísima enfermedad: la esclerosis lateral amiotrófica, también conocida como enfermedad de Lou Gehrig, un mal que destruye lentamente los nervios que controlan los músculos del cuerpo y que deja que estos se consuman uno tras otro hasta quedar paralizados. Normalmente, este tipo de enfermedad conduce con cierta rapidez a la muerte, y Hawking así lo pensó, perdiendo durante algún tiempo interés por la ciencia. No obstante, hacia el invierno de 1964-1965 se hizo patente que la suya era una variante más lenta, recuperando las ilusiones (de hecho, se casó en 1965 y tuvo dos hijos y una hija; bastantes años más tarde, ya célebre y mucho más incapacitado, se divorció y volvió a casar). Comenzó entonces realmente su carrera de investigador creativo, una carrera en la que, además de los teoremas sobre la existencia de singularidades en el espacio-tiempo relativista, ha cosechado logros como la termodinámica de los agujeros negros (logro, no obstante, en el que hay que recordar las contribuciones pioneras de otro científico: Jacob Bekenstein), la evaporación de agujeros negros, o las investigaciones acerca de la función de onda del Universo a la que ya me referí en el capítulo 1[56].

[56] Véanse, por ejemplo, S. W. Hawking, «The ocurrence of singularities in cosmology», *Proceedings of the Royal Society of London* A294, 511-521 (1966); S. W. Hawking y G. F. R. Ellis, *The Large Structure of Space-Time,* Cambridge University Press, Cambridge, 1973; S. W. Hawking, «Particle creation by black holes», en *Quantum Gravity. An Oxford Symposium,* C. J. Isham, R. Penrose y D. W. Sciama (eds.), Oxford University Press, Oxford, 1975, págs. 219-267; J. B. Bekenstein, *Baryon Number, Entropy and Black Hole Physics* (tesis doctoral), Princeton University Press, Princeton, 1972, y «Black holes and entropy», *Physical Review* D7, 2333-2346 (1973). Se pueden encontrar más detalles sobre los trabajos de Hawking (y también de los de Penrose) en J. M. Sánchez Ron, «Introducción» a Stephen W. Hawking y Roger Penrose, *Cuestiones cuánticas y cosmológicas,* Alianza, Madrid, 1993, págs. 9-33.

Contribuciones como las anteriores bastarían para comprender que Hawking se hubiese convertido, como así fue, en uno de los líderes mundiales de la física del espacio-tiempo, y de la teoría de la relatividad general, pero no, insisto, para haber alcanzado la fama social que ha logrado. El inicio de esa celebridad se debe a un libro de divulgación científica que publicó en 1988, *A Brief History of Time (Una breve historia del tiempo),* y que se convirtió inmediatamente en un auténtico éxito de ventas, manteniéndose durante cuatro años en la lista de superventas del *London Sunday Times*[57]. Fue, y continúa siendo, un fenómeno de masas[58].

Se trata, desde luego, de un magnífico libro, que aborda algunas de las cuestiones que más atraen a los humanos, como la del origen y dirección del tiempo, el origen y destino del Universo y, por supuesto, los atractivos agujeros negros. Está, además, escrito con un gran sentido del humor y de la oportunidad: «Alguien me dijo —escribió Hawking en los "Agradecimientos" iniciales— que cada ecuación que incluyera en el libro reduciría las ventas a la mitad. Al final, sin embargo, *sí* que incluí una ecuación, la famosa ecuación de Einstein, $E = mc^2$. Espero que esto no asuste a la mitad de mis potenciales lectores»[59]. Ahora bien: a pesar de todas estas cualidades, son legiones las personas que reconocen que aunque han comprado el libro han sido incapaces de entenderlo. Así que, de nuevo, ¿por qué el éxito? Más aún si tenemos en cuenta que existen muchos otros libros —mejores o peores, esa es otra cuestión— que se ocupan de estos temas.

No creo que sea irreverente o exagerado decir que la presencia física de Hawking, sentado, desmañado, incapaz de sujetarse en una silla de ruedas, crecientemente incapaz de ser entendido, ha sido muy, muy importante en la atracción que el público ha sentido y siente por él y por su libro. Con justicia, la sociedad, el

[57] Versión española: *Historia del tiempo,* Crítica, Barcelona 1988.

[58] Recientemente, Hawking ha publicado otro libro que lleva camino de emular, en cuanto a ventas, a la *Historia del tiempo: El Universo en una cáscara de nuez* (2001), al que ya me he referido en otro capítulo.

[59] S. Hawking, *Historia del tiempo,* ob. cit., pág. 9.

mundo, ha apreciado, admirado y conmovido con el esfuerzo de un científico severamente incapacitado (desde hace años, en la práctica, su único eslabón con el exterior, perdida ya la capacidad de hablar, es el botón de un ordenador acoplado a su silla, que maneja con lentitud), que es capaz de realizar complicados cálculos en su mente, sin un papel que le pueda ayudar, y que a pesar de todo no ha perdido el sentido del humor, que en él es casi legendario, ni la ilusión de vivir (viaja, por ejemplo, constantemente).

La gente no es, por fortuna, insensible a todas estas cosas. Ni aunque se trate de un científico y de la ciencia. Y debemos extraer (aparte de otras, evidentes, de humanidad) una lección importante de este caso: que la ciencia y los científicos no están al margen del «mundo», de los sentimientos más primarios, impulsivos, solidarios, sentimentales, humanitarios, incluso irracionales si se quiere. «Stephen W. Hawking —se lee en la contraportada de la edición española de su *Historia del tiempo*— heredero de la cátedra de Newton en la Universidad de Cambridge y considerado el mayor genio del siglo XX después de Einstein.» Y no es verdad. No es verdad que sea el mayor genio después de Einstein. Pero comprendemos por qué se puede creer. Lo comprendemos porque no todo en la vida se reduce a criterios o juicios lógicos. La condición humana es mucho más rica y compleja que los sistemas, procedimientos y argumentos que se desarrollan dentro de la ciencia. Y como la ciencia es un instrumento extraordinario en manos de los humanos, debemos tener cuidado, todos, científicos y legos, del uso que de ella se hace. El ejemplo de la fama de Stephen Hawking nos muestra, aunque sea indirectamente, este hecho, esta dimensión mundana de la ciencia.

STEPHEN JAY GOULD: UN PALEONTÓLOGO COMPROMETIDO CON EL MUNDO

La fama obtenida por Sagan y Hawking acercó la ciencia a la sociedad, pero lo hizo a través de mecanismos, procedimientos y *tempos* espectaculares: *best sellers* como *Historia del tiempo,* programas de televisión como *Cosmos,* películas como *Contact* y la novela del mismo título de la que surgió. Y no hay nada que objetar a que fuese así: ¿podría objetarse algo en una época como la que vivimos, que crea mitos, educa o embrutece, precisamente mediante esos mecanismos, los más eficaces a la hora de «conectar con las masas»? Sin embargo, existen otras posibilidades, no tan «espectaculares», y basadas en dominios científicos diferentes a la física, astrofísica y cosmología, de hacer atractiva la ciencia al público, y ayudar a educarle a través de ella, como demostró a lo largo de su no demasiado prolongada existencia el recientemente fallecido (20 de mayo de 2002) paleontólogo y experto en evolución, catedrático de Zoología de la Universidad de Harvard, Stephen Jay Gould.

Había nacido en la ciudad de Nueva York en 1941, y a los cinco años decidió ser paleontólogo, tras haberle llevado su padre, un modesto taquígrafo de tribunales, al Museo de Ciencias Naturales, donde contempló el impresionante esqueleto del tiranosaurio que se exhibe en el *hall* de entrada. Una profesión sorprendente para un hijo de emigrantes judíos procedentes de la Europa del Este, en cuya familia no existía tradición alguna de educación universitaria, como recordó en uno de sus libros, *Ontogeny and Phylogeny (Ontogenia y filogenia,* 1977), cuando agradecía a sus padres por el ánimo que le habían proporcionado, «frente a la confusión de algunos familiares ancianos que no sabían lo que significaba paleontología y que, al descubrir lo que era, solamente podían murmurar (con una inflexión que no puedo transcribir en papel): "¿Es esa una profesión para un chico judío?"»[60].

Se licenció en Geología en el Antioch College de Ohio en 1963, doctorándose en 1967 por la Universidad de Columbia (Nueva York), por las investigaciones que había llevado a cabo en la historia evolutiva de serpientes de tierra durante el Pleistoceno. El mismo año que se doctoró se convirtió en profesor ayudante de Paleontología de Invertebrados de la Universidad de Harvard y conservador ayudante del Museo de Zoología Compa-

[60] S. J. Gould, *Ontogeny and Phylogeny,* The Belknap Press of Harvard University Press, Cambridge (Mass.), 1977, pág. ix.

rada de esta misma universidad. A partir de entonces, Harvard sería su lugar de trabajo definitivo, como catedrático desde 1974.

Fue, como he dicho, un notable paleontólogo, pero también uno de los mayores expertos en la teoría de la evolución (Darwin fue uno de sus grandes amores). Un matrimonio este —teoría de la evolución y paleontología— no infrecuente, pero tampoco necesario. «Yo tuve la suerte —explicó en uno de sus libros, *El pulgar del panda* (1980)— de tropezar con la teoría de la evolución, uno de los campos más excitantes e importantes de toda la ciencia. Jamás la había oído mencionar cuando emprendí mi andadura en mis primeros años; simplemente me sentía fascinado por los dinosaurios. Yo estaba convencido de que los paleontólogos se pasaban la vida desenterrando huesos y juntándolos, sin ir jamás más allá del trascendental momento en que decidían cómo unirlos. Entonces descubrí la teoría evolutiva. Desde aquel instante, la dualidad de la historia natural (su riqueza en particularidades y su potencial unión en una explicación subyacente) ha sido el motor de mi existencia.»

Fue la teoría de la evolución de las especies, efectivamente, el auténtico motor de su existencia, pero terminó proponiendo, en 1972 y en compañía de Niles Eldredge, una teoría evolutiva diferente de la darwiniana: la teoría del equilibrio puntuado [61]. La tesis central de esta formulación es la de que los cambios evolutivos se producen no lenta y continuamente, poco a poco, como pensaba Darwin, sino por medio de transformaciones relativamente repentinas (esto es, a escala de tiempo geológico), separadas por largos intervalos en los que apenas se producen cambios morfológicos. Aparte de en trabajos técnicos, popularizó esta todavía controvertida visión de la evolución en uno de sus mejores libros de divulgación: *La vida maravillosa* (1989).

Es difícil para aquellos cuya vida se encuentra ligada de una u otra forma al estudio del mundo natural no sucumbir a sus encantos, no deleitarse en la exaltación de la belleza que se encuen-

---

[61] N. Eldredge y S. J. Gould, «Punctuated equilibria: an alternative to phyletic gradualism», en T. J. M. Schopf (ed.), *Models in Paleobiology,* Freeman and Cooper, San Francisco, 1972, págs. 82-115.

tra por doquier en la naturaleza. Frente a este enfoque «franciscano», Jay Gould se proclamó siempre un «galileano»: «Me gusta —escribió en otro de sus libros, *"Brontosaurus" y la nalga del ministro*— la buena escritura franciscana, pero me considero un galileano puro, ferviente e impenitente... No soy insensible a la belleza natural, pero mis gozos emocionales se centran en los trabajos, improbables pero a veces prodigiosos, de esta minúscula y accidental ramita evolutiva llamada *Homo sapiens*. Y no encuentro entre esas obras nada más noble que la historia de nuestra lucha para comprender la naturaleza»[62]. Pero todo buen galileano debe, además de contribuir al desarrollo científico, esforzarse por hacer la ciencia accesible a los no especialistas. Gould fue un maestro en ese arte, siguiendo unas pocas reglas sencillas: «Nada de pasar por alto las ambigüedades o lo que se ignora; eliminar la jerga, naturalmente, pero no sacrificar las ideas (cualquier complejidad intelectual puede ser transmitida en el lenguaje corriente)»; y «La belleza de la naturaleza reside en el detalle; el mensaje, en la generalidad. La apreciación óptima requiere de ambos, y no conozco mejor táctica que la ilustración de principios excitantes mediante pormenores bien escogidos». Es en este difícil equilibrio entre lo particular y lo general, uno de los lugares en los que más brilló Gould, como se puede comprobar sin más que leer muchos de sus relatos sobre temas aparentemente —solo aparentemente— menores, como, por ejemplo, el pulgar del panda, la relación entre la nalga (izquierda) de George Canning (secretario de Exteriores del Gobierno británico) y el origen de las especies, la cuestión de si cinco es un número apropiado de dedos, la historia del arzobispo irlandés James Ussher, que en el siglo XVII dio no solo el año de la creación (el 4004 antes de Cristo), sino también la fecha exacta (el 23 de octubre), o el golpe relámpago, en béisbol, de Joe DiMaggio, el «héroe personal» y «mentor desde la infancia» de Gould. Relatos que aparecen en una legión de libros, que al mismo tiempo que enseñaban conmovían; libros como *Dientes de caballo y dedos de gallina* (1983),

[62] S. J. Gould, *«Brontosaurus» y la nalga del ministro,* Crítica, Barcelona, 1993, págs. 10-11; edición original en inglés de 1991.

La sonrisa del flamenco (1985), *Milenio* (1998), *Las piedras falaces de Marrakech* (2000) o *La falsa medida del hombre* (1981), en el que con la sabiduría e implacabilidad del científico, la pasión del hombre comprometido con sus semejantes y el amor del descendiente de emigrantes mostró con toda crudeza las debilidades del denominado «determinismo biológico», la idea de que la inteligencia humana puede calibrarse con mediciones (del tamaño del cráneo, por ejemplo) y pruebas específicas, ideas que se habían llevado a la práctica a primeros del siglo XX con, por ejemplo, emigrantes europeos que llegaban a Manhattan desconcertados y asustados, y a los que se obligaba a pasar absurdas pruebas de inteligencia, o con personas a las que se calificó de «idiotas» y en algunos casos incluso se esterilizó.

El tema que trataba Gould en aquel libro es uno de los más nobles y trascendentes que pueda abordar un científico. Y es que hay que recordar que los siglos XIX y XX fueron especialmente proclives —al menos en algunos momentos— a los intentos por demostrar que la inteligencia, el alcoholismo, la prostitución, el crimen, la depresión, la homosexualidad o ciertas características que se suponen a uno u otro género, por poner algunos ejemplos, son el producto inflexible de, como diríamos ahora, genes, hormonas, anatomía neuronal o historia evolutiva. También es conveniente recordar que muchos de los esfuerzos por relacionar características humanas con predisposiciones biológicas han surgido con relativa frecuencia asociados a respuestas conservadoras frente a movimientos de liberación. En 1969, en el clímax del activismo en favor de los derechos civiles, Arthur Jensen, catedrático de Psicología educacional en Berkeley, propuso que la media de las diferencias en cocientes de inteligencia entre blancos y negros se debía a diferencias genéticas entre las dos razas; en la década de los setenta, en la cima del movimiento feminista, no faltaron quienes sugirieron que era poco probable que las mujeres alcancen alguna vez la igualdad con los hombres en las esferas de los negocios y la ciencia, dada su adaptación evolutiva a roles sociales distintos.

El peligro de que los estudios hereditarios puedan ser utilizados con intenciones políticas no es producto de la imaginación de aquellos que ven con ojos críticos estas investigaciones. Poco después de que se publicase en 1969 su controvertida tesis, el artículo completo (123 páginas) de Jensen fue leído en el *Congressional Record* estadounidense a petición de un congresista sureño[63]. Asimismo, el gabinete de Richard Nixon fue informado sobre el artículo, advirtiéndose que sus implicaciones políticas debían ser tomadas seriamente.

Ocurre, no obstante, que existen fundadas dudas sobre el rigor, científico, metodológico, de muchas de las investigaciones que se nos presentan como concluyentes. Veamos algunos ejemplos. El comprobar la inteligencia individual de niños o adultos es una tarea extremadamente difícil cuando no conocemos las contribuciones de las denominadas inteligencia potencial y cinética; esto es, cuando desconocemos cuánto de las contestaciones que se ofrecen en un test se deben a conocimientos previos, y cuánto se ha generado en el momento. El almacén de conocimientos que es el cerebro (incluyendo reglas o algoritmos para resolver problemas) es tan vasto que oscurece diferencias en el procesamiento de la inteligencia cinética. Una heredabilidad elevada del coeficiente de inteligencia puede indicar nada más que en su determinación el ambiente familiar, el grupo social a que se pertenece, continúa siendo más importante que la educación recibida. Más aún, el hecho de que un rasgo dado sea altamente heredable en un medio determinado, nos dice poco acerca de si tal heredabilidad será alta en un medio diferente.

Junto a la medida de la inteligencia, la comprensión de las diferencias entre hombres y mujeres ha sido otro de los temas frecuentes en el mundo del determinismo biológico. Entre los múltiples recursos utilizados figura el hecho, fisiológico, de que por la sangre de los varones circula mayor volumen de la hormona testosterona que por la de las mujeres. Esta innegable realidad se ha esgrimido para proclamar que los varones son congénitamente más agresivos que las mujeres, lo que, a su vez, ha

[63] A. R. Jensen, «How much can we boost IQ and scholastic achievement?», *Harvard Educational Review 39*, 1 123 (1969).

servido como base para diferentes conclusiones sobre sus respectivos papeles sociales [64]. Ahora bien: ni siquiera la pretendida base científica para relacionar niveles de testosterona con agresividad está clara, a pesar de ejemplos evidentes como la pérdida de bravura de los toros castrados. En los seres humanos la castración reduce o elimina la pulsión y potencia sexual, pero tiene escasos o nulos efectos disuasorios sobre la agresividad. Con el desarrollo de la corteza cerebral, las influencias hormonales sobre el comportamiento de los primates no se pierden, pudiendo ser sustituidas. Como recordó el antropólogo Marvin Harris, las mujeres pueden aprender a ser más agresivas que los hombres si las exigencias de la vida social reclamaran papeles sexuales agresivos para ellas y comportamientos más pasivos para los varones [65].

Es importante señalar que los puntos que estoy mencionando no se deben entender en el sentido de que haya que considerar que investigaciones de esta clase sean algo, en principio, censurable o que no tengan sentido. Pero, en este tipo de problemas mucho más que en otros, no es posible olvidar preguntas como: ¿cuál es el propósito de tal investigación?, ¿cómo se empleará y quiénes ganarán o perderán con sus resultados? Por último, ¿y qué aunque se demostrase que alguna «raza», género o colectivo transporta en su acervo genético características que le sitúan en una cierta condición desventajosa? ¿Debe ser nuestro mundo uno en el que la norma sea la máxima rentabilidad?, ¿un mundo en el que conclusiones extraídas mediante análisis científicos se impongan sobre las convicciones morales? Ni la ciencia está para eso, ni debemos olvidar que el progreso científico no ha sido el único progreso. La historia de la especie humana es pródiga en esfuerzos por acomodar en la vida comu-

[64] Véanse, en este sentido, los comentarios del entomólogo y fundador de la sociobiología, Edward Wilson, en su libro *On Human Nature* (1978), cap. VI («Sexo»); versión española: *Sobre la naturaleza humana,* Fondo de Cultura Económica, México, 1980.

[65] M. Harris, «¿Guerreras?», en *Nuestra especie,* Alianza, Madrid, 1991, págs. 277-279; edición original en inglés de 1989.

nal los derechos de los «otros», lo que significa también ayudar a los desfavorecidos. En la actualidad incluso incluimos entre esos «otros» a los animales, y muchos lo hacen no porque les gusten, acaso ni siquiera porque les den lástima, sino porque lo creen justo.

En *La falsa medida del hombre* (que revisó, con una nueva edición en 1996, para combatir la resurrección del determinismo biológico *à la* Jensen propiciada por un libro, *The Bell Curve [La curva campana]* publicado en 1994 por Richard Herrstein y Charles Murray), Gould hablaba, explícita o implícitamente, acerca de todos estos temas. «Si nuestra especie tuviera millones de años de antigüedad (como es el caso de muchas) —escribía— y si sus razas hubieran estado geográficamente separadas durante la mayor parte de ese tiempo sin intercambio genético significativo, entonces quizá se habrían acumulado lentamente grandes diferencias genéticas entre los grupos. Pero *Homo sapiens* solo tiene, a lo sumo, unos pocos centenares de miles de años de edad, y probablemente todas las razas modernas se escindieron de un linaje ancestral común hace aproximadamente cien mil años. Unos pocos caracteres ostensibles de la apariencia externa nos conducen a considerar subjetivamente que se trata de diferencias importantes, pero los biólogos han afirmado recientemente, aunque lo sospechaban hace tiempo, que las diferencias genéticas globales entre las razas humanas son asombrosamente pequeñas. Aunque la frecuencia de los distintos estados de un gen difieren entre las razas, no hemos encontrado "genes de la raza", es decir, estados establecidos en ciertas razas y ausentes en todas las demás razas. Lewontin (1972) estudió la variación de diecisiete genes que codifican diferencias de sangre y comprobó que solo el 6,3 por 100 de la variación se podía atribuir a la pertenencia a una raza. Nada menos que el 85,4 por 100 de la variación se daba dentro de poblaciones locales (el 8,3 por 100 restante correspondía a diferencias entre poblaciones locales dentro de una misma raza). Como observaba Lewontin (comunicación personal), si llegara el holocausto y si los únicos sobrevivientes fueran los miembros de una pequeña tribu residente en lo más profundo de los bosques de Nueva Guinea, se conservarían casi todas las variaciones genéticas actualmente presentes en los innumerables grupos de nuestra población de cinco mil millones de personas»[66].

La ciencia no tiene por qué ser compasiva; por encima de cualquier otra consideración, lo que debe es suministrar resultados ciertos (dentro de los límites de apreciación válidos en un momento determinado)[67]. Pero a veces, acaso con mayor frecuencia de lo buscado, puede ser también compasiva. En *La falsa medida del hombre,* Stephen Jay Gould fue, probablemente más que en cualquier otro de sus libros, compasivo. Para los humanos de bien resonarán durante mucho tiempo unas frases memorables que escribió en aquella obra: «Pasamos una sola vez por este mundo. Pocas tragedias pueden ser más vastas que la atrofia de la vida; pocas injusticias más profundas que la de negar una oportunidad de competir, o incluso esperar, mediante la imposición de un límite externo, que se intenta hacer pasar por interno»[68].

La curiosidad de Gould no se detenía ante nada. Ni siquiera frente a su propia desgracia. En julio de 1982 supo que estaba sufriendo un mesotelioma abdominal, un cáncer raro y extremadamente difícil de curar. Cuando se despertó de la operación a la que fue sometido, lo primero que preguntó a su doctora fue: «¿Cuál es la mejor bibliografía sobre el mesotelioma?». Apiadándose de él, esta le dijo que no había nada que valiera la pena leer. Pronto descubrió el porqué de tal consejo: la literatura especializada era meridianamente clara, se consideraba que el mesotelio-

---

[66] S. J. Gould, *La falsa medida del hombre,* Crítica, Barcelona, 1997, págs. 317-318. Se trata, como he indicado, de la edición revisada.

[67] Aunque no hablaba de «compasión» sino de «bondad», un término este no demasiado diferente de aquel, un científico que en ocasiones insistió en el lugar que esa bondad debía ocupar en la ciencia fue el físico Victor Weisskopf. «La ciencia —solía decir— no puede desarrollarse si no se persigue el conocimiento puro. Solo sobrevivirá si se usa intensamente y sabiamente para la mejora de la humanidad y no como instrumento de dominación de un grupo sobre otro. La existencia humana depende de la bondad y de la curiosidad. La curiosidad sin bondad no es humana; la bondad sin curiosidad es ineficaz» V. Weisskopf, «La trascendencia de la ciencia», en *La física en el siglo XX,* Alianza, Madrid, 1990, págs. 316-341; pág. 341; versión original en inglés de 1972.

[68] S. J. Gould, *La falsa medida del hombre,* ob. cit., pág. 50.

ma era incurable, con una mortalidad media de solo ocho meses después del diagnóstico. Sin embargo, Gould reaccionó interpretando tan abrumadora sentencia a la luz de sus conocimientos de estadística: por pequeña que fuese la probabilidad, algunos se salvaban; él terminó siendo uno de ellos. Aunque ahora otro tipo de cáncer le ha derrotado. Con su humor profundo, tal vez habría dicho que «un buen chiste no se repite dos veces».

JAMES WATSON: EL HOMBRE QUE (CO)DESCUBRIÓ LA ESTRUCTURA DEL ADN

Si existen descubrimientos científicos ante los cuales el mundo, más pronto o más tarde, no queda al margen de él, uno de ellos es, sin duda de ninguna clase, el que tuvo lugar en 1953, en el laboratorio Cavendish de Cambridge (que en otros tiempos habían dirigido luminarias de la física como James Clerk Maxwell y Joseph John Thomson), cuando un antiguo físico inglés reconvertido en biólogo después de la Segunda Guerra Mundial, Francis Crick (1916-), y un biólogo de Chicago, James Watson (1928-), descubrieron cuál es la estructura de la molécula de la herencia, el ADN[69]. Ya nos hemos encontrado en páginas precedentes con este hallazgo, pero ahora es el momento de detenerse de nuevo en él, y ello por no otra razón de que nos hallamos en medio de una revolución científica que tiene como uno de sus pilares principales a los genes, a segmentos de cadenas de ADN que se manifiestan en la producción de proteínas. Estamos, en efecto, asistiendo a uno de esos raros momentos en la historia en los que, por decirlo de alguna manera, el suelo tiembla bajo nuestros pies, en los que nos damos cuenta de que el futuro será diferente del presente, y que el propio presente cambia con una sorprendente rapidez. Y todo ello en un ámbito que nos es particularmente cercano y querido: el que atañe a nuestros cuerpos,

[69] J. Watson y F. Crick, «Molecular structure of nucleic acids», *Nature 171,* 737-738 (1953), y «Genetical implications of the structure of deoxyribonucleic acid», *Nature 171,* 964-967 (1953).

no solo a nuestra salud, sino asimismo a nuestras expectativas con respecto a lo que esos cuerpos —al igual que muchos otros organismos, animales o vegetales— pueden o podrán hacer.

Si he elegido a Watson y no a Crick para hablar de ese mundo, no es porque desee establecer ninguna distinción de méritos científicos entre ambos, sino porque en varios, e importantes, aspectos la biografía de aquel ha seguido mejor la evolución científica al igual que social del mundo de la biología molecular. Asimismo, la evolución del carácter de Watson ha sido, al menos externamente, «de puertas afuera», notable, en una conveniente transformación acorde con las responsabilidades que fue aceptando, y al mundo sociocientífico con el que se fue encontrando.

El Watson que llegó a Inglaterra, para ampliar estudios, era un joven arrogante, y por supuesto capaz, muy capaz, con escasa, si es que alguna, timidez, reforzado su no pequeño ego tras haber recibido una espléndida educación, primero en la Universidad de Chicago, en donde fue instruido por el conocido biólogo de poblaciones Sewall Wright, y luego en la Universidad de Indiana (a la que llegó en 1947), en la que trabajaban nada más y nada menos que Hermann J. Muller, que veinte años atrás había demostrado que los rayos X producen mutaciones, y Salvador Luria, con Max Delbrück uno de los fundadores del famoso «grupo de los fagos», bajo cuya dirección se doctoró [70]. Su insolencia y desenfado se hicieron mundialmente célebres con el libro que publicó después del descubrimiento de la estructura del ADN: *The Double Helix (La doble hélice,* 1968), significativamente subtitulado «Una narración personal del descubrimiento de la estructura del ADN». Al contrario que en las reconstrucciones que suelen hacer la gran mayoría de los científicos de sus aportaciones importantes, en las que todo parece de color de rosa, los sentimientos nobles y desinteresados, en el libro de Watson los científicos son seres de carne y hueso, con sus grandezas y, sobre todo,

[70] Muller recibió el premio Nobel de Medicina en 1946, mientras que Luria y Delbrück lo obtuvieron (al mismo tiempo, junto a Alfred Hershey), en 1969, «por sus descubrimientos relativos a los mecanismos de replicación y estructuras genéticas de los virus».

sus miserias, con sus ambiciones, simpatías y fobias. Especialmente cruel fue con Rosalind Franklin, que trabajaba en el King's College de Londres, y cuyas imágenes de difracción de rayos X de fibras de ADN resultaron cruciales para el descubrimiento de Watson y Crick. «Por elección —leemos en los últimos pasajes del capítulo 2 de *La doble hélice*—, Rosalind Franklin no resaltaba sus cualidades femeninas. Aunque sus rasgos eran fuertes, era atractiva y podía haber sido magnífica si hubiese tenido el mínimo interés por cómo vestir. No lo tenía. Nunca hubo carmín en sus labios que contrastase con su liso pelo negro, mientras que a la edad de treinta y un años sus vestidos mostraban toda la imaginación de las adolescentes inglesas que llevaban calcetines azules. Era, en consecuencia, bastante fácil imaginarla como el producto de una madre insatisfecha que indebidamente insistía en lo deseable de carreras profesionales que pudiesen salvar a brillantes muchachas de matrimonios con hombres vulgares. Aunque ese no fue su caso. Su dedicada, austera vida, no puede explicarse de esa manera: fue la hija de una erudita familia muy acomodada de banqueros»[71].

La crueldad, machismo y gratuidad de estos comentarios no se pueden entender ni justificar en aras de un pretendido realismo, de mostrar la ciencia tal como es (¿qué tiene que ver la presencia externa de una *mujer* con la investigación científica?). Crick y Watson recibieron el premio Nobel de Medicina correspondiente a 1962, compartido con Maurice Wilkins, que había trabajado con Franklin en el King's College. Rosalind Franklin no tuvo ninguna oportunidad de ser uno de los tres que pueden compartir como máximo un Nobel: había fallecido en 1958, con solo treinta y ocho años de edad. Es dudoso, en cualquier caso, que hubiese formado parte de semejante triunvirato (la actitud que representaba Watson acaso estuviese más extendida de lo que a algunos nos gustaría pensar). Su figura, no olvidada pero sí no valorada lo suficiente, únicamente está siendo recuperada en

---

[71] J. D. Watson, *The Double Helix,* Penguin Books, Londres, 1999, págs. 25-26. Recientemente, Watson ha publicado otro libro en el que rememora aspectos de aquella época: *Genes, Girls and Gamow,* Oxford University Press, Oxford, 2001.

los últimos años por, sobre todo, autoras involucradas en movimientos feministas, acerca de los cuales no está claro qué es lo que hubiese pensado la propia científica[72].

Inmediatamente después de completar su inmortal trabajo con Crick, Watson regresó a Norteamérica, pasando el verano de 1953 en el mítico centro de Cold Spring Harbor, en Long Island, en el que Max Delbrück había reunido un activo grupo de investigadores. Tras el verano, se convirtió en miembro *(Research Fellow)* del California Institute of Technology, en el grupo del propio Delbrück, aunque Watson se ocupó sobre todo de intentar hallar la estructura del ARN. En 1955 pasó a formar parte del claustro de la Universidad de Harvard, en la que permaneció hasta 1976[73], momento en que asumió con dedicación plena el puesto de director del centro de Cold Spring Harbor, que había ocupado a tiempo parcial desde el año 1968.

Un momento especialmente importante en su vida (y para la presente exposición) tuvo lugar en 1989, cuando fue designado director del recién creado Proyecto Genoma Humano (o Proyecto del Genoma Humano) promovido por los Institutos Nacionales de la Salud estadounidenses. El punto de partida de este Proyecto, que pretendía determinar con precisión la estructura, la, como se dice en ocasiones, «cartografía» del genoma humano, se había manifestado inicialmente bajo la forma de un organismo internacional (Consorcio Internacional para Secuenciar el Genoma Humano) propuesto en 1984, aunque su establecimiento se produjo en septiembre de 1988, liderado por Estados Unidos, pero con la participación de otros países: Gran Bretaña, Francia, Japón, China y Alemania.

---

[72] Uno de esos estudios es el libro de Anne Sayre, *Rosalind Franklin y el ADN,* horas y HORAS la editorial, Madrid, 1997; versión original en inglés de 1975. El título de la colección en que apareció esta traducción es significativo: «Colección Todas Eran Valientes».

[73] Mientras estaba en Harvard escribió un libro de texto de biología molecular, *The Molecular Biology of the Gene* (1965), que se convirtió en una de las obras universitarias más influyentes del campo, contemplando al menos siete ediciones.

Que surgiese semejante idea fue consecuencia de las nuevas e inmensas posibilidades (técnicas al igual que conceptuales) que se estaban abriendo en el universo de la investigación genética desde finales de la década de 1960. Descubrimientos como el aislamiento (Bernard Weiss y Charles Richardson, 1967) de la enzima ligasa, que puede unir segmentos de cadenas de ADN; el hallazgo (Stuart Linn y Werner Arber, 1968) de las denominadas enzimas de restricción, que son capaces de cortar por lugares determinados las moléculas de ADN. Disponiendo de instrumentos como estos, en 1972, Janet Mertz y Ron Davis, de la Universidad de Stanford, encontraron que era relativamente fácil unir moléculas de ADN cuando se las cortaba utilizando la enzima de restricción *EcoRI*. Los trabajos de Mertz y Davis determinaron que el año siguiente Herb Boyer y Stanley Cohen desarrollasen un método para reordenar moléculas de ADN en un tubo de ensayo con el fin de crear moléculas híbridas, procedentes, por ejemplo, en parte del ADN de una mosca y en parte de ADN bacterial. Se abrió entonces una nueva era científica, más que científica, tecnocientífica, a la que es posible poner nombres diferentes: la era de la biología molecular, del ADN recombinante, de la biotecnología o de la ingeniería genética.

Inmersos como estamos hoy en ese mundo, leyendo prácticamente todos los días noticias en los periódicos que nos hablan de un nuevo descubrimiento o una consecuencia de él, es difícil darse cuenta, aunque haya pasado tan poco tiempo, del calibre de las novedades de orden intelectual, científico y ético-moral que enseguida se hicieron aparentes para los investigadores. Particularmente llamativas fueron las últimas, las ético-morales, surgidas de la posibilidad real de creación de nuevos tipos de vida, de *vida transgénica,* una posibilidad con la que se enfrentaron los biólogos en 1971, precisamente en el laboratorio de Cold Spring Harbor (dirigido, recordemos, por Watson), cuando Janet Mertz presentó un proyecto de experimento en el que se pretendía insertar el cromosoma de SV40 en una cepa de laboratorio de *Escherichia coli.* La perspectiva de que una bacteria —una bacteria que aparece de manera natural en el intestino humano— pudiese ser tratada para transportar el ADN de un virus capaz, bajo ciertas condiciones experimentales, de provocar tumores en roedores, alarmó a algunos biólogos moleculares, con la consecuencia de que el experimento fue pospuesto y pronto (1974) la National Academy of Sciences estadounidense encargó un informe a un prestigioso grupo de científicos (Paul Berg, David Baltimore, Herbert Boyer, Stanley Cohen, Ronald Davis, David Hogness, Daniel Nathans, Richard Roblin, James Watson, Sherman Weissman y Norton Zinder), que posteriormente propuso una moratoria en una serie de investigaciones [74], y a consecuencia del cual se celebraría una célebre reunión en el Centro de Conferencias de Asilomar, en Pacific Grove (California), en febrero de 1975, en la que participaron 150 científicos, que finalmente defendieron el levantamiento de la moratoria anterior.

Naturalmente, no es posible, ni oportuno, desarrollar con detalle aquí estos temas [75]. De lo que se trata es de que nos demos cuenta de que a partir de la década de 1970 comenzó una auténtica revolución científica, con profundas y extensas implicaciones sociales, centrada en el universo de la biología molecular. En cierto sentido, podríamos decir que el descubrimiento en 1953 de la estructura en doble hélice del ADN era como una espoleta de efectos retardados que explotó con toda la fuerza que atesoraba a partir de los años setenta. Y James Watson participó, en ocasiones desempeñando un papel central, en esa serie de acontecimientos.

El que fuese uno de los firmantes del informe-propuesta de 1974 muestra no solo el prestigio que tenía entre sus colegas, sino también su preocupación por cuestiones que iban más allá del laboratorio. Lejos estaba el joven biólogo que tan pocos escrúpulos había mostrado en Cambridge en 1953. De hecho, cuando se hizo cargo de la dirección del Proyecto del Genoma Humano (una dirección que ocupó muy poco: dimitió dos años después por diferencias sobre cómo dirigir el proyecto), tuvo en

---

[74] La propuesta-informe de este grupo se publicó en *Science* (vol. 185, pág. 303) y *Nature* (vol. 250, pág. 175), en 1974, bajo el título «Potential biohazards of recombinant DNA molecules».

[75] He tratado algunas de estas cuestiones en J. M. Sánchez Ron, *El Siglo de la Ciencia,* Taurus, Madrid, 2000, cap. 11.

mente desde el principio la dimensión ética del programa. Veamos, en este sentido, lo que escribió en 1994, en un artículo titulado «Implicaciones éticas del Proyecto Genoma Humano»:

> ... hubo mucha oposición inicial al Proyecto del Genoma Humano, y algunos aspectos de esta persisten en la actualidad. Inicialmente, la principal oposición procedía del interior de la comunidad científica, en particular de los biólogos moleculares que temían que el Proyecto consumiría tanto dinero que importantes objetivos de investigación más inmediatos se verían amenazados. Hoy día, esta oposición se ha desvanecido casi por completo, en parte porque se ha comprendido que los 3.000 millones de dólares que se gastarán a lo largo de los próximos quince años para el Proyecto del Genoma Humano consumirán menos del dos por ciento del presupuesto mundial para la investigación biomédica durante dicho periodo. Igualmente importante, al extender el ámbito del Proyecto para que incluyera genomas más pequeños de organismos modelo, como la bacteria intestinal *Escherichia coli,* la levadura de la cerveza *Saccharomyces cerevisiae,* el nematodo *Caenorhabditis elegans,* y la mosca de la fruta, *Drosophila melanogaster,* un amplio espectro de la comunidad biológica vio beneficios inmediatos para sus propias formas de investigación.
>
> La segunda forma de oposición surgió de temores sobre las consecuencias éticas, legales y sociales de la información precisa sobre la genética humana. En particular, se expresaron inquietudes por la posibilidad de estar generando nuevas formas de discriminación en las que individuos genéticamente propensos a padecer enfermedades graves no podrían obtener o conservar puestos de trabajo, ni obtener seguros de vida o de enfermedad. La cuestión de cómo proteger la intimidad genética estaba claramente en el meollo de dichas preocupaciones. Además, estaba la ansiedad relacionada con el hecho de si nosotros, como seres humanos, seríamos capaces de soportar psicológicamente el conocimiento creciente sobre nuestros genes que pronto estaría a nuestra disposición. ¿Y cuándo será que podremos dar a nuestros ciudadanos la educación genérica que necesitan para tomar decisiones fundamentales sobre la información que desean y des-

> pués las consecuencias de usar o no usar dichos datos? Para intentar empezar a abordar estos problemas, cuando el Proyecto del Genoma Humano se inició en Estados Unidos tomamos la decisión de crear un programa específico nuevo para considerar los aspectos éticos, sociales y legales (ELSI; *Ethical, Legal, and Social Issues)* del Proyecto del Genoma Humano. Cuando empezó, en 1989, dedicamos el tres por ciento de nuestro presupuesto para el genoma a dichos temas, y en la actualidad el cinco por ciento de tales fondos se dirigen a estos programas ELSI[76].

Pocos, si es que alguno, de los megaproyectos científicos actuales tienen un apartado de este tipo.

INTERLUDIO: CIENCIA, PODER Y ECONOMÍA

La ciencia es, por encima de cualquier otra consideración, conocimiento, pero no podemos olvidar que el conocimiento suministra poder. Es obvio que no siempre el saber da lugar a poder; mucho menos que el que sabe, el que produce conocimiento, el científico, tenga poder. De hecho, cuando se repasa la historia de la ciencia se comprueba que la relación entre ciencia y poder ha variado a lo largo de los siglos: no es la misma la relación entre ciencia y poder (o entre poder y ciencia) en la actualidad, o durante el último medio siglo, que a lo largo de otros periodos de la historia. Por supuesto que no necesitamos esperar a esas épocas, más recientes, para comprobar el «poder de la ciencia»: pensemos, por ejemplo, en Arquímedes (h. 287-212 a. C.), una de las cumbres de la ciencia de la antigüedad, que aplicó su maestría científica a la invención de máquinas como el denominado «tornillo de Arquímedes», un tornillo espiral que se hacía girar dentro de un cilindro y que se podía utilizar para sacar agua de los canales, o para desarrollar armas que fueron aprovechadas durante el asedio romano a Siracusa (215-212 a. C.), cuando in-

[76] Incluido en James D. Watson, *Pasión por el ADN,* Crítica, Barcelona, 2002, págs. 214-223; págs. 218-219; versión original en inglés de 2001.

ventó una serie de instrumentos que mantuvieron alejada a la flota romana, al hacer que se incendiasen algunos de sus barcos. De la misma manera, podríamos recordar a Antoine Laurent Lavoisier (1743-1794) aplicando sus habilidades en química y física a problemas como el alumbrado público o a los propios de la Administración de Pólvora, la institución estatal encargada de la producción de pólvoras y salitres, de la que fue uno de los directores. Y podría seguir así, citando ejemplos históricos de indudable relevancia; no obstante, por mucho que me esforzara, tales ejemplos no podrían ocultar un hecho básico: el de que fue a partir de, aproximadamente, la segunda mitad del siglo XIX cuando comenzó una nueva etapa en la relevancia de la ciencia para «el poder» (poder político, económico y militar), una etapa que está alcanzando cotas cada vez más altas en las últimas décadas.

Dos áreas de la ciencia fueron las grandes responsables de que se produjera aquel cambio: la química orgánica y la física del electromagnetismo. En la primera, tuvieron lugar entonces una serie de avances, ligados a nombres como los del sueco Jacob Berselius, los alemanes Justus von Liebig, August Kekulé, Friedrich Wöhler y August Hoffmann, o el británico William Perkin, que rápidamente encontraron aplicaciones en la industria, en la de los colorantes (o tintes) y en la farmacéutica sobre todo. Una muestra de ese avance es que mientras que en 1888 se conocían las fórmulas estructurales de 20.000 compuestos orgánicos, en 1899 el número había crecido llegando a 74.000, 140.000 en 1910. De hecho, no es posible comprender cómo Alemania llegó a convertirse (por entonces) en la gran potencia mundial que fue a lo largo de la primera mitad del siglo XX sin tener en cuenta la creatividad de sus químicos orgánicos. En cuanto a la física del electromagnetismo, no solo generó nuevos y poderosos mercados industriales (como el de la iluminación urbana o el de las comunicaciones telegráficas, terrestres primero y submarinas después), sino que esas mismas aplicaciones cambiaron aspectos esenciales de la vida social.

¡Y qué decir del siglo XX, que hace poco, apenas un suspiro, nos abandonó! En otro lugar he defendido la tesis de que si consideramos toda la historia de la humanidad, entonces existen motivos de sobra para considerar a la centuria pasada como «El Siglo de la Ciencia» [77]. Muchos, en efecto, piensan en ese siglo como aquel en el que la democracia y los derechos civiles se desarrollaron (no en todas partes, pero sí en bastantes), y ello es cierto, pero ¿habría sido así sin los recursos suministrados por el conocimiento científico? Ideas como las de justicia, democracia o derechos civiles no son nuevas, no fueron propuestas, imaginadas y deseadas por primera vez a lo largo del siglo XX: constituyen una constante en la historia de la humanidad. Por qué, podemos y debemos preguntarnos, prosperaron precisamente en la centuria pasada. Mi respuesta es que una parte muy importante, esencial, de la explicación se encuentra en la ciencia, en lo que esta puso a disposición de la sociedad. En la ciencia, y, naturalmente, en la tecnología estrechamente relacionada con ella. La democracia, el disfrute de derechos civiles, deben mucho a hechos que tienen que ver con la ciencia. A, por ejemplo, que el bienestar material haya ampliado su radio de acción a extensos grupos humanos de la sociedad (de nuevo, tengo muy presente las desigualdades que existen en nuestro planeta, y que lo que estoy diciendo no se aplica a muchas, demasiadas, naciones de él). No se trata únicamente de la posibilidad de acceder a bienes materiales de todo tipo (la alimentación, cuyo estado de conservación se puede controlar gracias a la ciencia, en primer lugar, pero también otros como ropa, alojamiento o tantos de esos que podemos considerar superfluos, pero que nos alegran mucho la vida), sino también, y muy especialmente, de la disponibilidad de una serie de conocimientos, medicamentos e instalaciones sanitarias que nos permiten luchar más satisfactoriamente contra la enfermedad y el decaimiento asociado al envejecimiento; más satisfactoriamente, quiero decir, que lo que era factible en el siglo XIX (pensemos, en este sentido, sin ir más lejos, lo que significó el descubrimiento de la penicilina, el primer antibiótico, debido a Alexander Fleming, en 1928), e inmensamente más que antes del XIX.

Y no podemos detenernos aquí: el conocimiento (de cualquier tipo) es básico para los humanos, hoy como ayer y como

[77] J. M. Sánchez Ron, *El Siglo de la Ciencia,* ob. cit.

mañana; pero no basta con que exista: tiene que difundirse, estar disponible fácilmente para todos. ¿Cómo, por poner un ejemplo, podían saber la mayoría de los europeos de la Edad Media o del Renacimiento acerca de los grandes (para la época, claro) saberes depositados, estudiados, y a veces ampliados, en algunas abadías y monasterios? Por el contrario, a lo largo del siglo XX se desarrolló, hasta extremos que es difícil imaginar que se hubiese podido concebir antes, la posibilidad de acceder libre y fácilmente a todo tipo de información. Información impresa y, sobre todo, electrónica. El siglo XX fue el de la prensa, por entonces un medio de una larga tradición pero que amplió dramáticamente su difusión, pero también, al fin, el de otros medios, la radio, el teléfono y la televisión; medios a través de los cuales las noticias, opiniones y espectáculos se difundieron con, y no es ninguna metáfora, la velocidad de la luz, por todos los continentes, llegando con frecuencia hasta aldeas desprovistas de casi todo.

El almacenamiento, manipulación y transmisión de información utilizando medios electrónicos constituyó, de hecho, la gran revolución social de la segunda mitad del siglo XX. Una revolución que no se limitó a los tres medios que acabo de citar —radio, teléfono y televisión—, aunque fuesen estos los que dominaron durante más tiempo el escenario social. Transistores, chips, fibras ópticas y un sinnúmero de artilugios electrónicos cambiaron, literalmente, el mundo, el mundo de las relaciones entre humanos y sociedades, y el mundo de los negocios. No es extraño, en consecuencia, que los profesionales que dominaban las habilidades necesarias para producirlos o desarrollarlos se convirtieran en atractivos objetivos de los poderes políticos y económicos. El hecho de que fuese en los laboratorios Bell[78] en donde tres físicos, John Bardeen, Walter Brattain y William Shockley, descubrieron, en diciembre de 1947, el transistor, un elemento absolutamente revolucionario, que transformó la industria de las comunicaciones, es significativo[79].

[78] En la actualidad, los laboratorios Bell, antes (como indiqué en el capítulo 1) parte de ATT, dependen de Lucent Technologies.

[79] Por ese descubrimiento, Bardeen, Brattain y Shockley recibieron el premio Nobel de Física de 1957.

Pronto las posibilidades que abría el transistor y los materiales semiconductores como el silicio y el arseniuro de galio se hicieron evidentes. Para compañías emprendedoras, por supuesto, pero también para los científicos, que, inmersos en un mundo en el que el dinero y los negocios representaban un valor no solo material sino cultural también, se decidieron —algunos al menos— a traspasar las fronteras de la academia de una manera mucho más radical que cuando aceptaron trabajar para laboratorios industriales como podían ser los Bell: esto es, convirtiéndose ellos mismos en empresarios. Tal fue el origen del célebre Silicon Valley (Valle del Silicio), situado al sudeste de San Francisco, en cuya constitución desempeñaron papeles centrales Frederick Terman, catedrático y director de la Escuela de Ingeniería de la cercana Universidad de Stanford, y William Shockley, que abandonó los laboratorios Bell de Nueva Jersey, buscando horizontes más lucrativos (en 1955 fundó, en lo que entonces era simplemente los alrededores de la bahía de San Francisco, su propia compañía, el Shockley Semiconductor Laboratory). Como es bien sabido, el crecimiento de Silicon Valley durante las décadas de 1960 y 1970 fue extraordinario, pero no es explorar ese hecho lo que me interesa aquí, sino resaltar el papel simbólico y ejemplificador que desempeñó en la configuración de una «nueva alianza» entre ciencia e industria. Una alianza que creó, y a su vez se vio reforzada, lo que denominamos «mundo digital», del que forman parte «estructuras» y medios tan importantes y penetrantes como Internet.

En este mundo los científicos tienen, continúan teniendo, un lugar; mas en el camino algo ha cambiado, no en todos los casos, por supuesto, pero sí con frecuencia. Me estoy refiriendo a un hecho que ya he mencionado con anterioridad, pero que es ahora cuando debe ser resaltado: la creciente interconexión entre ciencia y tecnología, un fenómeno poco reconocido hasta el momento, en lo que a su intensidad se refiere, en el mundo de la ciencia, que ha dado lugar a un nuevo término, el también ya citado «tecnociencia». Para una nueva alianza entre ciencia e industria, ¿qué mejor que una tecnociencia?

De esta forma la ciencia ha penetrado, se ha hecho imprescindible, en el mundo digital, un mundo con sus gurús y dominadores, como el celebérrimo Bill Gates (ya uno de los humanos más ricos del planeta, gracias, claro, a la tecnociencia). Dominadores que con sus decisiones y acciones condicionan severamente nuestras vidas. Gurús que no se cansan de proclamar la inevitabilidad de los cambios que ellos proponen y aseguran están por llegar. «Como toda revolución tecnológica —ha manifestado, por ejemplo, Bill Gates—, esta llegará en oleadas. La primera, que se desarrolló durante la década de 1990, transformó la forma cómo nos comunicamos y obtenemos información. Casi de la noche a la mañana, el PC e Internet permitieron a los hombres de negocios y a la gente intercambiar *e-mails,* ideas y datos instantáneamente. La siguiente oleada tendrá un impacto más amplio. Según se vaya conectando el PC a un rango creciente de artefactos inteligentes, todos unidos por una red de conexiones más rápidas, baratas y seguras, veremos una vasta transformación hacia la forma digital de productos y servicios, desde libros a películas o sistemas de pago en los negocios. Los primeros diez años del siglo XXI serán la década digital» [80].

Cambios todos estos, además, que nos están llegando a un ritmo inusitado, en un fenómeno nunca antes conocido. Tenía razón, en este sentido, el mismo Bill Gates cuando entrevistado por Juan Luis Cebrián manifestaba: «el impacto generado por el mundo digital es equivalente al de la revolución industrial; no mayor, pero sí equivalente. La diferencia, que magnifica la situación actual, es que el industrialismo se desarrolló durante muchas generaciones, mientras que el cambio digital se está llevando a cabo en solo una generación y media o dos. El proceso está mucho más comprimido, de modo que la impronta laboral, los conocimientos adquiridos con que uno se inicia en los primeros estadios de la vida tendrán que cambiar durante el transcurso de su vida profesional» [81].

Ahora bien: si en la actualidad vivimos inmersos (aun sin haber abandonado la «revolución digital») en una revolución cien-

---

[80] B. Gates, «Tech in a time of trouble», en *The World in 2002,* The Economist, Londres, 2002, pág. 126.

[81] J. L. Cebrián, «La década prodigiosa de Bill Gates», *EP[S],* núm. 1.320 (13 de enero de 2002), págs. 35-43; pág. 36.

tífica, la de la biología molecular y ciencias biomédicas, ¿no sería de esperar encontrarnos en ella también con los fenómenos socieconómicos que se daban y dan en el mundo tecnocientífico digital, fenómenos, a su vez, productos en gran medida de una revolución científica, la cuántica? No solo sería razonable, sino que ya están entre nosotros. Con intensidad creciente, las aplicaciones de la investigación biomolecular se están abriendo camino, modificando en su marcha otrora relaciones tradicionales entre ciencia y científicos, por un lado, e industria, por otro. Es la repetición, o manifestación en un dominio científico diferente, de lo que acabamos de ver con relación a la electrónica. La industria, la poderosísima y multinacional industria médico-farmacéutica, no podía dejar de reaccionar ante las nuevas posibilidades mercantiles que esa ciencia parece permitir. Ni los científicos, algunos al menos, dejar de intentar beneficiarse lo más rápida y directamente posible de los frutos prácticos de sus investigaciones.

Y en este punto podemos abandonar ya este interludio y regresar al Proyecto Genoma Humano, de la mano de uno de sus líderes: el científico-empresario Craig Venter.

Craig Venter: genoma e industria

El Proyecto Genoma Humano continuó a pesar de la dimisión de Watson. Ha sido, de hecho, una de las empresas más ambiciosas que ha emprendido la humanidad. Más ambiciosa y, en principio, también más noble, puesto que se trataba de un proyecto público (esto es, financiado por los erarios de varias naciones) destinado a obtener un conocimiento que, además de contribuir al avance de la ciencia, debería tener consecuencias evidentes para la salud: no solo desentrañar mecanismos básicos para la vida, sino también, por ejemplo, averiguar las relaciones entre genes y características determinadas (incluyendo enfermedades) de, en este caso, la especie humana.

Precisamente por esta dimensión del Proyecto Genoma Humano, era evidente que su objetivo tenía interés también para la industria privada. Semejante interés no tardó demasiado en manifestarse: lo hizo a través de una compañía comercial fundada en 1998 denominada Celera Genomics, dirigida por el innovador biólogo molecular Craig Venter (1946-).

Licenciado en bioquímica y doctorado en fisiología y farmacología en 1975 por la Universidad de California, en San Diego, Venter trabajó a principios de los noventa para los Institutos Nacionales de la Salud (NIH, de *National Institutes of Health)* de Estados Unidos, que, como hemos visto, controlan el Proyecto Genoma Humano, realizando importantes contribuciones al desciframiento de genes. Tuvo, no obstante, un conflicto con sus patrones con respecto a la decisión de los NIH de patentar una secuencia parcial de genes que él había identificado, y dimitió en 1991, fundando en 1992, en Rockville (Maryland), el Institute for Genomic Research (Instituto para la Investigación Genómica), que no buscaba beneficios, y al que una corporación sanitaria, HealthCare Management Investment Corp., aportó 70 millones de dólares de capital. Allí, Venter desarrolló una técnica pionera para identificar genes en cadenas de ADN, una técnica (denominada *shotgun)* completamente diferente a la que se estaba utilizando en el Proyecto Genoma Humano (mientras que este buscaba identificar un gen cada vez, el método de Venter rompía el genoma en millones de fragmentos que se solapan, leyendo máquinas las secuencias, para finalmente poderosos computadores reunir los datos en una secuencia completa de genoma). Con su método (diez veces más barato que el empleado por el proyecto público, y más rápido), Venter secuenció el genoma de una bacteria, *Hemophilus influenzae,* que entre otras enfermedades produce meningitis y sordera; el primer genoma completo de un organismo vivo completado en la historia (los resultados fueron publicados en 1995).

Tras una relación con otra compañía, Human Genome Sciences, que terminó en 1997, después de haber invertido 37 millones de dólares, en 1998 Venter, que entonces tenía cincuenta y cuatro años, anunció su intención de determinar la secuencia del genoma humano, lo que, evidentemente, implicaba competir con el proyecto público. Para alcanzar tal fin, en junio de 1998 constituyó, aliándose con Applera Corporation, una compañía, que esta vez sí que buscaba beneficios: Celera Genomics, en la que él era al mismo tiempo presidente y principal oficial científico.

El primer proyecto que Celera afrontó fue la secuenciación del genoma de la mosca *Drosophila melanogaster,* cuyo sistema nervioso central tiene muchos genes en común con el de los humanos. Era obvio que se trataba de un ensayo para enfrentarse al genoma humano. Los resultados de aquel primer proyecto de Celera fueron publicados en *Science* el 24 de marzo de 2000, en un artículo con 240 investigadores de todo el mundo figurando como autores [82]. El número de genes que encontraron en la secuencia (que Venter consideraba de una precisión del 99,9 por 100) fue 14.000.

Por entonces, y haciendo honor a la raíz latina de su nombre *(celera),* la compañía dirigida por Venter ya estaba firmemente implicada en la secuenciación del genoma humano. De hecho, tres meses más tarde, el 26 de junio, Venter, en su calidad de presidente de Celera Genomics, y Francis Collins, desde abril de 1993 director del Proyecto Genoma Humano, realizaron un primer anuncio conjunto manifestando que habían completado la secuenciación del genoma humano. A pesar de lo grandilocuente de la declaración, en la que estuvieron presentes el presidente Bill Clinton y el primer ministro británico Tony Blair, aún quedaba bastante que hacer. No se había, por ejemplo, dicho nada sobre cuántos genes forman el genoma humano. El 11 de febrero de 2001 se remediaba tal carencia, anunciándose que el ser humano tiene unos 30.000 genes, frente al número de alrededor de 100.000 que se llevaba suponiendo desde hacía años. Tenemos, pues, poco más del doble de genes que una mosca y menos que el arroz, según se comprobó más tarde, cuando en abril de 2002 un equipo de investigadores formado por miembros del Instituto de Genómica de Pekín y del Centro del Genoma de Washington anunció que el genoma de esta planta cuenta con entre 50.000 y 60.000 genes. El 15 de febrero, el consorcio público presentaba

[82] M. D. Adams y otros, «The genome sequence of *Drosophila melanogaster*», *Science 287,* 2185-2195 (2000).

sus resultados en *Nature,* mientras que Celera lo hacía un día después en *Science*[83].

Hasta aquí los hechos «científicos», presentados con gran concisión. Pero es evidente que esta historia no se puede reducir únicamente a «hechos científicos». Hay más, mucho más.

En primer lugar, es preciso señalar que la aparición en escena de Venter y Celera Genomics ha sido buena para el proyecto de secuenciar el genoma de los humanos. Las previsiones más optimistas del Proyecto Genoma Humano en lo que se refiere a completar la empresa para la que fue creado se refiere, situaban ese término en el año 2003. Las innovaciones aportadas por Celera, la competición que significó su aparición, y el ritmo que esta necesariamente debía llevar para intentar lograr su fin de rentabilidad, sirvieron de estímulo para el consorcio público. Por otra parte, como no podía ser de otra manera, desde el principio se hizo obvio el problema que significaba el que Celera quisiese rentabilizar sus inversiones. Mientras que cualquier persona interesada tiene acceso libre a los datos obtenidos por el Proyecto Genoma Humano, no es así con los de Celera: la comunidad científica puede, en principio, acceder libremente a sus datos de segmentos del genoma con menos de un millón de bases, pero debe pedir permiso o pagar para trozos mayores, comprometiéndose a no comerciar con la información recibida, una condición desigual, ya que Celera se ha beneficiado desde el principio de la información puesta en circulación por el consorcio público internacional.

El trasfondo de todo es, naturalmente, estar en la mejor situación posible para conseguir patentes. Ya en 2000, Celera había completado la solicitud de cerca de siete mil patentes provisionales, esto es, manifestado que había realizado un descubrimiento y que pretendía hacer una solicitud formal de patente en

---

[83] International Human Genome Sequencing Consortium, «Initial sequencing and analysis of the human genome», *Nature 409,* 860-921 (2001); J. Craig Venter y otros, «The sequence of the Human Genome», *Science 291,* 1304-1351 (2001). El artículo del Proyecto Genoma Humano aparece reproducido en su totalidad en un libro reciente: *The Human Genome,* Carina Dennis y Richard Gallagher (eds.), Nature Palgrave, Londres, 2001.

el plazo de un año. Su propósito era, según Venter, seleccionar entre cien y trescientos genes que cumpliesen el requisito de utilidad comercial y patentarlos. En una audiencia pública celebrada el 6 de abril de 2000 en el Congreso de Estados Unidos, Venter advertía sobre los peligros que implicaría, como pedían algunos, modificar la legislación de patentes para genes: «Cambios en la ley de patentes deben ser considerados en el contexto de los efectos que tendrán en los esfuerzos que realizan las compañías farmacéuticas para descubrir nuevos fármacos» [84]. Era necesario, añadía, proteger a las empresas, cada una de las cuales se enfrentaba a un gasto de entre 300 y 800 millones de dólares cada vez que tenía que intentar superar los procedimientos exigidos por la Food & Drug Administration (Agencia de Alimentación y Medicamentos) para aprobar un nuevo medicamento. Un año después, el 11 de julio de 2001, en otra comparecencia ante el Congreso, Venter se adjudicaba (probablemente sin exagerar) una representación mucho más amplia que su propia compañía comercial: «Estoy testificando en representación de la Organización de la Industria Biotecnológica (BIO; *Biotechnological Industry Organization),* que representa a casi mil compañías biotecnológicas, instituciones académicas, centros biotecnológicos estatales y organizaciones relacionadas en los 50 estados de Estados Unidos y otras 33 naciones. Los miembros de BIO están implicados en la investigación y desarrollo de productos biotecnológicos para el mantenimiento de la salud, agricultura, industria y medio ambiente» [85]. El público, añadía, «debe tener confianza de que podrá beneficiarse de todos estos desarrollos tecnológicos sin temer que la información obtenida de esta manera sea usada en contra de ellos... En la actualidad, 117 productos biotecnológicos han ayudado a 250 millones de personas de todo el mundo. Otros 350 medicamentos dirigidos a combatir más de 250 enfermedades se encuentran en su última fase de de-

[84] Véase: http://www.businessweek.com/bwdaily/dnflash apr2000/nf00407 e.htm.

[85] El texto de esta intervención de Craig Venter se puede consultar en el siguiente lugar de la red: http://energycommerce.house.gov/107/hearings/07112001Hearing322/Venter520.htm.

sarrollo. Estos productos se dirigen a necesidades médicas hasta el momento sin cubrir... La ansiedad del público podría limitar su potencial. BIO ha apoyado desde hace mucho la legislación federal que asegurará que la información médica de una persona, incluyendo información genética, no será mal utilizada. Consecuentemente, BIO apoya la legislación cuidadosamente elaborada que prohíbe la discriminación en seguros de salud basada en información genética».

Vemos cómo Venter se afanaba en asegurar que el público no debía temer nada de las compañías biotecnológicas y farmacéuticas que pretendían asegurarse los derechos de todo tipo de patentes genéticas. Es natural que se esforzase en tal sentido: el mundo de las patentes de genes y secuencias genéticas tiene una historia muy breve, estando casi todo por hacer y decidir. El derecho a conceder este tipo de patentes en Estados Unidos fue reconocido en 1980 por la decisión del Tribunal Supremo en el caso «Diamond *versus* Chakrabarty», que dictaminó que se podían patentar organismos vivos producidos por ingeniería genética. A raíz de esta decisión, a mediados de la década de 1980, la Oficina de Patentes estadounidense *(Patent and Trademark Office;* PTO) tomó medidas para ampliar el derecho a patentar plantas y animales no humanos: en 1987, por ejemplo, concedió el derecho a patentar animales transgénicos, esto es, creados por ingeniería genética, aunque, por fortuna, prohibió que se patentasen humanos alterados genéticamente, basándose en una enmienda antiesclavista de la Constitución estadounidense que impide la propiedad de seres humanos. Utilizando el primer acuerdo, el 12 de abril de 1988 se aceptaba la patente de un ratón transgénico que portaba un gen humano que produce cáncer, creado en la Universidad de Harvard. En 1995, la Corte de Recursos declaró que también eran patentables secuencias de nucleótidos parcialmente publicadas. Basándose en esta legislación, en octubre de 1998 la PTO concedió la primera patente de una secuencia de ADN —incluyendo genes— a favor de InCyte Pharmaceuticals Inc. En 2000, el número de patentes que la Oficina estadounidense concedió a este tipo de secuencias alcanzaba los dos mil. Es cierto que existen diferencias en el campo biotecnológico entre las leyes que rigen las patentes en diferentes países, pero, en cualquier caso, ¿qué valor tiene, en el mundo globalizado mercantilmente en el que vivimos, una prohibición así, si algún país no la admite? Ninguno. De hecho, cuando se observan los gráficos que expresan el aumento del número de patentes de secuencias de ADN concedidas en el mundo, se comprueba que el crecimiento es exponencial [86]. Ha comenzado una carrera de la que no sabemos dónde se encuentra la meta, ni tampoco todas las reglas que rigen la competición.

No hay por qué sorprenderse de lo que está ocurriendo. ¿Esperábamos algo diferente en el mundo que hemos construido, un mundo que valora crecientemente la intervención de empresas privadas en, por ejemplo, la financiación de la investigación científica, como un fin perseguible para disminuir las pesadas cargas que soporta el Estado? ¿Por qué iba a regirse el mundo de la ciencia por leyes diferentes a las del mercado, a, en particular, la búsqueda de beneficios? ¿Porque se trata, en los casos que estoy comentando, de nuestra salud, de formas de vida, de cosas todas que nos son mucho más próximas que circuitos electrónicos o materiales diseñados a la carta? No seamos ingenuos. La biografía de Craig Venter, un magnífico científico, hay que insistir en este hecho, muestra con extrema claridad algunas de las características de este mundo, que no hay que esperar a que llegue, por la sencilla razón de que ya está aquí, entre nosotros. Tampoco ha sido Venter el primero de estos científicos-empresarios biomédicos, ni será el último (podría, por ejemplo, haber utilizado el caso de Frederick Sanger [1918-], uno de los pocos miembros del exclusivo club formado por aquellos científicos con dos premios Nobel —el primero, de Química, lo recibió en 1958, por sus trabajos sobre la estructura de proteínas, especialmente de la insulina; el segundo, también de Química, en 1980, compartido con Walter Gilbert y Paul Berg, por sus contribuciones a la determinación de las secuencias de bases en ácidos nucleicos—; después de una larga carrera en ciencia «pura», la mayor parte desarrollada en la Universidad de Cambridge, Sanger se convir-

[86] Véase, por ejemplo, *Science and Engineering Indicators 2002,* National Science Foundation, Washington D. C., 2002, vol. 1, págs. 6-27.

tió en director de una gran empresa dedicada a secuenciar genomas a gran escala).

Por cierto, en enero de 2002, Venter anunció que dejaba Celera Genomics, aparentemente debido a la agresiva política de la compañía, que, presionada por el socio capitalista para rentabilizar sus cuantiosas inversiones, compró una empresa farmacéutica y anunció su dedicación al descubrimiento de nuevos fármacos. Si fue así realmente, la ingenuidad de Venter es escalofriante, aunque yo preferiría hablar más bien de cinismo o, siendo generoso, de inconsecuencia. En cualquier caso, Venter (que en abril de 2002 reconoció que parte del material que había utilizado en sus investigaciones del genoma humano procedía de él mismo) continúa al frente del comité de asesores científicos de la compañía, un hecho este que habla por sí solo acerca de cuáles son sus convicciones y espíritu, un espíritu en el que investigación científica y tácticas empresariales se combinan perfectamente.

El escocés que rompió una frontera: Ian Wilmut (y la oveja *Dolly*) y la clonación

Pocas cuestiones científicas pueden presumir de tener la importancia y actualidad, de ser uno de los «temas de nuestro tiempo», que la clonación. Y ahí un nombre propio destaca por encima de todos, al menos en lo que a su responsabilidad por haber pasado de las ideas a los hechos se refiere, por haber «abierto la caja de los truenos», una caja que difícilmente volverá a cerrarse: el embriólogo Ian Wilmut.

Nacido en 1944, en Hampton Lucey, Wilmut estudió en la Universidad de Nottingham, doctorándose por la Universidad de Cambridge en 1971 con trabajos de ingeniería genética animal. En 1974 se unió a la Estación de Investigación de Reproducción Animal de Escocia, conocida en la actualidad como Instituto Roslin, en donde ha trabajado hasta hoy.

Aunque, como veremos, por entonces ya había obtenido resultados muy importantes, el salto a la fama de Wilmut se produjo en 1997, más concretamente el 27 de febrero de aquel año, el día en que la revista *Nature* publicaba un artículo que había lle gado a su redacción el 25 de noviembre de 1996. Se titulaba: «Descendencia viable derivada de células fetales y adultas de mamífero», y estaba firmado por Wilmut, el líder del grupo, A. E. Schniecke, J. McWhir, A. J. Kind y Keith H. S. Campbell[87]. No se trataba de un artículo cualquiera, uno más de los miles que constantemente irrumpen en la literatura científica, sino uno en el que se anunciaba que se había conseguido traspasar una frontera muy especial: la reproducción de un mamífero, una oveja —*Dolly,* nacida en julio de 1996—, transfiriendo la carga genética (el ADN, los cromosomas) del núcleo de una célula de una glándula mamaria (es decir, una célula somática, no germinal) de una oveja adulta a un óvulo no fecundado y enucleado. Se había, en suma, *clonado* un mamífero.

Es cierto que *Dolly* no fue el primer clon de un mamífero; estrictamente, los gemelos son clones, pero lo son de un tipo muy diferente: en su caso se trata de una clonación natural, y más absoluta, por cierto, ya que al surgir de una escisión embrionaria, poseen no solo idéntico ADN, sino también el mismo citoplasma (la sustancia, recordemos, que rodea al núcleo, en donde se encuentra el ADN), mientras que clones como *Dolly* solo tienen el mismo ADN que la célula que aporta la carga genética (en la medida en que el ADN no opera aislado, sino que se halla en constante «diálogo» con su entorno citoplasmático, *Dolly* no es, por tanto, un verdadero clon de la oveja original, sino simplemente un clon del ADN, o «clon genómico»).

Antes, en agosto de 1995, el grupo de investigación que *creó,* porque de una creación se trata, *Dolly* había producido dos ovejas clónicas de raza Welsh Mountain —*Megan* y *Morag*—; la diferencia con *Dolly* es que procedían de células que, recogidas de embriones de nueve días, fueron cultivadas, diferenciándose en el cultivo: habían sido clonadas a partir de células embrionarias, no de células adultas como en el caso de *Dolly.* Después de *Me-*

[87] *Nature 385,* 811-813 (1997). Este artículo se reproduce en un apéndice (págs. 359-366) al libro de divulgación que Wilmut y Campbell (otro de los líderes del grupo de investigación), con la ayuda del zoólogo y escritor Colin Tudge, publicaron en 2000, del que existe traducción al castellano: I. Wilmut, K. Campbell y C. Tudge, *La Segunda Creación,* Ediciones B, Barcelona, 2000.

gan, Morag y *Dolly,* los investigadores del Instituto Roslin continuaron «apretando la tuerca de la creación», dado una vuelta más, una vuelta que mostraba con claridad lo que vendrá en el futuro: en 1997 nacía otra oveja, *Polly,* clonada a partir de células cultivadas y transformadas genéticamente (se les añadió un gen humano durante el proceso).

Una vez que se abren las puertas de un nuevo mundo científico, este será —salvo que los poderes públicos introduzcan restricciones legales— visitado, explorado, utilizado; incluso, si es realmente atractivo y fecundo, expoliado. Así es la ciencia, que nadie se engañe. Y así parece que está ocurriendo, y promete seguir ocurriendo, con la clonación. Un momento especialmente significativo en este sentido tuvo lugar cuando el 25 de noviembre de 2001 la empresa estadounidense de investigación genética Advanced Cell Technology (ACT) anunció en una revista de la Red *(e-biomed: The Journal of Regenerative Medicine)* que había clonado un embrión humano con una técnica similar a la empleada con *Dolly*. La investigación, se añadía, no tenía por objetivo la duplicación de un humano, sino la obtención de células madre, el nuevo Eldorado de la investigación biomédica, las células que, no se sabe muy bien por qué o cómo, poseen la capacidad de convertirse en todo tipo de tejidos de órganos, lo que las hace especialmente susceptibles de ser utilizadas en el tratamiento de muchas enfermedades [88]. «Las entidades que estamos creando —manifestaba Michael West, el fundador de ACT— no son individuos, ni científica ni biológicamente. Es solo vida celular, no una vida humana.»

Como era de esperar, la noticia fue portada de los periódicos de todo el mundo al día siguiente (26 de noviembre). En España, *El País* titulaba, en primera página, aunque sin demasiado espacio (en páginas interiores le dedicaba dos páginas completas): «Una empresa de EEUU clona por primera vez un embrión humano». Por su parte, *ABC* dedicaba toda su portada al hecho, bajo el titular: «Polémica por la obtención del primer embrión

[88] Una explicación muy accesible de este desarrollo es el artículo preparado por el equipo de ACT para *Scientific American:* José B. Cibelli, Robert P. Lanza y Michael D. West, con Carol Ezzell, «The first human clone embryo», *Scientific American* (enero de 2002), págs. 43-49.

humano clónico». En el interior incluía un breve y cabal editorial, que merece la pena reproducir:

> La historia de la ciencia vivió ayer un nuevo y trascendental capítulo al anunciar un laboratorio estadounidense, Advanced Cell Technologies, la obtención del primer embrión humano clónico. El debate que sostiene la comunidad científica en los últimos años acerca de la clonación alcanza ahora una nueva dimensión. Ya no se trata de una posibilidad ni se habla de ciencia ficción: la clonación humana es ya un hecho, y como tal debe ser abordada.
>
> Los responsables del experimento se han apresurado a explicar que la finalidad de sus trabajos no es la clonación de seres humanos sino el tratamiento de enfermedades. No es este un extremo sobre el que se discuta. El rechazo a la clonación humana es unánime. El debate tiene otra orientación. La lucha contra enfermedades hoy por hoy incurables como la diabetes, el alzheimer o el huntington dependen en buena manera de las investigaciones sobre células embrionarias, y de hecho es el único hilo bajo el que algunos investigadores sostienen la justificación de sus trabajos. Es evidente, pues, que las posibilidades de la clonación serían extraordinarias en este sentido, pero los riesgos desde el punto de vista ético y para la dignidad humana son también excepcionales. Es preciso que la propia comunidad científica y los Gobiernos extremen el control sobre estos experimentos y marquen con absoluta claridad sus lindes, para que no puedan cometerse tropelías incorregibles e irremediables en nombre de la ciencia [89].

Las reacciones proliferaron: la Casa Blanca recordó su oposición a la clonación humana, aunque los demócratas reconocieron estar «algo desconcertados» [90]; el Vaticano expresó su condena a

[89] «Clonación», *ABC,* 26 de noviembre de 2001, pág. 11.

[90] Antes, el 19 de diciembre de 2000, la Cámara de los Comunes (el Parlamento) británica había aprobado la clonación terapéutica de embriones con objeto de obtener células madre, aunque la clonación con fines reproductivos quedaba prohibida. La diversidad legal, si no la ambigüedad, en estos puntos es todavía enorme.

toda clonación, señalando, no obstante, que le faltaban datos sobre el experimento. «Próxima meta: clonación de seres humanos», titulaba el periodista (con un doctorado en biología molecular) de *El País* Javier Sampedro su extenso informe publicado el domingo 7 de diciembre, en el que se destacaba la manifestación del especialista en biología del desarrollo Ginés Morata de que «Hay quien pregunta por qué no clonar a Einstein. Yo respondo: ¿qué pasa si nos sale un genio, pero del hampa?»[91].

Todo esto podría sonar a, simplemente, aunque también nada más y nada menos, opiniones, ideas, convicciones, ideologías, prejuicios, esperanzas o temores de seres humanos, individuales o agrupados en colectivos. Sin duda que de todo eso había y hay, pero había y hay algo más (como ya hemos visto a propósito de Craig Venter): negocios, esto es, promesa de dinero y poder. ACT no era sino una entre varias compañías (como Aastrom Biosciences, Geron Corporation, Layton BioScience, NeuralSTEM Biopharmaceuticals, Neuronys Inc., Nexell Therapeutics Inc., Osiris Terapheutics, ReNeuron o StemCells Inc.) que se disputan un mercado futuro que prevén extraordinario. De hecho, ACT no fue la primera en conseguir un logro importante: en 1998, James Thomson, de la Universidad de Wisconsin, logró aislar por primera vez células madre de un embrión humano y cultivarlas para dar forma a distintos linajes celulares. Ahora bien: Thomson había logrado todo esto ayudado por Thomas Okarma, el director de Geron Corporation, una compañía de California (en la que había trabajado West antes de fundar ACT), que aportó todos los fondos que necesitaba. A cambio, Geron obtuvo los derechos comerciales de la correspondiente patente, que en este caso pertenecía a la Universidad de Wisconsin.

«Patentes» —el derecho a controlar las aplicaciones de un descubrimiento o invención—, es, como estamos viendo, una de las palabras clave de este mundo científico, o, mejor, tecnocientífico y socioeconómico. Antes incluso de su anuncio de noviembre,

[91] J. Sampedro, «Próxima meta: clonación de seres humanos», *El País, Domingo,* 2 de diciembre de 2001, págs. 1-2.

en mayo de 2001, ACT consiguió una patente para una técnica aplicable en mamíferos no humanos, que Michael West se esforzaba en noviembre por argumentar que también concedía a su empresa los derechos exclusivos sobre los embriones clónicos obtenidos para aislar las células madre embrionarias que pueden formar todo tipo de tejidos.

Un detalle no irrelevante es que Geron estableció un acuerdo con una empresa llamada PPL Therapeutics, corporación que fue la que financió en el Instituto Roslin la creación de *Dolly*. De hecho, Roslin y PPL mantienen relaciones muy estrechas: están asentadas, sin ir más lejos, en el mismo lugar, aunque son instituciones separadas (Roslin no posee intereses financieros en PPL). Esto quiere decir que el propio Ian Wilmut mantiene algún tipo, nada sutil de hecho, de relación con el mundo de las empresas biotecnológicas, aunque esa relación no sea en lo financiero tan directa como en los casos de muchos otros de sus colegas en el campo. Digo que este es un detalle «no irrelevante» porque muestra lo difícil que es mantener una independencia completa en estos dominios, en los que la búsqueda de conocimiento se encuentra íntimamente unida con el de la aplicación lo más rápida y económicamente beneficiosa posible. Hay, además, que tener en cuenta lo confusas que son las fronteras en estos mundos tecnocientíficos. Wilmut, por ejemplo, se ha manifestado repetidas veces en contra de la clonación humana. En este sentido, él y Keith Campbell aprovecharon el ya citado libro que escribieron con Tudge para manifestar: «Los dos consideramos la clonación humana como una desviación más bien repelente: superflua como procedimiento médico y, en general, repugnante»[92]. Magnífico —o no—, pero ¿qué valor tenía semejante manifestación, no era algo así como un canto al sol? Ellos, más que ningún otro, eran los responsables de haber abierto la caja de los truenos. ¿Podían ser tan ingenuos —unos excelentes profesionales de la ciencia, con, además, vínculos con el mundo empresarial—, para no saber cómo funciona la disciplina a la que se dedican, la ciencia? Claro que no eran, que no son, tan ingenuos; de hecho,

[92] I. Wilmut, K. Campbell y C. Tudge, *La Segunda Creación,* ob. cit., pág. 315.

inmediatamente después de la anterior manifestación, añadían, en una declaración que a más de alguno le recordará situaciones muy parecidas a las que vivieron aquellos que desarrollaron la energía nuclear mediante la fisión del uranio: «Mas aunque hemos patentado ciertos aspectos de la técnica, eso no nos da un derecho legal a decir al resto del mundo cómo habría que desarrollar la tecnología. La clonación humana figura ahora en el espectro de posibilidades futuras y nosotros, más que nadie, contribuimos a colocarla ahí. Desearíamos que no hubiera sido así, pero ahí está y seguirá estando tanto tiempo como dure la civilización».

De hecho, no han tardado mucho en aparecer quienes desean llevarla a sus extremos, a la clonación de humanos. Uno de ellos, el más conspicuo, un italiano de nombre Severino Antinori.

SEVERINO ANTINORI: EL MÉDICO QUE SOLO ACEPTA SUS PROPIOS ESCRÚPULOS Y VALORES

Severino Antinori es un ginecólogo italiano, nacido en Civitella del Tronto en 1945, que muestra con una claridad y brutalidad extraordinarias algunas de las características de la ciencia y el mundo contemporáneos.

Licenciado (*laureato* es la denominación italiana) en Medicina por la Universidad La Sapienza de Roma en 1972, Antinori terminó especializándose en fecundación artificial, uno de los dominios tecnocientíficos que más se han desarrollado durante las últimas décadas: en 1980 abrió, junto a su esposa, la bióloga Caterina Versaci, un instituto de reproducción asistida en Roma. Si tenemos en cuenta el especial apego que los humanos (al igual que muchas otras especies) tenemos por nuestra descendencia, lo mucho que disfrutamos, al menos la mayoría, con nuestros hijos, hasta el punto de hacer todo tipo de sacrificios por ellos (incluyendo el poder tenerlos), comprenderemos fácilmente que la especialidad de Antinori no es una cualquiera.

Solo dándose cuenta de la importancia vital, emotiva, que para los humanos posee el tener hijos, es posible comprender el motivo que llevó a Antinori a la fama. Llegó esta en 1994, cuando logró que una mujer de sesenta y tres años, Rossana della Corte, a la que había implantado un óvulo fertilizado in vitro en el útero, diese a luz a un niño: la mujer de más edad que jamás, que se sepa, haya dado a luz.

No se debe pensar, sin embargo, que Antinori —al que la prensa italiana llama «el padre de los hijos imposibles»— pudo lograr esto sin más ni más, sin grandes esfuerzos de investigación previos: en 1986 había comenzado a experimentar con técnicas de inyección de esperma para combatir la infertilidad masculina, unas investigaciones que molestaron a la Iglesia católica; en 1989 implantó el primer óvulo en una mujer menopáusica, hecho que fue criticado por la prensa.

No es que sea muy normal utilizar la ciencia para conseguir que sea madre una mujer cuya edad natural es —o era hasta el momento— la de abuela, pero no choca tanto con los usos y valores aceptados tradicionalmente en nuestras sociedades (más aún si tenemos en cuenta que la vida media de los humanos está alargándose en las sociedades más desarrolladas) como un proyecto posterior de este médico italiano: clonar embriones para parejas estériles.

Estimulado sin duda por la clonación de *Dolly,* en 1998 Antinori anunció que pretendía utilizar la tecnología de la clonación para ayudar a parejas infértiles a que tuviesen hijos. El 7 de agosto de 2001, antes por tanto del anuncio de ACT de que había clonado un embrión humano, dio una nueva vuelta de rosca a sus proyectos: declaró que dentro de los dieciocho meses siguientes habría clonado el primer humano (se introduciría en un óvulo material genético del padre, que sería entonces implantado en la madre para que se desarrollase; el hijo-hija tendría, al menos en teoría, exactamente las mismas características genéticas que el padre). Asimismo, señaló que no le faltaban candidatos: más de 1.500 parejas italianas se le habían presentado voluntariamente para llevar adelante el proyecto. Su argumento era, y continúa siendo, que la clonación humana es el gran experimento de nuestra era y, simplemente, una continuación de la lucha para combatir la infertilidad.

En semejante empresa, Antinori cuenta con la ayuda de una compañía privada italo-estadounidense-israelí, de la que él mismo es director, siendo sus socios Panos Zavos, un experto norteamericano en fertilidad, y Avi Ben Abraham, un biotecnólogo israelí de origen estadounidense. Consciente de que los experimentos (él tal vez diría que una expresión más adecuada es «acciones médicas») están prohibidos en Europa, Antinori presume de que los realizará en un barco que navegue en aguas internacionales o en un país mediterráneo que no menciona y que algunos piensan que podría ser Israel, habida cuenta de la participación de capital de personas de este país en la empresa que dirige.

Es el de este médico e investigador italiano un caso digno de mención, que no de admiración. Si por escrúpulos entendemos considerar y respetar las legislaciones establecidas en países democráticos, entonces no es exagerado calificar a Antinori de una persona poco escrupulosa. Y con más de un punto de contradictorio: se declara creyente católico, pero critica que la Iglesia católica, «que defiende la vida, se cebe en aquellos que quieren tener hijos», asegurando al mismo tiempo que «la ciencia italiana está en manos de los "talibanes" católicos» [93]. En su furia creciente ante los obstáculos que encuentra, tampoco olvida a George Bush o a Tony Blair: «¡George Bush es igual que Bin Laden! Los talibanes dicen: "Allah-akhbar"; Bush dice: "Dios bendiga a América"... Mr. Blair dice que quiere eliminar la burka. Pero su actitud con respecto a la ciencia es medieval. ¡Quieren detenerme! ¡Detener a la ciencia!». «¿Me llaman Hitler? Yo soy como Galileo, soy víctima de la intolerancia» [94].

No he encontrado el lugar en el que se le llama Hitler, pero sí otros en los que recibe apelativos como: «El ginecólogo kamikaze» (Maria Novella De Luca, *La Repubblica,* 7 de agosto de 2001), «El nuevo Doctor Frankenstein» *(Telepolis,* «Perfiles», 2002) o «El ginecólogo Dolly» (Leonardo Zega, *La Stampa,* 7 de agosto de 2001). Y artículos que claman que se le impida continuar con sus proyectos: «Antinori, stop al bambino "salvavita"»

---

[93] Tim Adams, «The clone arranger», *The Observer,* 2 de diciembre de 2001.

[94] Carlos Fresneda, «Entrevista con el ginecólogo que va a clonar humanos», *El Mundo,* 9 de agosto de 2001.

(editorial, *Il Nuovo,* 11 de marzo de 2002) o «Clonazione, crimine contro l'umanità» *(Il Corriere della Sera,* 8 de abril de 2002). Yo pienso, sin embargo, que Antinori es un hijo de su tiempo, un producto —especialmente rudo y transparente— de la época y el mundo en que vivimos; una época, un mundo, que ha dejado bien claro la importancia que tiene el éxito, el dinero, la fama, aparecer en los medios de comunicación, hacer antes que cualquier otro algo, aunque sea escandalizando, o acaso mejor si lo que se hace supone algún tipo de escándalo. Evidentemente, todo esto no implica que no existan o que no podamos defender ni implementar valores, códigos de algún tipo. No es verdad «que todo valga», aunque no tengamos la certeza de que todo aquello que no queremos que se haga sea verdaderamente inaceptable.

En particular, no está nada claro, en absoluto, que Antinori no tenga razón cuando dice: «Todo este revuelo pasará a la Historia y pronto aceptaremos la clonación de humanos como hoy se acepta la fertilización in vitro» [95]. No, no está nada claro que esto no termine ocurriendo, aunque a muchos les (nos) suene aberrante o innecesario. No somos dueños del futuro (aunque sí podemos, y debemos, orientarlo); solo, si acaso, del presente. Y en este presente nuestro, tan complejo, incierto y cambiante, la mayoría, si no todos, los países que se han manifestado al respecto rechazan la posibilidad de clonar humanos. Con eso basta. No podemos, en consecuencia, aceptar que ningún individuo se sitúe por encima de las leyes democráticas, mayoritariamente establecidas. Desde luego, no con el pretendido argumento de que existe una legalidad superior: el respeto a la búsqueda del conocimiento, el incremento del saber científico. Hemos recorrido los humanos un largo, todavía incompleto, camino intentando librarnos de dueños opresores, de dictadores que nos imponen deberes o mitos que solo existen en sus imaginaciones, como para ahora caer en manos de otro tirano, aunque este venga vestido (disfrazado) con las ropas de una actividad tan admirable y ennoblecedora como es la ciencia.

[95] Carlos Fresneda, *El Mundo,* 8 de agosto de 2001.

6
LAS CIENTÍFICAS: ¿TIENE GÉNERO LA CIENCIA?

«Una mujer conoce la frustración de pertenecer a un grupo minoritario. Podemos no ser realmente una minoría, pero ciertamente estamos en inferioridad de condiciones.»

CECILIA PAYNE-GAPOSCHKIN,
The Dyer's Hand, an Autobiography (1984) [1]

La ciencia es una construcción intelectual; también otras cosas, como estamos viendo; pero si no aceptamos que es un sistema, aunque sea poliédrico, que trata de organizar ideas y relacionarlas con observaciones de fenómenos naturales, entonces no se puede hablar de ciencia, una empresa histórica que ha cosechado innumerables éxitos. Ahora bien: si la ciencia es por encima de todo, en primer lugar, una construcción intelectual, entonces cabría concluir que «la ciencia no tiene sexo (o género)». Y si no tiene sexo-género, ¿cómo es posible que, como supongo se ha hecho evidente, en el capítulo anterior no haya aparecido ningún espécimen de un grupo humano que copa aproximadamente el cincuenta por ciento de la población mundial: los humanos del sexo femenino, las mujeres?

No soy ni tan machista ni tan estúpido (en el supuesto que se pueda distinguir entre ambos adjetivos; esto es, suponiendo que

[1] C. Payne-Gaposchkin, *An Autobiography and Other Recollections,* Cambridge University Press, Cambridge, 1984, pág. 219.

la primera categoría, «machista», no implique necesariamente alguna versión de estupidez) como para no darme cuenta de que en una situación ideal eso es difícilmente imaginable, si no imposible: ¿cómo va a ser posible que únicamente los hombres sean capaces de distinguirse en lo que a creatividad científica se refiere?

Podría, por supuesto, haber evitado entrar en estas cuestiones directamente, en toda su crudeza; haberme contentado con los comentarios incluidos en la sección dedicada a Stephen Jay Gould en el capítulo anterior. También podría, por ejemplo, haber elegido alguna, o algunas, de las mujeres que sobresalen en la ciencia contemporánea y haber incluido en el capítulo anterior entradas con títulos del tipo: «En búsqueda del origen de la vida: Lynn Margulis», «En defensa de los animales: Jane Goodall», o, tópico entre los tópicos, «Una mujer en un mundo de hombres: Chien-Shiung Wu». Podría haber hecho esto, desde luego, pero habría sido a costa de otras cosas. A costa, por ejemplo, de mantener coherencia en los criterios empleados: una parte de los científicos que he seleccionado alcanzaron cotas de originalidad y creatividad, o, por la razón que sea, han sido responsables de logros científicos, a los que no está tan claro que haya accedido alguna científica; basándonos en la evidencia factual, hay que reconocer que, por razones obvias, abundan más, mucho más, los grandes creadores científicos que las grandes creadoras científicas. Desde este punto de vista, incluir, por ejemplo, la entrada «En búsqueda del origen de la vida: Lynn Margulis» no estaría justificado solo por la excelencia de Margulis (una magnífica y original profesional, por supuesto), sino que seguramente se habría visto condicionado, influido, aunque fuese de manera sutil, por su género. Semejante duda no afectaría, lo reconozco, a «En defensa de los animales: Jane Goodall»; y en cuanto a la tercera, «Una mujer en un mundo de hombres: Chien-Shiung Wu», el título ya habla por sí solo: «una mujer en un mundo de hombres». Veamos con algo más de detalle lo que quiero decir en este caso.

Chien-Shiung Wu (1912-1997) nació en China, estudiando allí física. En 1936, sin embargo, abandonó su país para obtener una formación avanzada en física en Estados Unidos, donde se instaló, desarrollando una carrera distinguida en física nuclear y llegando a ocupar, a partir de 1958 y después de otros trabajos (por ejemplo, en el Proyecto Manhattan, donde desarrolló un proceso de difusión gaseosa para separar uranio-235 de uranio-238), una cátedra de Física en la Universidad de Columbia, en Nueva York. El trabajo que dio más fama a Wu lo produjo en 1956-1957, cuando comprobó experimentalmente (en la denominada desintegración beta) que se verificaba la posibilidad que poco antes habían planteado desde el punto de vista teórico dos físicos, Tsung-Dao Lee, también de Columbia, y Chen Ning Yang, del Institute for Advanced Study de Princeton: que una propiedad llamada «paridad» (invariancia con respecto a la inversión espacial) no se conserva en las interacciones débiles. Se trató, evidentemente, de una investigación notable, que reportó a Wu honores importantes (aunque no el compartir el premio Nobel de Física que Lee y Yang obtuvieron en 1957), incluyendo uno insólito para una mujer: la presidencia en 1975 de la American Physical Society. Fue, en efecto, la primera mujer que accedió a la presidencia de esta institución, fundada en 1899 y de la que en la actualidad forman parte alrededor de 40.000 físicos de todo el mundo. Se trató, en suma, de una física notable, pero no tanto, reconozcámoslo, como para haberla incluido en la panorámica de personajes que aparece en el capítulo anterior, y no a, sin ir más lejos, Lee o a Yang, o, si se piensa en excelencia como científico experimental, a muchos otros físicos. La gran justificación para recordarla estriba, repito, en que fue una mujer en un mundo en el que tradicional, históricamente, la mayoría son hombres, en el que el poder ha estado (y continúa estando) en los hombres.

Supongamos, no obstante, que hubiera decidido incluir esta entrada. Bien, pero entonces, una vez escrita con Wu (o con alguna otra de su tipo), ya no tendría sentido repetirla con otras científicas, con la consecuencia inevitable de que no tendría la oportunidad de hacer hincapié como deseo en el tema de la discriminación que han sufrido y sufren las mujeres en la ciencia.

Se me podría decir, evidentemente, que también he incluido a hombres cuya «altura científica» (ya sé que es este un concepto relativo y subjetivo, pero ¿cómo evitar ser subjetivo, esto es, expresar la opinión propia?) y logros que, aunque notables, no son superiores a los de científicas como Rita Levi-Montalcini, Margaret Burbidge o las mismas Margulis y Wu. Es cierto, pero a todos los científicos de esa categoría que he incluido lo he hecho por motivos concretos, para ilustrar algo: el caso de Antinori es seguramente el ejemplo más extremo y claro en este sentido, mas también afecta a la selección de otros, como Craig Venter o Ian Wilmut.

Espero, en consecuencia, que se comprenda mi decisión, sin duda discriminatoria, de haber agrupado en este capítulo a la, aproximadamente, mitad de la humanidad.

ALGUNOS DATOS SOBRE LAS MUJERES EN LA CIENCIA

Enseguida mostraré algunos ejemplos que dan testimonio de las discriminaciones que han sufrido las mujeres en la investigación científica, entre ellas las dificultades que han encontrado para hallar trabajo, pero se me puede objetar que eso era antes, y que ahora, viviendo como vivimos —los que viven en esa parte— en un mundo más justo, más democrático, en el que las diferentes legislaciones recogen y defienden los «derechos de la mujer», la situación es muy diferente. No es mi intención convertir este capítulo en un estudio estadístico, ni entrar en toda la complejidad sociológica, laboral y política implicada en la relación de las mujeres «con el mundo»; hay cuestiones cuya respuesta necesita poco más que una mirada alrededor, sin necesidad de cuantificar la evidencia. Aun así, nunca vienen mal unos pocos datos, tomados al azar, sobre cuál es la situación en la que se encuentran las mujeres en la actualidad, con relación al mundo académico y científico. Insisto en que no se debe pedir a estos datos ningún tipo de completitud. Y por supuesto que sé que la situación de las mujeres ha mejorado en bastantes (no me atrevería yo a decir «en la mayoría») apartados y aspectos, pero ello no implica que se haya resuelto el problema, que, por ejemplo, no se pueda decir que «hoy por hoy, la ciencia tiene género». ¡Faltaría más, que encima hubiese empeorado!

Por otra parte, a menudo nos escudamos (la sociedad, los legisladores) en gestos, en detalles, en intentos de reformas más formales que reales. Y no basta con detalles, con gestos. Un ejemplo en este sentido es el siguiente: en Alemania, el plural de profesor (entendido como significando lo que en España se denomina catedrático) es *Professoren,* que se emplea habitualmente como el plural genérico tanto para «profesores» como para «profesoras», aunque, estrictamente, el plural para estas es *Professorinnen.* Pues bien en fecha reciente se ha propuesto la introducción del término *ProfessorInnen* (con I mayúscula), que combina ambas expresiones (masculina y femenina), con la intención de crear un clima más «amigable» para las mujeres. Y como tal en algunos círculos se ha puesto de moda. Ahora bien, esta iniciativa, «políticamente correcta», no impide que Alemania sea hasta la fecha una de las naciones industriales con el menor porcentaje en mujeres que ocupan los puestos más importantes en enseñanza e investigación. En 1996, por ejemplo, la Unesco la situaba detrás de Portugal, Corea y México en cuanto a número de mujeres en Facultades de Física.

Y si se habla de porcentajes en el mundo universitario, el siguiente es significativo[2]:

Tabla 1

Porcentaje de mujeres en el profesorado universitario

País	*Año*	*Ayudantes*	*Asociados*	*Titulares*
Alemania	1998	23,8	11,3	5,9
Australia	1997	40,7	23	14
Dinamarca	1997	32	19	7
España	1995-1998	30,9	34,9	13,2
Estados Unidos	1998	43,1	30	13,8
Francia	1997-1998	—	34,2	13,8
Israel	1996	30,8	16	7,8
Italia	1997	40	27	11
Portugal	1998	44	36	17
Reino Unido	1996-1997	33,3	18,4	8,5
Suecia	1997-1998	45	22	11
Suiza	1996	25,6	19,2	5,7
Turquía	1996-1997	28	30	21,5

[2] Tomo estos datos del «Documento 14: La discriminación de las mujeres en la ciencia», incluido en el *dossier* «Historia de las mujeres», *Aula. Historia Social,* núm. 9 (primavera 2002), pág. 41, y basado, según se indica allí, en datos publicados en *El País,* 19 de enero de 2000.

Es evidente que estos datos muestran no solo que hay menos mujeres que hombres en el profesorado universitario, sino que según se avanza en la escala (jerarquía) el número de mujeres disminuye, solo superando el 20 por 100 para el último grado considerado («Titulares») en, acaso sorprendentemente, Turquía.

Ese hecho, el que las dificultades aumentan según se progresa en la carrera, constituye el gran problema para una mayor integración. El mundo (las naciones avanzadas) actual es más justo, permisivo o equilibrado, acaso más cínico (que cada uno utilice el término que considere oportuno), en lo referente a las oportunidades educativas que se ofrecen a las mujeres. Ya no vivimos, afortunadamente, en épocas en las que les estaba vetado a las mujeres el acceso a, por ejemplo, la Universidad [3], y las alumnas inundan casi todos los centros de enseñanza superior de las naciones más avanzadas; pero no basta con esto, ¿qué pasa después?

Veamos un ejemplo concreto, pero significativo. El de la física en Estados Unidos. Los datos disponibles correspondientes a finales de la década de 1990 muestran que en el instituto *(High School)* los porcentajes no son muy diferentes entre chicos y chicas: aproximadamente 63 por 100 para ellos frente al 37 por 100 para ellas [4]. Pero a partir de ese momento la situación cambia dramáticamente: durante el periodo que va del instituto a la gra-

---

[3] Recordemos en este sentido, como ejemplo, algo de lo que sucedió en un país como Inglaterra: en 1878, el University College de Londres fue el primer centro universitario coeducacional de la nación; en 1879 tuvo lugar el primer examen igualitario, al que se presentaron 68 mujeres, de las que aprobaron 51; el año siguiente, cuatro estudiantes femeninas obtenían el título de *Bachelor of Arts,* lo que las convertía en las primeras mujeres graduadas por una universidad británica; en 1881, dos mujeres lograban el título de *Bachelor of Sciences;* el primer doctorado —precisamente en Ciencias; *D.Sc.*— de una representante del sexo femenino, lo logró Sophie Bryant en 1884, una de las dos *B.Sc.* de 1881. En cuanto a Francia, por mencionar otro caso, en 1901 el número de estudiantes femeninas en las universidades francesas era de 900, lo que equivalía a un porcentaje del 3 por 100 sobre el total de alumnado; en 1910, una mujer era admitida a la elitista École Normale Supérieure.

[4] A continuación utilizo datos incluidos en Toni Feder, «Women, and some men, ask why women don't flock to physics», *Physics Today* (mayo 2002), págs. 24-26.

duación (licenciatura, grado de *Bachelor)* en la Universidad los porcentajes pasan a ser de 81 por 100 (licenciados en Física) para los hombres y 19 por 100 para las mujeres. El gráfico correspondiente es como unas tijeras que se abren (por eso se denomina precisamente *«scissors diagram»,* «diagrama de tijera»). Continúa abriéndose entre la graduación y el doctorado (el 89 por 100 de los doctorados en Física son para hombres y el 11 por 100 para mujeres), aunque la pendiente es menor. De hecho, mejora un tanto entre el doctorado y el acceso al puesto de *«Assistant Professor»* (profesor ayudante): 82 por 100 para hombres, 18 por 100 para mujeres, aunque se trata de una mejora efímera, ya que a partir de ese momento la pendiente vuelve a manifestarse favorable a los varones, «abriéndose más las tijeras», una tendencia que continúa entre *Associate Professor* (profesor titular) y *Full Professor* (catedrático): 90/10 por 100 (hombres/mujeres) en titulares, 96/4 por 100 en catedráticos.

Esto es lo que ocurre en el campo de la física en una nación de la que no es demasiado arriesgado decir que ha sido la que más ha contribuido a la física mundial a partir del final de la Segunda Guerra Mundial. Y recordemos que la física ha protagonizado las dos primeras grandes revoluciones científicas del siglo XX, la relativista y la cuántica, revoluciones que cambiaron, literalmente, el mundo.

Otro ejemplo interesante es el de las mujeres en ingeniería, una profesión con amplia base científica pero también más abierta al mundo industrial y económico. ¿Qué les ocurre ahí a las mujeres? Tal vez, su situación sea mejor, en la medida que —se podría pensar— en el mundo de los negocios lo que prima es la rentabilidad, no la historia y los prejuicios. Por supuesto que no es este el caso, como muestran los siguientes datos, de nuevo relativos a Estados Unidos, en donde la ingeniería constituye una actividad particularmente importante[5].

Considerando el número de estudiantes matriculados, tenemos que en 1979 solo el 12,1 por 100 eran mujeres (un total de 44.431), mientras que en 1996 era el 19 por 100 (67.618) y en 1998

[5] Los datos que siguen proceden de *Science and Engineering Indicators 2000,* vol. 2, American Association for Engineering Societies, Washington D. C., 1999.

la proporción había ascendido al 19,7 por 100 (72.393). En cuanto a graduados (aquellos que han obtenido el correspondiente título), las cifras son: 1979, 9,1 por 100 mujeres (4.881); 1996, 17,9 por 100 (11.316). Estudiantes graduados: 1977, 5,4 mujeres (3.700); 1996, 18,5 por 100 (18.715). Doctorados en ingeniería: 1975, 1,7 por 100 mujeres (52); 1996, 12,3 por 100 (776). Y si abandonamos el cálido (sobre todo para los varones) universo de las escuelas de ingeniería, y pasamos al del mercado de trabajo, la situación no cambia: ingenieros empleados: 1983, 5,8 por 100 para mujeres (91.176 mujeres frente a 1.480.824 hombres); 1999, 10,6 por 100 (220.586 frente a 1.860.414). Y ¿cuánto ganan unos y otros?

Tabla 2

Salarios medios de ingenieros (en función de los años desde la graduación)

	Hombres (dólares)	*Mujeres (dólares)*
Menos de 5 años	45.000	42.000
Entre 5 y 9 años	54.000	52.000
» 10 y 14 »	60.000	55.000
» 15 y 19 »	65.000	60.000
» 20 y 24 »	68.000	60.000
» 25 y 29 »	70.000	60.000

Independientemente de cómo fue el pasado, el hecho es que en la actualidad las mujeres lo tienen más difícil en ciencia (tomado en su conjunto, sin distinguir entre disciplinas) e ingeniería, al igual que en el conjunto del profesorado universitario, y ello, parece, no importa de qué país se trate, de si está más o menos avanzado política y culturalmente.

Teniendo en cuenta todo lo dicho hasta el momento, los datos que he manejado, se podría —y yo creo que se debe— concluir que la ciencia sí tiene género. Un género edificado no a partir de ninguna base genética (por lo menos nadie lo ha demostrado, que yo sepa), que sea consecuencia, por ejemplo, del hecho de que la pareja 23 de cromosomas está formada en los hombres por un cromosoma X y otro Y, mientras que en las mujeres ambos son X, sino que es fruto de la brutalidad y de la vul garidad: de relaciones de poder (de ahí lo de brutalidad), en primer lugar, del control que históricamente han ejercido los varones en la sociedad, y por otra parte, de la incapacidad —de la vulgaridad— manifiesta de la sociedad (y en este punto la responsabilidad no recae únicamente en los hombres) de trascender una situación cuya mayor justificación es la tradición, el que durante siglos «ha sido siempre así».

¿DIFERENCIAS BIOLÓGICAS?

No ignoro —ya aludí a esta cuestión en el capítulo 5— que son bastantes los que sostienen que detrás de las diferencias entre hombres y mujeres siempre está, de una forma u otra, la distinta relación de ambos sexos con la reproducción, y que esa diferencia repercute en algunos rasgos de la personalidad (entendida como «media de personalidad») de ambos. Los argumentos de que si las mujeres son más emotivas, los hombres más racionales, y cosas por el estilo. Y en este punto, claro, aparece inmediatamente la ecuación: «ciencia = racionalidad».

Son diversos los comentarios que surgen ante tales ideas, y aunque ya hablé de ello en el capítulo anterior, intentaré añadir (o reiterar) algo ahora. No sé, desde luego, si es verdad que en media los hombres son más racionales, más arriesgados, más propensos a probar diferentes posibilidades, más lo que sea que las mujeres, ni tampoco si estas son más emotivas, intuitivas o más qué. Aunque, si soy sincero, dudo mucho de que esto sea verdad con suficiente generalidad como para poder basar un argumento en semejantes puntos de vista. Repasando la literatura reciente, encuentro un artículo titulado «Cerebro de varón y cerebro de mujer», de Doreen Kimura, publicado en la muy respetable revista de carácter general *Scientific American,* de la que extraigo los siguientes pasajes, los que más relacionados están con las cuestiones que estoy tratando ahora:

> Las principales diferencias que marca el sexo en la función intelectual parecen residir en los modelos de capacidad y no en el nivel global de inteligencia (el coeficiente intelectual, CI)...

> Por término medio, los hombres realizan mejor que las mujeres determinadas tareas espaciales; en particular, las aventajan en pruebas en las que el sujeto ha de imaginarse el giro o cualquier otra manipulación de un objeto. Son mejores que ellas en las pruebas de razonamiento matemático y en el correcto recorrido de una ruta; consiguen también mayor precisión en pruebas de habilidades motoras dirigidas a blancos, esto es, en guiar o interceptar proyectiles.
>
> Por su parte, las mujeres tienden a superar a los hombres en velocidad perceptiva, cuando se trata de identificar rápidamente objetos emparejados. Poseen una mayor fluidez verbal, en la que se incluye la capacidad de encontrar palabras que empiecen con una letra dada o que cumplan alguna otra condición. Les ganan también en cálculo aritmético y en recordar los detalles singulares de una ruta. Además, son más rápidas en ciertas tareas manuales de precisión, como la de colocar clavijas en determinados orificios de una tabla[6].

Supongamos que estas caracterizaciones son ciertas, ¿nos sirven de algo para entender la mejor o peor disposición de hombres y mujeres con respecto a la actividad científica? Francamente, me parece que no. En primer lugar, como ya he dicho, no está claro lo que es en última instancia la ciencia. O más bien, para decirlo en positivo, sabemos que los procesos de construcción, de creatividad científica no responden a un solo patrón. Una mejor capacidad de percepción espacial puede ayudar en algunos campos científicos (en la cristalografía y algunas ramas de la física de la materia condensada, por ejemplo, disciplina esta última, por cierto, en la que no faltan las mujeres), pero no en muchas otras. El razonamiento matemático es importante para la investigación científica, pero no está claro qué se quiere decir con semejante expresión: ¿habilidad para construir o manipular estructuras matemáticas formales? Aceptemos por un momento que quiera significar esto. Bien, existen ejemplos de grandes científi-

[6] Doreen Kimura, «Cerebro de varón y cerebro de mujer», *Investigación y Ciencia. Temas*, núm. 28 (2002), págs. 88-96; pág. 88.

cos (dejemos a los matemáticos al margen, por razones obvias) que se beneficiaron mucho de poseer una disposición de este tipo: Isaac Newton, a la cabeza de todos, pero también otros como Pierre-Simon Laplace, Herman von Helmholtz, lord Kelvin, James Clerk Maxwell, Max Born o Paul Dirac. Pero no ocurrió esto en modo alguno con muchos otros, no menos, algunos más, grandes que los anteriores: Michael Faraday, casi un analfabeto matemático, es el ejemplo más notorio; pero también se puede mencionar a Charles Darwin, que no por no ser físico fue un científico menos grande (la física, casi da vergüenza tener que recordar semejante obviedad, no es la única ciencia), a Ernest Rutherford, a multitud de químicos, Justus von Liebig o Robert Bunsen, por ejemplo (no Antoine-Laurent de Lavoisier); incluso a Albert Einstein, al Einstein que creó las teorías especial y general de la relatividad explotando de manera absolutamente maravillosa dos «experimentos mentales»: el de qué vería un observador si se subiese a un rayo de luz, esto es, a una onda electromagnética, y el de los dos ascensores, uno en caída libre y otro en las inmediaciones de un campo gravitacional, que le sirvió para formular el denominado «principio de equivalencia».

Y si de diferencias en el «sentido» (¿existe semejante cosa?) de racionalidad se trata, sabemos, por supuesto, que la racionalidad en la ciencia es importante, básica, sí, pero también lo son, en los casos que más admiramos, la intuición o ciertos tipos de sensibilidad. Sin olvidar la importancia de poseer una gran tenacidad, de mantener durante periodos de tiempo prolongados la atención en un problema; pero en este punto los estereotipos de diferencias entre géneros ya no suelen argumentar, creo, que las mujeres son menos tenaces que los hombres. Por otra parte, Kimura dice también que «las mujeres tienden a superar a los hombres en velocidad perceptiva, cuando se trata de identificar rápidamente objetos emparejados». Pero ¿no es uno de los objetivos de la investigación científica identificar relaciones?

La grandeza y creatividad científicas, en resumen, poseen muy diversas cunas. Además, la grandeza, la creatividad, son infrecuentes, no tienen que ver con medias y porcentajes, así que bien pueden darse, indistintamente, tanto en hombres como en mujeres. Y no solo la grandeza; también, nada más y nada menos, la competencia profesional (he recurrido a ejemplos de «grandes», porque constituyen el caso extremo, más carismático y, en este sentido, más fácil de comprender, pero el/la científico/a «normal» se puede entender como «un grande pequeñito»).

Supongamos, de todas maneras, en último lugar, para explorar más avenidas de pensamiento, más posibilidades, incluso las más peregrinas, que fuese cierto que algunas de las características biológicas de las mujeres las dificultasen desarrollar una actividad científica comparable a los hombres. Mejor, que las *han dificultado* hasta la fecha: ¿tiene que continuar siendo así? ¿Es que no es una de las características de nuestro tiempo cómo estamos interviniendo en nuestra propia evolución como especie, desarrollando unas facultades y anquilosando otras? El futuro está, no lo olvidemos, abierto (esta es una de las ideas —ya lo mencioné— que con más insistencia defendió a lo largo de su vida Karl Popper, y que yo más admiro de su obra). Y también, aunque tengamos menos margen de actuación, lo está el presente. Contribuyamos, también en la ciencia —que no sufrirá con ello—, a que hombres y mujeres tengan no solo los mismos derechos teóricos, sino las mismas posibilidades reales, las mismas *oportunidades*. Lo contrario constituye una injusticia, una gran, profunda, histórica y moral, injusticia. Y como todas las injusticias, con ser malo, lo peor no es la violación de un concepto, la idea de justicia y equidad, sino toda la miseria, embrutecimiento forzado y drama que produce.

En el capítulo anterior cité unas frases de *La falsa medida del hombre,* de Stephen Jay Gould, que merece la pena repetir de nuevo ahora:

> Pasamos una sola vez por este mundo. Pocas tragedias pueden ser más vastas que la atrofia de la vida; pocas injusticias más profundas que la de negar una oportunidad de competir, o incluso esperar, mediante la imposición de un límite externo, que se intenta hacer pasar por interno.

¿Habrá quien dude de que estas palabras sirven, como anillo al dedo, para la relación de las mujeres con muchas, demasiadas, actividades, la ciencia entre ellas?

CIENTÍFICAS

No hay mejor defensa de una causa que presentar hechos concretos que la sostengan. En la causa, porque causa es, de la defensa de la capacidad de las mujeres para hacer ciencia y de las dificultades que han encontrado para ello, nada más adecuado que mencionar nombres de científicas distinguidas y recordar algunas de las discriminaciones de que fueron objeto.

¿Científicas distinguidas? Aquí van algunos nombres, una lista compuesta sin ninguna pretensión de completitud. Las matemáticas Sophie Germain (1776-1831), Sofia Kovalevskaya (1850-1891), Emmy Noether (1882-1935), entre cuyas contribuciones a la teoría de los invariantes figuran resultados que llevan su nombre, como el «teorema de Noether», e Yvonne Choquet-Bruhat (1923-), la primera mujer que fue admitida (en 1979) en la Academia de Ciencias francesa en sus trescientos años de historia, gracias a sus investigaciones sobre la aplicación de técnicas matemáticas a la resolución de ecuaciones en derivadas parciales en teorías como la relatividad general o la supergravedad. Las astrónomas Caroline Herschel (1751-1848), que entre 1786 y 1797, equipada con el excelente telescopio de su hermano William, descubrió ocho nuevos cometas, revisando después el famoso catálogo de estrellas de John Flamsteed; Maria Mitchell (1818-1889); Williamina P. Fleming (1857-1911); Henrietta S. Leavitt (1868-1921); Cecilia Payne-Gaposchkin (1900-1979); Margaret Burbidge (1919-), que ha destacado en el estudio de los contenidos metálicos de las estrellas, rotación de galaxias y quásares, llegando a ser presidenta de la American Astronomical Society entre 1976 y 1978, catedrática en la Universidad de California, en San Diego, y directora (1979-1988) de su Center for Astrophysics and Space Sciences; Vera Rubin (1928-), que junto a W. Kent Ford descubrió la existencia de la denominada «materia oscura», y Jocelyn Bell Burnell (1943-), la radioastrónoma natural de Irlanda del Norte, que descubrió los cuatro primeros púlsares cuando tenía veinticuatro años, mientras hacía su tesis doctoral, bajo la dirección de Anthony Hewis, que fue quien recibió el premio Nobel de Física de 1974 por el descubrimiento. Las físicas Marie Curie (1867-1934), la primera persona en obtener dos premios Nobel (el primero, compartido con Henri Becquerel y su esposo, Pierre Curie, de Física, en 1903, y el segundo, de Química, en 1910); su hija Irène Joliot-Curie (1897-1956; premio Nobel de Química en 1935, junto a su marido, Frédéric Joliot); Tatiana Ehrenfest-Afanaseva (1876-1964), cuyos trabajos en los fundamentos de la física estadística quedaron oscurecidos por haberlos producido en colaboración con su esposo, el también físico y catedrático de la Universidad de Leiden, Paul Ehrenfest (estoy pensando sobre todo en la excepcional monografía *Begriffliche Grundlagen der statischen Auffassung in der Mechanik* [1911]); Lise Meitner (1878-1968), a la que se negó mucha de la parte que mereció recibir en el descubrimiento de la fisión del uranio; Maria Goeppert-Mayer (1906-1972; premio Nobel de Física en 1963, junto a Eugene Wigner y Hans Jensen, por sus descubrimientos en la estructura de capas atómica); la mencionada en el capítulo 5, Rosalind Franklin (1920-1958), o la citada Chien-Shiung Wu. La antropóloga Margaret Mead (1901-1978), autora de obras tan fundamentales como *Sexo y temperamento en las sociedades primitivas* (1935); la paleontóloga y antropóloga Mary Leaky (1913-1996); la zoóloga Rachel Carson (1907-1964), que nos dejó ese conmovedor monumento de racionalidad y análisis científico sobre la naturaleza que es su libro *Silent Spring (Primavera silenciosa,* 1962), que tanto ha hecho para que se extiendan los sentimientos a favor de la conservación de la naturaleza; las etólogas Dian Fossey (1932-1985), que se dejó la vida, literalmente, en el estudio y defensa de los gorilas, y Jane Goodall (1934-), la gran experta mundial en chimpancés y esforzada defensora de los animales. Las biólogas, bioquímicas o médicas Gerty Cori (1896-1957), premio Nobel de Medicina en 1947 (compartido con su marido, Carl, y Bernardo Houssay); Barbara McClintock (1902-1992; Nobel de Medicina en 1983); la italiana, afincada posteriormente en Estados Unidos, Rita Levi-Montalcini (1909-), premio Nobel de Medicina en 1986 por su descubrimiento del factor de crecimiento nervioso y persona de una extraordinaria talla moral, como se puede comprobar leyendo su maravillosa autobiografía, *Elogio de la imperfección* (1988); Dorothy Hodgkin Crowfoot (1910-1994), premio Nobel de Química en 1964; Gertrude Elion (1918-1999;

premio Nobel de Medicina en 1988); Rosalyn Yalow (1921-; premio Nobel de Medicina en 1977 por el desarrollo de los ensayos radioinmunológicos de las hormonas péptidas), o Lynn Margulis (1938-), experta en cuestiones como los orígenes evolutivos de la vida y autora de éxito de libros de divulgación científica.

UN EJEMPLO: LA COMPLICADA ENTRADA DE LAS MUJERES EN LA ASTRONOMÍA Y LA ASTROFÍSICA

Como se comprueba en los ejemplos mencionados, la relación de las mujeres con la astronomía es y ha sido intensa. Junto a la biología y ciencias biomédicas es, de hecho, el lugar menos huraño que han encontrado las mujeres en el mundo de la ciencia. El porqué de las ciencias biomédicas se debe en gran parte al estereotipo de la mujer como «consoladora y cuidadora de dolientes», lo que las llevó (no tenían muchas otras posibilidades) a ejercer como enfermeras, lo que a su vez significó penetrar en el mundo de los hospitales. Una vez allí, era natural que algunas deseasen obtener la educación —y si ello fuese posible, las oportunidades también— de los médicos con los que convivían profesionalmente. Ayudadas lo más seguro por la familiaridad que esos hombres (los médicos) por necesidad tuvieron que tener con aquellas mujeres (las enfermeras), el hecho es que fueron las Facultades de Medicina las primeras que, en general, abrieron sus puertas a las mujeres, hacia mediados del siglo XIX. Tuvieron, por consiguiente, que recorrer un camino largo y sinuoso.

En cierto sentido, algo por el estilo ocurrió en la astronomía. Allí también hicieron su entrada las mujeres por «la puerta de atrás»: ocupándose de realizar la tediosa, desagradable —y, desde luego, mal pagada— tarea de medir los parámetros necesarios en las miles de placas fotográficas o espectrografías que se tomaban en los observatorios; una situación esta que se repetiría más tarde en otro campo científico, el de la física de altas energías, en donde también había que realizar grandes cantidades de mediciones en las placas fotográficas que contenían millones de trazas de partículas. Para completar este capítulo, y enriquecer con un ejemplo profesional concreto su contenido, me detendré en el caso de las mujeres y la astronomía-astrofísica.

Ya antes de que pudiesen acceder a la educación superior, se encuentran bastantes ejemplos de mujeres que realizaron trabajos en astronomía. Entre 1650 y 1720, las mujeres constituían alrededor del 14 por 100 de los astrónomos de Alemania, un porcentaje desde luego superior al de otros países (una de esas mujeres, Maria Winkelmann, intentó entrar en la Academia de Ciencias de Berlín, siendo su solicitud rechazada en 1712). A finales del siglo XVIII, Caroline Herschel ayudó a su hermano William en sus observaciones de estrellas variables, planetas y nebulosas, descubriendo ella misma, como mencioné, algunos cometas. En el siglo XIX, Margaret Huggins colaboró con su esposo, William, uno de los pioneros en la aplicación de la espectroscopia a la astronomía (lo que convirtió a esta disciplina en astrofísica), en sus estudios del espectro solar. Sin embargo, el ejemplo «temprano» más destacado de astrónoma «reconocida» es el de Maria Mitchell, la primera mujer en ser admitida en la American Academy of Arts and Sciences, en ser miembro de la American Association for the Advancement of Science y en ser nombrada *professor* de Astronomía en Estados Unidos. En 1847, Mitchell, a quien su padre, un banquero y astrónomo, había enseñado las artes astronómicas, calculó la posición exacta de un cometa, observándolo también. Aquel descubrimiento le proporcionó bastante fama, aunque inicialmente continuó con su trabajo de bibliotecaria y de ayudante de su padre en el observatorio de este (asimismo realizó cálculos astronómicos para el U.S. Coast and Geodesic Survey). Finalmente, en 1862, Matthew Vassar, que estaba formando un centro de educación superior (Vassar College) *para mujeres,* y que estaba ansioso de que una científica ilustre formase parte de su profesorado, le ofreció una cátedra. Mitchell aceptó, convirtiéndose de esta manera, como he dicho, en la primera catedrática de ciencias de la historia de Estados Unidos, aunque, insisto en el detalle, en un *college* para mujeres. (Es apropiado en la presente ocasión señalar también que en 1873 Maria Mitchell fue una de las fundadoras de la Association for the Advancement of Women [Asociación para el Progreso de la Mujer].)

No son, sin embargo, este tipo de casos, excepcionales en muchos sentidos, los que más me interesan aquí, sino aquellos que se relacionan de manera más directa con los aspectos más dramáticos de la lucha de las mujeres por acceder a la profesión científica.

El final del siglo XIX coincidió con un desplazamiento de los principales observatorios astronómicos del Viejo al Nuevo Continente. La técnica avanzaba lo suficiente como para que fuese cada vez más costoso el construir observatorios con pretensiones, y en Estados Unidos resultaba más fácil reunir las sumas de dinero necesarias, bien porque las universidades poseían los medios suficientes o por la existencia de benefactores inclinados en favor de la astronomía, como Percival Lowell, un rico inversor de Boston, que hizo posible la creación, en 1894, del Lowell Observatory. Además, las condiciones geográficas y meteorológicas reinantes en las naciones europeas más desarrolladas no podían competir fácilmente con la variedad existente en Estados Unidos.

Al aumentar las dimensiones y complejidad de los observatorios, crecía también la necesidad de ayudantes, de personal especializado en todo tipo de funciones. Una de esas funciones, particularmente importante en astronomía y astrofísica, era la de clasificar fotografías, situar objetos estelares en las placas obtenidas o efectuar todo tipo de cálculos mecánicos. Sin las facilidades de que hoy disponemos, esas labores se realizaban manualmente; eran trabajos subalternos.

En 1881, Edward Pickering, director del Harvard College Observatory desde 1877, se enfadó tanto con la ineficacia de su ayudante masculino en copiar y calcular que declaró —según se dice— que incluso su doncella podría hacerlo mejor. Inmediatamente, contrató a Williamina P. Fleming, una emigrante escocesa de veinticuatro años, graduada en una escuela pública, madre separada. Fleming permanecería treinta años en el observatorio, llegando a ser una astrónoma respetada. De las veintitrés novas identificadas en Occidente entre 1572 y 1899, siete lo fueron por Fleming (una de ellas, la descubierta en 1895 —Z Cen—, era, de hecho, una supernova). El *Draper Catalogue of Stellar Spectra* de 1890, un instrumento extremadamente útil para los astrofísicos de la época (clasificaba los espectros, dando también las magnitudes, hasta la octava, de más de diez mil estrellas), fue en gran parte posible realizarlo gracias a los esfuerzos de Fleming.

Relacionado con estas tareas, Fleming estaba encargada de contratar y dirigir un grupo de otras mujeres ayudantes, a las que se pagaba un modesto salario por clasificar fotografías de espectros estelares. Entre 1885 y 1900 tuvo veinte de esas ayudantes, entre las que figuraban graduadas de *colleges* como Vassar, Wellesley o Radcliffe. Henrietta S. Leavitt (graduada por el Radcliffe College en 1892) fue una de ellas.

Es evidente que Fleming estuvo bien considerada por Pickering... pero hasta cierto punto: era, al fin y al cabo, «solo» una mujer. Por su parte, Fleming respetaba a su director, pero no tanto como para no indignarse ante un tratamiento que consideraba injusto cuando lo comparaba con el que recibían sus colegas masculinos. Así, el 12 de marzo de 1900, anotaba en su diario:

> Tuve alguna conversación con el director con relación al salario de las mujeres. Parece pensar que ningún trabajo es demasiado o demasiado duro para mí, no importa la responsabilidad o las horas que dure. Pero en cuanto saco a relucir la cuestión del salario se me dice inmediatamente que recibo un salario excelente teniendo en cuenta lo que cobran las mujeres... Algunas veces me siento tentada de abandonar y dejarle que intente con otra persona, o que alguno de los hombres haga mi trabajo, para que así se dé cuenta de lo que está obteniendo por los 1.500 dólares anuales que me paga, comparado con los 2.500 que reciben otros ayudantes. ¿Se para a pensar en algún momento que yo tengo una casa y una familia que mantener lo mismo que los hombres? Pero supongo que una mujer no tiene derecho a tales lujos. ¡Y a esta se la considera una era ilustrada![7].

Como he apuntado antes, una de las «discípulas» de Fleming fue Henrietta Swan Leavitt, cuyo nombre y contribucio-

[7] *Journal of Williamina Paton Fleming. Curator of Astronomical Photographs. Harvard College Observatory* (Harvard University Archives). Cit. en Margaret W. Rossiter, *Women Scientists in America. Struggles and Strategies to 1940,* The Johns Hopkins University Press, Baltimore 1982, pág. 57. En este apartado he utilizado también datos del capítulo 4 de J. M. Sánchez Ron, *El poder de la ciencia,* Alianza, Madrid, 1992.

nes ya nos aparecieron en el capítulo 1. Su caso es también ilustrativo.

Durante la primera década del siglo XX se hizo patente que el número de estrellas variables (estrellas cuya luminosidad varía periódicamente) era muy elevado en las Nubes de Magallanes. Leavitt fue una de las que se encargaron en el Harvard College Observatory de analizar fotografías buscando este tipo de estrellas. Fruto de su trabajo fue un artículo que publicó en 1908, a partir de placas fotográficas tomadas en el observatorio que Harvard tenía en Arequipa (Perú; hemisferio Sur): «1777 variables in the Magallanic clouds» [8]. Lejos de limitarse a encontrar nuevas estrellas variables, Leavitt se dedicó también a determinar los periodos con que variaban sus luminosidades. En el artículo de 1908 dio los periodos de dieciséis de esas estrellas, apuntando que «merece la pena señalar... que las [estrellas] variables más brillantes tienen periodos más largos». En 1912 había extendido sus cálculos a veinticinco estrellas, estableciendo que la relación entre el logaritmo de sus periodos y sus luminosidades aparentes era aproximadamente lineal. Como expliqué en el capítulo 1, esta relación descubierta por Leavitt tenía un gran valor potencial como indicador de luminosidades absolutas, lo que permitiría a su vez determinar distancias astronómicas. No hay duda de que la ayudante de Harvard se dio cuenta de tal utilidad; no obstante, no pudo sacar partido de ella, algo que quedaría reservado para astrónomos como Harlow Shapley o Edwin Hubble, ambos del Observatorio de Monte Wilson (el primero utilizó la relación descubierta por Leavitt para calibrar las magnitudes absolutas de algunas de esas estrellas, las cefeidas, con lo que daba el paso decisivo para poder emplearlas como indicadores de distancias; de hecho, él mismo determinó las distancias a que se encuentran los cúmulos de estrellas que rodean a la Vía Láctea; del uso que Hubble hizo de las cefeidas ya hablé en el capítulo 1). Según algunos historiadores, Pickering impidió que Leavitt continuase sus investigaciones, puesto que como ayudante su deber era reu-

[8] H. S. Leavitt, *Harvard College Observatory Annals* núm. 4, págs. 87-108 (1908).

nir datos, no interpretarlos. Pero probablemente sea demasiado simplista el suponer que si Leavitt no llevó a cabo otros descubrimientos basados en la relación periodo/luminosidad fue solo por la intervención de Pickering. El proceso de descubrimiento en los grandes observatorios astronómicos es muy complicado y, además, es muy posible que a Leavitt le faltasen conocimientos suficientes para aprovechar mucho más su hallazgo. El problema real es, por un lado, que por entonces prácticamente todas las mujeres que trabajaban en astrofísica ocupaban puestos similares (en general, inferiores) al de Leavitt, y, por otro, que éxitos profesionales como este no servían para ascender en la escala profesional, lo que tal vez habría permitido a Leavitt, o a otras colegas suyas, ampliar sus conocimientos y realizar aportaciones más importantes en el futuro.

Continuando con la situación institucional, tenemos que el ejemplo de Harvard con las mujeres fue seguido por otros observatorios: entre 1875 y 1920, al menos 164 mujeres trabajaron como ayudantes en los principales observatorios astronómicos estadounidenses. La astronomía-astrofísica continuaba a su vez avanzando. En 1923 se inauguró un programa de estudios graduados en astronomía en Harvard, con lo que se suplía una carencia que había constituido una de las principales debilidades del observatorio desde su creación. Del éxito del programa da idea el que entre 1930 y 1945, aproximadamente un tercio de los doctorados en astronomía logrados en Estados Unidos procedían de Harvard. Pues bien: la primera persona en obtener un doctorado en aquel programa fue una mujer, Cecilia Helena Payne-Gaposchkin, una inglesa que antes había estudiado en el Newnham College de Cambridge.

La tesis de Payne-Gaposchkin se tituló *Stellar atmospheres* y fue publicada en 1925 como la *Harvard Observatory Monograph* número 1. Antes de 1925, la creencia general era que el Sol y las estrellas contenían los mismos elementos que la Tierra, en aproximadamente las mismas proporciones. Esta suposición se apoyaba en las observaciones espectroscópicas realizadas y era consistente con la creencia de que nuestro planeta se había formado a partir de materiales extraídos del Sol. A partir de 1920, los físicos M. N. Saha, R. H. Fowler y E. A. Milne utilizaron la teoría cuántica y la mecánica estadística para estimar las temperaturas de las atmósferas estelares en base a los espectros observados. Cecilia Payne extendió sus teorías y demostró que podían utilizarse para estimar la composición química de la superficie de una estrella.

Tras completar su doctorado, y no pudiendo encontrar ningún trabajo relacionado con la astronomía en su país natal, Inglaterra, Cecilia Payne permaneció en el Observatorio de Harvard. En 1934 se casó con el astrónomo de origen ruso Sergei Gaposchkin, a quien Cecilia había ayudado a encontrar trabajo en Harvard. En 1956, y tras haber tenido tres hijos, Payne-Gaposchkin se convirtió en la primera mujer *full professor* de la historia de la Universidad de Harvard.

Cecilia Payne-Gaposchkin encontró finalmente un lugar de trabajo permanente en el Observatorio de Harvard, pero hay que tener en cuenta que detrás de ella tenía una larga historia que había hecho que las mujeres constituyesen una figura familiar en los centros astrofísicos. Aun así, tardó treinta y un años en obtener una cátedra. En general, y cuando menos hasta bien pasada la Segunda Guerra Mundial, los departamentos de ciencias de las universidades fueron reacios a admitir dentro de su personal a mujeres. La idea subyacente era que era preferible un hombre, y, naturalmente, casi siempre, en un lugar o en otro, había un hombre disponible.

En su autobiografía, Cecilia Payne-Gaposchkin abordó explícitamente algunos de los problemas con que se había encontrado por el hecho de ser mujer, y su actitud general y reacciones ante las discriminaciones de que fue objeto. Aunque la cita es larga, merece la pena reproducirla como testimonio de primera mano.

> Una mujer conoce la frustración de pertenecer a un grupo minoritario. Podemos no ser realmente una minoría, pero ciertamente que estamos en inferioridad de condiciones. Experiencias tampranas me habían enseñado que mi hermano era valorado por encima de mí. Su educación dictaba los movimientos de la familia. Debía ir a Oxford a cualquier precio. Si yo quería ir a Cambridge, debía apañármelas por mí misma. Pronto aprendí la

> lección de que un hombre podía escoger una profesión, mientras que una chica debía «aprender a mantenerse por sí sola». Presumiblemente, esto debía ser así hasta que encontrara un marido. Pero pronto vi que difícilmente yo podría aspirar a hacer eso, ya que no tenía dinero propio. Tal era el código social victoriano en el que crecí.
>
> La actitud hacia las mujeres que oprimió mi infancia y juventud era típica de la Inglaterra de la época. Cincuenta años no han cambiado mucho la situación. Aunque mi trabajo era bien conocido cuando tenía treinta años, estoy segura de que no habría tenido la menor oportunidad de obtener un puesto en Inglaterra entre el momento que fui a Harvard y aquel en que me jubilé en 1965... Aunque había ido a la Universidad correcta, había estudiado el tema equivocado. Uno no podía llegar a ser astrónomo en Inglaterra sin haber obtenido un lugar en la Primera Clase del Mathematical Tripos. Y, por supuesto, yo era una mujer. El Observatorio Real era administrado por el Almirantazgo. El temible H. H. Turner manifestó que cuando se le preguntó a un candidato para el puesto de Ayudante Principal en Greenwich qué pruebas había tenido que superar, este replicó: «Entre otras cosas, tuve que subir por una cuerda». Yo habría fracasado en esa prueba; subir por cuerdas no ha sido nunca mi punto fuerte[9].

Payne-Gaposchkin no era, sin embargo, el tipo de persona que se contenta con migajas: «Hay quienes —y yo soy uno de ellos— se rebelan al tener que tratar con un intermediario. Quieren ir al manantial... Si mi pasión religiosa me hubiese dirigido hacia la Iglesia católica, habría querido ser un sacerdote. Estoy segura de que nunca habría aceptado ser una monja. Si me hubiese dirigido hacia la medicina, habría querido ser un cirujano; nada me habría persuadido para contentarme siendo una enfermera. Cuando miro al mundo de la ciencia, me imagino a la mayoría de las mujeres que están trabajando en este campo en la actualidad en el papel de monjas y de enfermeras. No se les per-

[9] C. Payne-Gaposchkin, *An Autobiography and Other Recollections,* ob. cit., págs. 219-225.

mite —se supone que no son adecuadas— estar en contacto directo con el manantial, se le llame Dios o el Universo». Como vemos, era una mujer fuerte, por eso llegó adonde llegó, pero ¿cuántas otras mujeres con iguales o incluso mejores habilidades para la ciencia se quedaron, se quedan, en el camino por no ser tan fuertes? ¿Es justo, o razonable, pedir una fortaleza semejante?

En Estados Unidos, Payne-Gaposchkin pudo hacerse un nombre como astrofísica, el suficiente como para poder aspirar a regresar a su patria en un puesto importante. Pero no pudo ser: «cuando se llamó a Harry Plaskett a Oxford para que sucediera a H. H. Turner, sentí envidia de él. Por supuesto que yo no tenía derecho a aspirar a la cátedra Saviliana, pero sentí que habría sido un candidato tan cualificado como él. No fue la primera vez que pensé que había sido pasada por alto solamente por ser mujer». Y tampoco le fueron demasiado bien de entrada las cosas en este aspecto en Norteamérica:

> Cuando Plaskett dejó Harvard se buscó un sucesor. Shapley me dijo en esa ocasión: «Lo que necesita este Observatorio es un espectroscopista». Yo repliqué indignada que *yo* era una espectroscopista, aunque estaba siendo empujada en contra de mis deseos a la fotometría. Mi protesta no sirvió para nada: había que importar un espectroscopista. Se ofreció el puesto a Otto Struve, quien me contó muchos años después por qué lo rechazó. Shapley le dijo que: «Miss Payne abandonará la espectroscopia», asegurándole de esta manera mano libre. Rechazó el puesto en aquellos términos. Tenía un noble y generoso corazón; fue uno de los gigantes de su tiempo. ¡Si solo hubiese tenido la oportunidad de trabajar con él!
>
> Fue entonces cuando se trajo a Harvard a Donald Menzel, después de que se hiciese un nombre en el Observatorio Lick. De nuevo se me preguntó «¿cuánto me molestaría?». La base para el sistema «Divide y gobierna» se había asentado muchos años antes. No fue hasta muchos años después, una vez que Shapley se hubiese jubilado, que descubrí que Menzel y yo podíamos formar una alianza, en lugar de vivir en un estado de tregua armada. Esto fue una grave pérdida para mí, y acaso también para la ciencia... Pasaron los años y Lowell ya no era presidente

> de la Universidad. Con James Conant el estatus de las mujeres en el Observatorio experimentó un cambio, Miss Cannon era tan famosa como cualquier astrónomo en el mundo, y con justicia. Durante muchos años había disfrutado del ambiguo título de «Conservador de fotografías astronómicas», que no tenía ningún reconocimiento oficial en la Universidad. Ahora se la nombró Astrónoma, y yo recibí el mismo título. Fue un paso adelante para mí, ya que ahora tenía un puesto, aunque todavía con un miserable salario. Mis obligaciones, investigación, clases, dirección de estudiantes, eran de hecho las de un catedrático, pero al menos ahora tenía un puesto en la Universidad.

Como vemos, tuvieron que pasar unos cuantos años más y que Shapley se retirara de la dirección del observatorio, para que le llegase su oportunidad: «Tras un angustioso periodo de indecisión, Donald Menzel le sucedió. Debo a Donald la promoción que finalmente se me concedió. Las finanzas del Observatorio habían constituido un secreto celosamente guardado, y cuando supo el salario que yo había estado recibiendo, me dijo que se había sorprendido. Enseguida lo subió, y pronto lo dobló. Más aún, triunfó allí donde Shapley había fracasado (aunque nunca sabré cuán duramente lo había intentado en realidad): fui nombrada *Phillips Professor* y *Chairman* [directora] del Departamento de Astronomía. Tal fue el generoso tratamiento que recibí del hombre del que había sido separada sistemáticamente durante muchos años. Él no dejó que mi sexo, o mi menos que cooperativa actitud, se interpusiese en el camino».

La oposición a la entrada de las mujeres en departamentos universitarios durante más de la mitad del siglo XX no se limitó, por supuesto, a la astronomía/astrofísica, afectando a muchas otras disciplinas. Y se manifestaba de formas muy diferentes. A veces de manera abierta, pero con mayor frecuencia de un modo más solapado. Un buen ejemplo en este sentido es la carta que Robert Millikan, acaso el científico más influyente en las décadas de 1920 y 1930 en Estados Unidos, envió al presidente de Duke University (Durham, Carolina del Norte), W. P. Few, respondiendo, cierto es, a una solicitud de consejo por parte de este a raíz de haber contratado (pagando la Rockefeller Foundation parte del salario) a una física emigrada de Alemania: Hertha D. Sponer. El 24 de junio de 1936, Millikan enviaba la siguiente carta a Few:

> Querido Presidente Few:
>
> A duras penas sé cómo contestar a su carta del 11 de junio, pero como me pide una opinión confidencial, me agradará decir unas palabras sobre cómo me comportaría yo si quisiese formar un departamento de Física lo más fuerte posible en Duke University.
>
> Yo introduciría en el departamento un número de hombres jóvenes, los más capaces que pudiese encontrar, y entonces les daría toda oportunidad posible para que ascendiesen hacia posiciones de influencia dentro y de eminencia fuera. En vista del hecho de que al menos el 95 por 100 de las mentes más capaces que están yendo en la actualidad a la física son hombres —de hecho, no recuerdo que figure ninguna mujer entre los varios cientos de *National Research Fellows* de física que han sido elegidos en los últimos diez años— me parece que mis posibilidades de formar un departamento muy potente serían mayores si realizara mis elecciones entre los *National Research Fellows* más brillantes, u otros hombres jóvenes igualmente sobresalientes que por una razón u otra no hayan considerado acertado el ser candidatos a *National Research fellowships* [becas]. En conjunto, las mujeres han realizado trabajos sobresalientes y se encuentran entre los principales científicos en el campo de la biología; y algo en el campo de la química, e incluso en la astronomía, pero en nuestro país no han surgido todavía mujeres físicas sobresalientes. En Europa, Fraülein Meitner de Berlín y Madame Curie de París se encuentran entre los principales físicos del mundo. Yo esperaría, por consiguiente, obtener más influencia, así como una mayor rentabilidad a mi inversión, si al introducir sangre joven en el departamento de Física seleccionase uno o dos de los más brillantes hombres jóvenes, que si ocupase una de las vacantes con una mujer. Podría cambiar de opinión si conociese otras mujeres con los logros y la eminencia que ha alcanzado Fraülein Meitner. No conozco ninguna otra mujer viva que se le pueda comparar o que tenga la posibilidad de llegar a realizar semejantes logros en el futuro.

> Asimismo, para el funcionamiento interno de un departamento de Física de una gran universidad, yo esperaría que los más brillantes y capaces hombres jóvenes se viesen atraídos al departamento de graduados por el carácter de los *hombres* de la plantilla, más que por el carácter de las mujeres.
>
> Estas consideraciones se refieren más al nivel de graduados que al de no graduados. En una institución coeducacional en la que existan muchas mujeres estudiantes es, indudablemente, deseable tener también, con fines pedagógicos, instructores que sean mujeres, pero solo en casos muy excepcionales pensaría yo que el avance del trabajo graduado se vería promocionado de igual manera por una mujer que por un hombre [10].

Tales fueron algunas de las discriminaciones que sufrieron mujeres científicas a lo largo de una parte muy significativa del siglo XX. Es posible que ya no sean, afortunadamente, de este tipo, tan rudas y transparentes. Ahora bien, las estadísticas con las que comencé este capítulo indican claramente que todavía queda un largo camino que recorrer para la total integración de las mujeres, en igualdad de condiciones, en el mundo de la ciencia. Y no solo, como es evidente, en el mundo de la ciencia, que, recordémoslo una vez más, suele ser espejo de la sociedad en la que existe, sino del mundo en su sentido más amplio.

---

[10] Cit. por M. W. Rossiter, *Women Scientists in America,* ob. cit., págs. 192-193.

7
LA CIENCIA Y EL 11 DE SEPTIEMBRE (2001)

«La empresa científica... busca la confianza pública y política, soberanía y dinero público en base a sus pretensiones de pureza autoimpuesta. Pero cada vez se producen más desviaciones de ese ideal según la ciencia se hace más grande, más rica, más insular en su aislamiento de la política, más poderosa en sus efectos en la sociedad, más interesada en el dinero, mientras que continuamente es empujada por el gobierno y atraída por la industria a tratos comerciales que entran en conflicto con valores tradicionales y responsabilidades sociales. A pesar de que las venerables normas de comportamiento correcto en ciencia son honradas retóricamente, acaso más que nunca, su poder en la vida de la ciencia ha disminuido sustancialmente. La piedad compite pobremente con la economía».

DANIEL S. GREENBERG,
Science, Money and Politics (2001) [1]

A lo largo de este libro he insistido que aunque no hay ciencia sin experimentos, conceptos, instrumentos o teorías, no se puede reducir o entender únicamente a términos como estos. La ciencia la hacen los científicos, y estos tienen que elegir entre un amplio —tan amplio que a veces uno está tentado de decir «casi infini-

[1] D. S. Greenberg, *Science, Money and Politics,* The University of Chicago Press, Chicago, 2001, pág. 469.

to»— rango de campos, temas o problemas a los que dirigir sus esfuerzos, atención y recursos. Pese a la aureola de excelencia que posee la ciencia, su prestigio de empresa intelectual que busca el conocimiento por sí mismo, que desea por encima de todo comprender qué es o cómo funciona la naturaleza, espero que ya habrá quedado claro por lo expuesto en capítulos anteriores que los científicos no solo se guían en sus investigaciones por razones internas a la propia dinámica de la ciencia: por qué problema es más interesante o relevante, cuál nos ayudará a comprender mejor la naturaleza, y cosas por el estilo. Esto no solo es, muchas veces, imposible (no está siempre claro, nada claro, cuáles son los problemas o ramas científicas que suministran mejor semejante información), sino que, además, pasa por alto el hecho de que los científicos son seres humanos con las mismas inclinaciones, sensibilidades, fobias o filias, fuerzas o debilidades que otros humanos. El entrenamiento que reciben para educar sus sentidos racionales y observacionales, para reforzar las capacidades de análisis lógico y de percepción que poseen los miembros de nuestra especie, no es suficiente para situarles al margen del mundo, de «la vida de cada día, con su dolorosa crudeza y su horrible monotonía», utilizando una frase de Einstein que cité en el capítulo 4. El creador de las teorías de la relatividad podía anhelar «huir de la vida personal para refugiarse en el mundo de la percepción objetiva y el pensamiento», pero muchos otros o no sienten tal anhelo o no son capaces de hacerlo realidad, algo no sorprendente habida cuenta de que ni siquiera Einstein lo logró demasiadas veces.

Y si vuelvo sobre todo esto es porque quiero resaltar, para finalizar este libro, esa dimensión humana —con frecuencia dolorosamente humana— de la ciencia. En mi opinión, es absolutamente necesario en los tiempos en que vivimos, tiempos en los que la ciencia es uno de sus temas principales, que quede claro que los esfuerzos, y en consecuencia los logros, y manifestaciones de los científicos no están fuera del mundo, que son hijos del tiempo y del medio político y social en el que habitan esos hombres y mujeres. Esto quiere decir que no debemos aceptar acríticamente aquello que nos dicen o piden, que no son, en general, ni mejores, ni más nobles, ni más desinteresados, ni tampoco peores o más inhumanos, de lo que son aquellos incapaces e indefensos en asuntos de ciencia.

LA PÉRDIDA (DEFINITIVA) DE LA INOCENCIA DE LOS CIENTÍFICOS

Que los científicos son tan susceptibles de ser influidos por el entorno en el que viven como cualquier otra persona, y que no son —de nuevo y como siempre, «en general»— desinteresados, es algo que se puede constatar a través de numerosísimos ejemplos, en especial una vez que la ciencia se institucionalizó, convirtiéndose en una profesión cada vez más competitiva. Según han ido aumentando las necesidades de financiación para la investigación científica, menos desinteresados se han hecho los científicos, o, si se prefiere, más conscientes de que la obtención de los recursos que necesitan constituye un tipo de lucha con otros, de «lucha por la supervivencia darwiniana». Unamos a esta circunstancia el que los científicos son como otras personas, tan, en término medio, patriotas, por ejemplo, como cualquier otro [2], y nos encontraremos con el resultado de que durante el último siglo muchos, e influyentes, científicos tomaron la delantera en lo que

[2] Merece la pena recordar, como un ejemplo del patriotismo primario, acrítico y excluyente, que puede surgir en los científicos en momentos de crisis, lo que sobre los inicios de la Primera Guerra Mundial escribió en sus memorias Max Born, uno de los creadores de la mecánica cuántica y en absoluto una persona que normalmente se dejase llevar por sus impulsos, ni un patriota «de primera fila»: «En 1914 se produjo un estallido de loco entusiasmo en todos los países. Lo tuvimos en Gotinga en todo su esplendor: banderas y marchas y canciones. Las tropas desfilaban por las calles flanqueadas por gente que les lanzaba flores. Banderas por todas partes: en las calles y en los trenes que llevaban a los soldados al frente... El fervor patriótico estaba unido a rumores de todo tipo y a una caza de espías: se decía que los pozos estaban envenenados, los caballos de los regimientos paralizados, puentes volados. Todos los extranjeros fueron reunidos y puestos en custodia... Los periódicos estaban repletos de entusiastas artículos. Yo odiaba la guerra, pero no pude escapar de la influencia de la propaganda. Creía, como todos los demás, que Alemania estaba siendo atacada, que estaba luchando por una causa que merecía la pena y que su existencia estaba en peligro. Me sentí terriblemente inútil e inquieto. Se necesitaban hombres para recoger la cosecha. De manera que yo y uno de mis estudiantes, Alfred Landé, fuimos en nuestras bicicletas a una granja cercana a la pequeña población de Northeim, a algo menos de cuarenta kilómetros al norte de Gotinga. Allí trabajamos en los campos desde la mañana hasta la noche» (M. Born, *My Life,* Taylor & Francis, Londres, 1978, pág. 160).

se refiere a poner sus habilidades al servicio de su particular comunidad nacional para luchar contra otra u otras comunidades. Así sucedió (guerra química, guerra electrónica —desarrollo del radar, por ejemplo— y fabricación de armamento nuclear) en las dos guerras mundiales del siglo pasado. En muchos, la mayoría, de los casos no hubo que reclamar sus servicios; ellos se prestaron rápidamente y de buen grado a semejante tarea. Y, por supuesto, no hay que acusarles (también, en principio) de nada: ¿por qué iban a ser diferentes, o más responsables? ¿Porque son científicos, maestros en una disciplina racional? Desgraciadamente, la práctica de la investigación científica no obra tales milagros.

La Segunda Guerra Mundial, en especial, adjudicó un enorme prestigio a los científicos, sobre todo a aquellos que tenían el poder político y, consecuentemente, una más que significativa parcela del económico también. Y la comunidad científica, y a la cabeza de ella la estadounidense (la más importante del mundo y de la que me ocuparé en este capítulo), comprendió de la mejor manera posible —recibiendo financiación fácil y generosa— las ventajas de poseer unos conocimientos con valor socioeconómico y militar. El patriotismo, la disponibilidad para con los gobiernos, el ser capaces de generar productos de interés militar, industrial y económico (la invención del radar, por ejemplo) demostró ser una combinación irresistible. Luego vinieron tiempos diferentes: en ocasiones (durante la Guerra Fría, por ejemplo) comparables al periodo 1939-1945, pero otras veces más difíciles. Los científicos, sin embargo, habían aprendido una lección que, parece, no olvidarán: defender la práctica de su profesión basándose no solo en argumentos como el que la ciencia constituye la llave que abre la puerta a la comprensión del mundo, y que como tal honra al espíritu humano (un argumento este que, de hecho, a veces se relegaba), sino insistiendo en los réditos que constantemente ofrece, o puede ofrecer, a la sociedad, ya sea para el aumento del bienestar civil, para la seguridad nacional o para disfrutar de una mayor capacidad de innovación y competitividad industrial, apartado este último con el que hay que relacionar los denominados *retornos tecnológicos,* que tantas veces han empleado los directores de la NASA o los físicos que reclamaban más y más poderosos —y más y más caros— aceleradores de partículas, para favorecer sus intereses.

Reclamando financiación pública

En general, a los científicos les fue y les ha ido bien. No obstante, y a pesar de lo bien que le ha ido a la ciencia estadounidense en lo que al mecenazgo federal se refiere, no han dejado —especialmente sus líderes— de quejarse, de hacer públicas sus lamentaciones de que la falta de atención gubernamental, la (supuesta) disminución de recursos, la ignorancia del público en materias científicas o, en los últimos tiempos, la confianza que el final de la Guerra Fría y la desaparición de la Unión Soviética producía, junto con el (también supuesto) subsiguiente debilitamiento de programas militares de I + D, estaba llevando a la ciencia estadounidense a una crisis, a perder su posición de liderazgo.

Los ejemplos en este sentido son tan numerosos como espectaculares, involucrando a algunos de los grandes nombres de la ciencia norteamericana. A modo de muestra, recordaré alguno [3]. Como el del premio Nobel de Física Leon Lederman, que en 1991, siendo presidente de la American Association for the Advancement of Science, escribía en la revista *Physics Today,* órgano de la American Physical Society, que «nuestra actual capacidad de investigación es únicamente un tercio de lo que era a finales de la década de 1960, una Edad de Oro de la que nuestra nación todavía se beneficia» [4]. Sin embargo, cuando se baja al terreno de los hechos, la situación que pintaba Lederman aparece de forma un tanto diferente: en 1973, el número total de artículos producidos por estadounidenses en los principales campos de la ciencia y la medicina sumaban 103.778, mientras que en 1991, el mismo año en que se escuchaban los lamentos del premio Nobel, el número fue de 142.334 (incluso en la física, la dis-

[3] Algunos de estos ejemplos están extraídos de D. S. Greenberg, *Science, Money and Politics,* ob. cit.

[4] L. Lederman, «The privilege and obligation of being a scientist», *Physics Today* (abril de 1991), págs. 9-11; pág. 9.

ciplina de Lederman, las cifras no encajan: 14.474 en 1981, 22.670 en 1995). Otro indicador: en dólares actuales, el gasto total para investigación en universidades aumentó, sin excepción, tanto en épocas de bonanza económica como en las de crisis, de 235 millones de dólares en 1953 a 26.300 en 1998, con el Gobierno Federal aportando, respectivamente, 149 y 15.500 millones a esas cantidades. Y no hay que olvidar tampoco que la situación de la investigación científica en Estados Unidos contrasta con la existente en otros sectores de la gran metrópoli norteamericana de la ciencia y la tecnología: entre 1989 y 1994, por ejemplo, el número de empleados en la industria aeroespacial disminuyó un 32 por 100 (esto es, se perdieron 471.000 empleos). En cuanto a la idea de que solo estímulos como el de tener enfrente a un enemigo político y militar animaban al Gobierno a seguir reforzando la inversión pública en investigación y desarrollo, sucede que los esfuerzos económicos por parte del Gobierno Federal continuaron aumentando a pesar del fin de la Guerra Fría y de la desaparición de la Unión Soviética: entre 1970 y 1989, el apoyo federal a la investigación básica «académica» (mayoritariamente universitaria) creció a un ritmo del 2,6 por 100 anual, y un 3,1 por 100 anual a partir de 1989, en plena descomposición del poder soviético.

Por supuesto, se produjeron y producen redistribuciones de financiación entre las diferentes ramas científicas: en 1985, por ejemplo, la defensa nacional estadounidense consumía el 67,5 por 100 del presupuesto federal en I + D, mientras que en 2000, tras el colapso de la Unión Soviética en 1991, la proporción entre los apartados militares y civiles se había equilibrado: 50/50 por 100. Otra «redistribución» que se ha producido es el cambio de posición hegemónica entre las otrora todopoderosas políticamente ciencias físicas y las biomédicas: entre 1973 y 1996, las ciencias médicas, financiadas sobre todo por los Institutos Nacionales de la Salud, fueron las principales beneficiarias de los fondos federales, aumentando el porcentaje de lo que recibían del 22,4 al 27,6 por 100 de la financiación federal al mundo académico; más aún, entre 1990 y 1998, el presupuesto de los NIH creció en un 80 por 100, mientras que en ese mismo periodo los presupuestos federales totales para fines civiles subieron en un 18 por 100. Vivimos, como ya me he esforzado en señalar, en una era en la que la investigación y esperanzas biomédicas se han introducido firmemente no solo entre los profesionales, sino entre el público en general, que, de manera razonable, ve en esas disciplinas una promesa de bienestar físico que otras ciencias, como la física o la química, no ofrecen hoy de una forma tan íntima. Las diferentes suertes de programas como el Proyecto Genoma Humano, o el, a la postre abandonado en 1993 por decisión del Congreso, acelerador (de noventa kilómetros de perímetro) para la física de altas energías *Superconducting Super Collider,* y las oportunistas y populistas tácticas que la NASA se ha visto obligada a aplicar en sus programas (dotados mucho menos generosamente, por otra parte, que en el pasado), no son sino algunos ejemplos en este sentido.

LA INVESTIGACIÓN CIENTÍFICA, UNA EMPRESA SOCIALMENTE CONDICIONADA

Ya he señalado que el que los científicos se comporten de semejante forma no es sino consecuencia del mundo en el que habitan. Un mundo en el que las obligaciones de los Estados democráticos crecen y crecen, lo que les obliga a ajustar sus siempre limitados presupuestos. La ciencia es, sin duda, reconocida como un elemento muy importante para el bienestar y prestigio de las naciones, pero ¿y atender a la educación, a la salud pública, a las facilidades de ocio para la ciudadanía, por no mencionar otras exigencias que algunos tendrán más dificultades en reconocer (como el mantenimiento de unas Fuerzas Armadas lo más poderosas posibles) pero que existen? Los científicos, por consiguiente, deben luchar por acceder a los recursos que necesitan; más aquellos que más recursos necesitan, y en la era de la *Big Science* son muchos los que tienen necesidades semejantes. No es innoble, egoísta o incoherente con lo que supone es un científico el esforzarse en semejantes direcciones, en presentar lo más convenientemente posible las necesidades propias, en resaltar lo que sus investigaciones pueden reportar a la sociedad. Y tampoco hay que pensar que se comportan con cinismo, que de manera consciente alteran la forma como perciben y valoran finalmente, en el fondo de su ser, el mundo. ¿Habrá quien piense a estas alturas que nuestros deseos y necesidades no tiñen nuestras percepciones de la realidad, y que eso es algo, en la inmensa mayoría de los casos, inevitable?

En escenarios como estos, cualquier acontecimiento, cualquier sentimiento social que adquiera un cierto predicamento, puede influir fuertemente en la dirección de la investigación científica. No estoy diciendo, no, que la ciencia sea al final «un constructo puramente social»; tampoco que no exista un elemento importante de «lógica interna» en el desarrollo científico, lógica que impulsa unas direcciones o disciplinas y estanca otras. Lo que estoy diciendo es, simplemente, que la disponibilidad de recursos, de financiación, constituye un elemento muy importante en el avance de la ciencia, y que por tanto la historia de la ciencia no se puede leer o reconstruir al margen de la historia social, política y económica. El caso de la Segunda Guerra Mundial, y las muchas lecciones que los poderes públicos y militares extrajeron de ella y que sirvieron al desarrollo de la electrónica, física nuclear y física de altas energías, representa, como he señalado, un ejemplo paradigmático en este sentido. Como también lo representa, aunque seguramente no con la intensidad de aquel, los acontecimientos que tuvieron lugar en Nueva York y Washington D. C. el 11 de septiembre de 2001.

La ciencia y el 11 de septiembre (2001)

La fecha del 11 de septiembre de 2001 permanecerá grabada en la memoria de todos aquellos —millones y millones de personas a lo largo y ancho del planeta— que a través de la televisión vieron cómo aviones suicidas controlados por terroristas se estrellaban contra las Torres Gemelas de Nueva York, que quedarían completamente destruidas, y el edificio del Pentágono en Washington D. C. Como no podía ser de otra forma, las consecuencia de esa tragedia han afectado profundamente al mundo, a Estados Unidos en particular. ¿Se ha visto afectada también la empresa científica?

La respuesta a esta pregunta es que sí, aunque todavía sea imposible decir en qué medida lo será en realidad. Coherentemente con lo que he estado comentando con anterioridad, es difícil que pudiera haber sido de otra forma. En lo que resta de este capítulo, explicaré algunos de esos efectos, que muestran con gran claridad la dimensión social de la ciencia contemporánea.

Que la ciencia tenía algo que ofrecer en la situación dramática que se produjo la mañana del 11 de septiembre, es algo que quedó patente enseguida: cuando las torres del World Trade Center colapsaban después de haber sido golpeadas por los dos aviones, una de las muchas unidades de emergencia que se apresuraron a llegar al lugar fue un equipo para analizar la radiación del Brookhaven National Laboratory, un nombre familiar para, por ejemplo, los físicos de altas energías y nucleares de todo el mundo, centro situado a unos 130 kilómetros al sur de Manhattan. Y es que mientras los bomberos, policías y personal médico buscaban frenéticamente supervivientes, surgieron temores acerca de posibles peligros de la radiación proveniente de las máquinas industriales de rayos X y otras fuentes radiológicas que se creía podían estar en los edificios.

No se encontró ninguna fuente importante de radiación, pero según Ralph James, director asociado de energía, medio ambiente y seguridad nacional de Brookhaven, el hecho ha marcado «el comienzo de un nuevo capítulo en Brookhaven y otros laboratorios nacionales. Encontrar formas de detener a los terroristas antes de que golpeen y limitar el riesgo tras un ataque, están convirtiéndose en misiones críticas de los laboratorios»[5]. Esta nueva tarea de los poderosos y magníficamente dotados Laboratorios Nacionales, centros clave en el sistema científico público estadounidense, fue subrayada por el secretario de Energía, Spencer Abraham, a mediados de noviembre, cuando pidió a los laboratorios que llevasen sus mejores tecnologías antiterroristas al Edificio Forestal del Departamento de Energía en Washington D. C., de manera que pudiesen mostrar sus equipos al director de la Oficina de Seguridad Nacional, Rom Ridge. Después de guiar a Ridge a través de más de dos docenas de sofisticados sensores, detectores y otros artilugios, Abraham hizo referencia a las pe-

[5] Jim Dawson, «National Labs focus on tools against terrorism in wake of airliner and anthrax attacks», *Physics Today* (enero de 2002), págs. 19-22.

lículas del agente 007, diciendo: «Me siento como Q, con el gobernador Ridge siendo James Bond»[6].

Ante los directores de varios de los laboratorios que presentaron sus tecnologías, Abraham declaró[7]: «Nuestros Laboratorios Nacionales son uno de nuestros secretos mejor guardados, y nos ayudarán a ganar la batalla contra el terrorismo»; añadiendo que los investigadores de los laboratorios «no escatimarán ningún esfuerzo para desarrollar los instrumentos» con los que combatir el terrorismo, mientras que Ridge manifestaba que «en el corazón de la estrategia para luchar contra el terrorismo está la tecnología».

Que todo esto no era retórica, y que los propios Laboratorios Nacionales se apresuraban a colaborar, es algo que se vio inmediatamente. Paul Robinson, director de los Sandia National Laboratories de Nuevo México, declaró a los periodistas presentes en aquella ocasión que «estamos tratando de reorientar muchos trabajos para llevar a la gente directamente a trabajar sobre contraterrorismo —detectores de explosivos, detectores de trabajos nucleares—, todas aquellas amenazas que ahora consideramos que son nuestras mayores prioridades. Estamos desplazando más personas hacia la defensa nacional». En una entrevista posterior, Robinson declaró que mientras que los tres principales Laboratorios Nacionales —Sandia, Los Álamos y Lawrence Livermore— se enfrentaban a un «gran reto» para responder a algunas amenazas potenciales de los terroristas, en otras áreas los trabajos iniciados hacía años para prever ataques terroristas «nos han colocado en una buena situación. Somos bastante buenos en electrónica e instrumentación, pero no en biología», añadiendo que esta no era una debilidad trivial: «En mi opinión el bioterro-

[6] Citado, al igual que algunas de las manifestaciones que siguen, por Dawson, «National Labs focus on...», ob. cit.

[7] Los Laboratorios Nacionales que presentaron tecnologías *ad hoc* en la reunión de noviembre eran: Argonne National Laboratory, Brookhaven National Laboratory, Idaho National Engineering and Environmental Laboratory, Lawrence Berkeley Livermore National Laboratory, Los Alamos National Laboratory, Oak Ridge National Laboratory, Pacific Northwest National Laboratory y Sandia National Laboratories.

rismo todavía puede desarrollarse mucho. La detección [de sustancias biológicas] tarda en realizarse entre dos días y varias horas, y nuestra intención es la de efectuarla entre veinte y treinta segundos. Tenemos algunas ideas que están siendo exploradas y que emplean medios electrónicos para encontrar e identificar especies biológicas amenazantes»[8].

Por su parte, en Brookhaven, Ralph James se apresuró a crear un grupo de trabajo dedicado al antiterrorismo formado por treinta científicos para que propusieran ideas innovadoras que mejorasen a largo plazo la seguridad nacional. «Los diabólicos ataques han propiciado un enorme reto para elaborar un mejor esquema de seguridad para nuestra nación», declaró James. La fuerte respuesta nacional a los ataques significa que «podemos esperar un aumento significativo del presupuesto federal que recibimos, y creo que ello forjará una alianza entre el Gobierno y los científicos para combatir el terrorismo».

Los Laboratorios Nacionales no fueron los únicos, ni siquiera los primeros, en reaccionar institucionalmente, formando grupos de trabajos ad hoc. El 26 de septiembre, dos semanas después del ataque terrorista, tuvo lugar una reunión privada en la National Academy of Sciences, ubicada en la capital federal, en la que participaron auténticos pesos pesados de la ciencia y la política norteamericana, entre los que figuraban John Marburger, que acababa de dejar la dirección del Brookhaven National Laboratory, tras haber sido designado por el presidente Bush para ser el responsable de la ciencia y tecnología en su equipo de gobierno (como director de la Oficina de Política Científica y Tecnológica), pero que entonces todavía no había recibido el nombramiento oficial (llegaría el 23 de octubre); Bruce Alberts,

[8] Una buena parte del material puesto en servicio inmediatamente después del 11 de septiembre para combatir el terrorismo fue esencialmente tecnología adaptada, instrumentos que tienen sus raíces en otros programas. Algunos de los detectores químicos y biológicos fueron desarrollados como parte del programa de control de armamento en la era de la guerra del Golfo, hace una década, mientras que determinados detectores de radiactividad se han utilizado en Rusia durante los últimos años para ayudar a prevenir el robo de material nuclear utilizable para fabricar armamento.

presidente de la Academia de Ciencias; Norman Augustine, director de aeronáutica de la compañía Lockheed Martin; Sig Hecker, Joshua Lederberg, Sam Jun, en el pasado senador; James Woolsey, antiguo director de la CIA (Agencia Central de Inteligencia); Wolfgang Panofsky, uno de los directores del Stanford Linear Accelerator y un físico especialmente respetado e influyente; Richard Garwin, Maxine Singer, presidente de la Carnegie Institution; Kumar Patel, que ocupó años atrás la presidencia de la American Physical Society, y Richard Klausner. «Todos estamos preocupados —manifestó Patel— por el hecho de que la comunidad científica y tecnológica no haya desempeñado un papel importante en el tratamiento del terrorismo organizado» [9]. Para mostrar la disponibilidad del mundo científico, se acordó crear un fondo de medio millón de dólares de los propios fondos de las instituciones representadas, destinado a ayudar a formar una fuerza de choque con una agenda de investigación antiterrorista.

En el mismo número de la revista *Nature* en el que se daban las anteriores noticias, aparecía otra nota dedicada también a la citada reunión, pero que incluía comentarios diferentes [10]. De entrada, el tono no difería del artículo anterior; así, tras mencionar que uno de los acuerdos a los que se llegó fue el de pedir que se buscasen nuevos enfoques en la investigación relacionada con el contraterrorismo, se añadía: «Una cosa está clara: en tiempos de guerra, los gobiernos modernos necesitan una especial relación con sus mejores científicos e ingenieros, una relación que ahora debe replantearse».

Sin embargo, los editores británicos de *Nature,* ayudados acaso por el hecho de que todo un océano les separa de la visceralidad a la que difícilmente podían ser inmunes quienes al otro lado del Atlántico comparten su idioma, también veían algunos problemas en las iniciativas que se estaban tomando y en los argumentos que se utilizaban:

---

[9] «Scientific leaders respond to US government's call to arms», *Nature 413,* 658 (18 de octubre de 2001).

[10] «Anti-terrorist agenda», *Nature 413,* 655 (18 de octubre de 2001).

> La dinámica básica de las relaciones entre los líderes científicos y el Gobierno tendrá que cambiar. Durante demasiado tiempo, la característica central de esas relaciones ha sido la permanente búsqueda de más dinero por parte de los científicos. Ya se ha dado el caso de que las discusiones de la comunidad [científica] con el Congreso se han centrado indebidamente en la necesidad de más dinero para inteligencia, o más dinero para combatir el bioterrorismo.
>
> La comunidad necesita superar esto. Es probable que en los meses venideros se lleve a cabo un largo, y duro, escrutinio de la distribución de la mayúscula inversión del Gobierno federal estadounidense en investigación y desarrollo. No está claro en absoluto que se puedan mantener todas las actividades existentes en un momento en el que el Gobierno necesitará prestar mucha atención en la crisis de seguridad americana. Los científicos van a ser parte de esta reorientación, acaso en número más grande y durante un periodo de tiempo mayor del que la mayoría de nosotros nos atrevemos a imaginar.

Los comentaristas ingleses pensaban que algunas disciplinas científicas sufrirían en su financiación, mientras que otras se beneficiarían, como consecuencia de los cambios en escalas de valores que se iban, inevitablemente, a producir después del 11 de septiembre. Tenían razón; pero hay que tener en cuenta otro factor, que relativiza esas pérdidas: el del aumento sustancial que se ha producido en el presupuesto federal para I + D (Investigación y Desarrollo).

Y es que ese presupuesto (el correspondiente al año fiscal 2002, aprobado por el Congreso el 20 de diciembre de 2001) ha alcanzado la cifra récord de 103.700 millones de dólares, un aumento de 12.300 millones, el 13,5 por 100, con respecto a 2001 [11]. Los Institutos Nacionales de la Salud y el Departamento

[11] Tomo estos datos de Jim Dawson, «Federal R&D tops $103 billion, but physics stays flat», *Physics Today* (febrero de 2002), págs. 22-23; y Jim Dawson y Paul Guinnessy, «Terrorism drives Bush R&D money to Defense and NIH; other science founding flat in fiscal 2003», *Physics Today* (abril de 2002), págs. 30-36.

de Energía (DOE; *Department of Energy,* el patrón-mecenas de una parte muy importante de la investigación científica estadounidense, especialmente en las ciencias físico-químicas) encabezan la asignación de fondos, el primero reforzando espectacularmente su crecimiento, de manera que habrá doblado su presupuesto en el periodo de cinco años que finaliza en 2003, mientras que el DOE experimenta un crecimiento del 17,3 por 100, más de lo que solicitó el presidente Bush al Congreso. El gasto para contraterrorismo se ha triplicado: 1.500 millones de dólares para 2002. De hecho, el dinero ha fluido también, aunque con menos generosidad, para prácticamente todos los restantes programas de I + D. Por departamentos gubernamentales, se tiene que Defensa crece el 8 por 100; los NIH, el 17 por 100, mientras que el resto del I + D civil queda colectivamente congelado.

En cuanto a disciplinas concretas, el presupuesto para la física en el DOE se ha mantenido aproximadamente constante: la física de altas energía, física nuclear, ciencias básicas de la energía y programas de investigación para la energía de fusión permanecen en sus niveles de 2001. Por otra parte, la tecnología de la información y nanotecnología, dos áreas de investigación que la Administración considera muy importantes en la lucha antiterrorista, han recibido grandes impulsos por las asignaciones establecidas por los congresistas. La tecnología de la información recibió 180 millones, frente a 155 en 2001, y la nanotecnología pasó de 150 millones a 199.

Es evidente que la dirección de la ciencia estadounidense puede verse afectada como consecuencia de las «reorientaciones» que se están produciendo, algo que, insisto, no es sorprendente: ya pasó en otras épocas. Como tampoco es sorprendente que nadie de la comunidad científica norteamericana quiera quedar al margen (y aquí vale igual el que no quieran quedar al margen por patriotismo, por convicción política y social, por oportunismo o por genuinos intereses profesionales). Acaso intentando limitar los daños (relativos, repito: no pierden, aunque tampoco ganan, lo que en el mundo actual es —el no ganar, no crecer—, lo reconozco, percibido como una forma de perder) para la disciplina que representan, y/o creyendo que esa disciplina tiene mucho que ofrecer para contrarrestar futuros ataques, es por lo que la American Physical Society también ha establecido (a petición de su junta ejecutiva) un grupo especial, una «Fuerza de Choque» *(Task Force),* para combatir el terrorismo.

«Los sucesos de meses recientes han estremecido a nuestra nación —señaló a propósito de la oportunidad y racionalidad de la formación de este grupo el presidente de la Sociedad, William Brinkman—. Los ataques al World Trade Center y al Pentágono, y los asaltos con ántrax a varios locales, demuestran la necesidad de mantener una fuerte colaboración entre ciencia y Gobierno para asegurar nuestra seguridad nacional» [12]. Dirigido por Bob Guenther, de la Duke University, al nuevo grupo le ha sido encomendada una misión muy general, la de «revisar las actuales actividades de la comunidad de físicos en el área del contraterrorismo, ayudar a identificar problemas físicos y animar a los físicos a encontrar soluciones».

TODO CAMBIA PARA SEGUIR IGUAL

Como decía antes, todavía es muy pronto para evaluar el efecto que tendrá en la ciencia estadounidense lo sucedido el 11 de septiembre de 2001. En este capítulo he presentado algunos datos que sugieren que, al igual que ha ocurrido otras veces, la comunidad científica norteamericana ha respondido apresurándose a poner al servicio de su país las habilidades que atesora. Si de esta forma también se obtiene un plus de atención social y financiación pública para las disciplinas a las que tanto esfuerzo se dedica, ¿qué de malo puede haber en ello?, pensarán seguramente los científicos beneficiados.

Institucionalmente, la inmensa mayoría de esa comunidad parece estar dispuesta a hacer los sacrificios que sean necesarios en pro del bienestar nacional, incluyendo, si es preciso, efectuar cambios en la dirección de investigaciones que se realizan, aunque es cierto que hay quienes no olvidan que es conveniente

[12] «APS establishes Task Force on countering terrorism», *APS News* (abril de 2002), págs. 1, 4.

considerar también la situación de conjunto. En este sentido, el asesor científico del Presidente, el mencionado John Marburger, ha manifestado que: «el terrorismo no puede desviar a América de su trayectoria de liderazgo mundial en ciencia» [13], lo que implica mantener un equilibrio entre disciplinas, no marginar a ninguna importante, ni tampoco cerrarse al intercambio internacional.

No resulta, sin embargo, imposible sospechar del tono general de los argumentos y actitudes mantenidas por la mayoría de los científicos e instituciones científicas estadounidenses. O, si se prefiere, haber esperado un mayor ejercicio crítico. Aunque no faltan —casi nunca, afortunadamente, faltan esas voces— quienes ven un poco más allá, quienes identifican aquellos rasgos que se repiten una y otra vez, con machaconería, en la historia de la ciencia contemporánea. Como William Arkin, que ha escrito en uno de los medios de comunicación estadounidenses más independientes, nobles y progresistas del último medio siglo, el *Bulletin of the Atomic Scientists,* lo siguiente:

> A pesar del clamor, la fecha del 11 de septiembre permanecerá grabada permanentemente en nuestra memoria por haber hecho del combustible de aviones comerciales bombas diabólicamente sencillas, y no por algún secretamente implantado virus del Nilo occidental, por una nube de gas nervioso fabricado en casa o por una maleta nuclear.
>
> Sin embargo, tras los ataques, en un frenesí de anuncios que deseaban desesperadamente ser relevantes, interesados expertos en el negocio de armas de destrucción masiva han corrido a argumentar a favor o en contra de la defensa con misiles, a favor o en contra de las armas nucleares, a favor de la guerra o de la paz.
>
> Se ha repetido mil veces en las últimas semanas: «Todo ha cambiado». Pero todo el ruido sobre amenazas nucleares y bio-

---

[13] Véase, en este sentido, la intervención de Marburger en el Simposio sobre «The war on terrorism: what does it mean for science?», organizado por la American Association for the Advancement of Science, 18 de diciembre de 2001: http://www.ostp.gov/html/02_1_09_.html.

químicas —y los oportunistas movimientos para convertir el 11 de septiembre en una fuente de dinero para los proyectos favoritos de algunos— sirven como un triste recordatorio de que algunas cosas nunca cambian [14].

Todo cambia, en efecto, para seguir igual.

[14] William M. Arkin, «Some things never change», *Bulletin of the Atomic Scientists* (noviembre/diciembre de 2001), pág. 80.